건강가정론

김예림

건강가정론

김예림 저

동문사

머리말

대한민국은 세계에서 유례를 찾아볼 수 없을 정도로 압축 고도성장을 일궈냈다. 서구 선진국들이 수백 년에 거쳐 다듬고, 발전시켰던 것들을 한국은 단 70여 년 만에 따라잡고, 한국의 모습을 선진국형으로 탈바꿈시켰다. 그 변화의 물결은 도심을 빼곡하게 채운 빌딩 등 외형에서뿐 아니라 가정과 생활의 양태, 의식에 이르기까지 거의 모든 부문에 걸쳐 거세게 일고 있다. 특히 사회 구성의 중요한 집단이라고 할 수 있는 가정의 변모 또한 현기증이 날 정도로 급격한 변화의 소용돌이 속에 휘말리고 있다. 그동안 전통적인 가부장적인 가정과 3대가 함께 생활하던 다세대 가정 등의 모습은 찾아보는 것이 되레 어렵게 됐다. 그 자리를 1인 가정, 부모와 자식으로만 이뤄진 핵가족, 동거가정, 동성결혼가정, 다문화가정, 이혼율의 증가로 인한 편부 · 모가정 등이 채우고 있다. 다양한 형태로의 가정의 분화는 현 사회에서 많은 사회적 문제와 해결할 과제를 던지고 있다.

저자는 그동안 수많은 학령기 대학생들과 성인 학습자들을 지도하고 상담해 오면서 건강한 가정의 울타리가 사회와 국가를 건강하게 만드는 초석이 된다는 점을 깊이 인식했다. 『건강가정론』을 집필하게 된 계기이기도 하다. 고래로부터 전형적인 모습의 가정에는 이익사회의 기본인 '계산'이 끼어들지 않았다. 혈연을 위주로 만들어진 소집단이자 인간의 가장 원초적인 종족보존의 욕구가 실현되는 곳이기 때문이다. 부모는 조건 없이 자식을 돌보고, 자식은 부모를 존중하고, 노후에 봉양을 하는 것이 전형적인 가정의 모습이었다. 그러나 현대 들어 가정의 형태가 다양화되면서 이런 개념에도 많은 변화가 일고 있다. 계약결혼과 이혼 가정의 양육비 갈등, 무자녀 또는 1인 가정 증가, 노인에 대한 국가의 보호책임 인식이 높아지는 등 한국 사회의 가정의 모습은 해를 거듭할수록 더욱 복잡해지고 있다.

필자는 한국 사회에서 건강한 가정의 모습은 무엇이며, 어떻게 해야 건강한 가정이 만들어지고 어떻게 그 가정을 지킬 수 있는 등을 심도 있게 분석, 정리했다. 또한 사례를 들어 건강한 가정과 그렇지 않은 가정의 문제점과 해법도 제시했다.

아무쪼록 학생이나 교수자에게 이 책이 건강가정론의 지침서가 되길 기대해 본다.

2024년 1월

저자

차례

Contents

차례

Chapter

01

건강가정에 대한 이해

1. 건강가정의 의미
2. 가족의 기능과 전 생애발달 주기별 가족의 건강성
3. 건강가정의 등장 배경, 가족의 탄력성
4. 현대사회의 변화에 따른 가족과 한국가족의 위기

1. 건강가정의 의미

1) 건강가정이란?

건강가정이란 '가족 구성원의 욕구가 충족되고 인간다운 삶이 보장되는 가정(건강가정기본법 제3조)', 즉 가족 구성원 간에 긍정적이면서 원활한 의사소통이 이루어지는 것을 비롯하여 내·외부적인 변화에 기능적으로 대처 가능한 가족을 의미한다. 건강가정을 이루기 위해서는 몇 가지 구성 요소들이 있으며 이들은 서로 조화를 이루어야 한다. 첫째, 가정 경제와 의식주 생활을 안정적으로 유지하는 '기본 토대', 둘째, 일과 가정의 조화를 이루고 건강한 시민의식의 정립을 위해 지역사회 활동 및 자원봉사 활동에 참여하는 건강한 '사회와의 관계', 셋째, 부모는 자녀의 성장·발달을 도모하고, 가족자원의 합리적인 관리 및 가족 구성원의 적절한 역할 분담을 통한 '가정의 역할', 넷째, 이를 통한 건강한 '가정생활 문화'를 이루는 것이다.

건강가족에 대한 연구는 가족의 구조적인 측면보다는 가족의 다양한 기능이 얼마나 효율적으로 이루어지고 있는가에 초점을 맞추는 건강가족적 관점(family strength perspective)으로 1970년 미국에서 펼쳐지기 시작했다. 인생 여정이란 것이 어떤 가족이든지 간에 크고 작은 문제들이 생기기 마련이다. 그렇지만 건강한 가족은 그 문제를 해결 내지는 극복할 수 있는 강점들을 지니고 있다. 즉, 가족구성원의 정신적·신체적 건강과 그 어떤 문제에 영향이 있다고 생각되는 가족기능의 차원이 최적 수준으로 기능할 수 있다는 점이다.

우리나라의 건강가정에 대한 연구는 1990년대에 들어와서 시작되었다. 유영주(2001)는 건강가정에 대한 다양한 기존 연구들을 분석하여 건강한 가족의 공통적인 특성을 아홉 가지로 제시하였다. ① 가족원에 대한 존중, ② 가족원 간 유대의식, ③ 정서적 안식처, ④ 긍정적 의사소통, ⑤ 공유 가치와 목표, ⑥ 역할 충실, ⑦ 문제해결 능력, ⑧ 경제적 안정과 협력, ⑨ 사회와의 유대다. 그리고 건강가족의 정의를 크게 세 가지 차원으로 나누어서 설명하고 있다. 즉, 가족 구성원의 건강한 성장발달을 도모하는 개인적 차원, 가족 간의 의사소통과 역할 관계 그리고 의사결정 등의 상호작용이 균형을 유지하는 관계적 차원, 가족체계를 잘 유지하여 사회와 국가 간의 긴밀한 유대관계를 유지하는 체계적 차원에서 가족을 설명하고 있다(유영주, 2004b).

건강한 가정에 관한 국내의 연구와 관심 그리고 국가 차원의 지원은 2004년 「건강가정기본법」을 제정하면서 보다 더 구체화되었으며, 이때 국내 학자들의 건강가정에 대한 공통적인 의견은 가족 간의 규칙적이고 다양한 상호작용을 통한 가족의 공동체적 · 정서적 · 도덕적 관계의 향상을 도모하는 가족이라는 점이다.

월시(Walsh, 1993)는 건강가족의 공통적인 특성을 가족구성원들의 관계의식과 헌신의 정도가 상호 보호와 지지적인 관계에 있다는 것, 개인적인 차이와 자율성 그리고 다양한 욕구에 대한 존중 및 각 구성원의 성장 · 발달을 위해 돌봄이 존재한다는 것, 부부관계에서 상호 존중과 지지 그리고 권력과 책임을 평등하게 나누고 있다는 것, 자녀의 건강과 보호를 위한 효과적인 부모의 리더십 보유, 가족조직이 분명하고 일관되어 있을 뿐 아니라 예측 가능한 상호 유형을 유지하는 것, 가족체계의 내외적인 변화에 잘 대응하면서 스트레스 발생요인에 적극적으로 대처할 뿐 아니라 가족발달과업을 제대로 수행하는 것, 명확하고 개방적인 의사소통과 유쾌한 상호작용 및 감정의 표현과 공감적 반응이 활발한 것, 가족의 문제를 해결하고 갈등을 해결하는 과정이 효과적으로 이루어지는 것, 가족구성원들 간에 서로 신뢰하고 문제를 해결하면서 각 세대 간에 공유된 신념체계가 있다는 것, 기본적인 경제적 안정과 친구 및 지역사회와 안정적인 심리사회적 지원을 받고 있다는 것 등과 같이 열 가지를 분류하여 설명하였다.

이러한 건강가정에 대한 의미를 고찰함에 있어서 국내의 가족복지 서비스를 떠올려 보면 그동안 국내의 가족복지 서비스는 가족 전체의 대상보다는 저소득층, 장애인, 6개월 이상 장기 실직자, 여성가장, 한부모가족 지원법에 의한 보호대상자 요보호노인, 요보호아동 등 사회취약계층에 속하는 개인을 대상으로 하였다. 개입 시기 및 내용 또한 사전 예방적 차원이 아닌 사후관리적인 차원이 대부분이었다. 그러나 근래에 들어 예방적이고 보편적인 가족 기능 강화정책이 펼쳐지면서 가족에 대한 관심으로 2005년에는 여성부가 여성가족부로 중앙정부의 조직이 확대되고 개편되었고, 2008년에는 보건복지가족부로 가족 관련 업무가 변경되었다가 2010년 청소년 및 가족 관련 기능을 이관받아 여성가족부로 조직이 개편되었다. 특히 일반가족을 대상으로 하는 예방적 · 보편적인 가족기능 강화정책이 2004년 '건강가정기본법'제정으로 실현되었으며, 건강가정이 그 목표가 되고 있다.

2) 건강가족의 모델

건강가족의 개념모델들로는 비버스모델(Beavers model), 맥매스터모델(McMaster model), 가족순환모델(circumplex model)을 들 수 있다(김춘경 외, 2016).

(1) 비버스모델

비버스모델은 1976년에 발표한 팀버론재단의 건강가족연구에서 시작되어 1990년에 비버스(Beavers)와 햄슨(Hampson)이 공동 집필한 서적으로 완성되었다. 이 모델은 '적응성이 높은 만큼 가족기능의 수준이 높고 최적의 가족을 나타낸다'는 것이 특징으로 '건강한 최적의 가족은 가족원 간의 친밀감이 추구되고 실현된다'고 설명하였다. 특히 각 가족구성원의 선택과 사고가 중시되며, 적절한 타협으로 가족체제 전체가 문제를 해결하는 능력이 높고, 가족구성원의 자율성, 명확한 경계나 양친 연합 등을 지표로 하고 있으므로 가족의 구심적 · 원심적 관계의 균형이 좋고 건강한 가족체계로서의 성장과 발달을 도모한다.

또한 비버스는 가족체제의 심리적 건강에 대해 임상심리학적으로 척도화한 이 모델을 2차원 모델로 구성하고 있다. 종축에는 상방향으로 구심적 가족양식을, 하방향은 원심적 가족양식을 척도화하였다. 횡축에는 중독적 역기능, 경계적 역기능, 경련, 약간 건강, 고도 건강의 5단계로 상호작용 관찰에 입각한 병리성을 척도화하였다.

비버스 모델은 표본수가 많지 않지만 다수의 사례를 비디오 녹음을 통한 상호작용을 관찰과 조현병(정신분열병) 환자가 포함된 가족부터 건강한 가족까지 대상 범위가 넓다는 점에서 임상심리학적으로 매우 실용적인 모델로 꼽히고 있다.

(2) 맥매스터모델

맥매스터모델은 캐나다 맥매스터(McMaster) 대학의 엡스타인(Epstein) 등이 체계이론에 입각해서 개발한, 가족기능을 평가하고 진단하는 모형이다.

이 모델은 '의사소통이 명료하고, 솔직하며 역할분담 또한 합리적이고 책임의 소재가 확실하다'는 것이 특징이며 가족기능을 문제해결, 의사소통, 가족의 역할, 정서적 반응성, 정서적 관여, 행동통제의 여섯 가지 측면에서 평가한다.

첫째, 문제해결 측면은 가족의 통합과 기능을 저해하는 요인에 대해 효과적인 가족기능을 가지면서 그 문제를 해결해 나가는 능력을 말한다. 그러므로 건강한 가족일수록 새로운 문제상황에 체계적으로 접근하기 때문에 사정은 문제를 해결하려는 노력에 초점을 둔다.

둘째, 의사소통 측면은 사실, 생각, 잠시, 감정 교환을 통해 이해하고 의식, 태도, 행동하는 것을 가능하게 하는 것으로 가족 내에서 정보가 어떻게 교환되는지를 보는 것이다. 의사소통을 결정하는 중요 요소는 화자의 솔직 명료성, 의사소통의 양, 의사를 전달하고자 하는 사람이 존재하는지, 마음이 얼마나 많이 열려 있는지 등이다.

셋째, 가족의 역할 측면은 개인이 가족기능을 충족시키기 위해 나누어진 역할에서 요구하는 활동을 실행한 정도를 말한다. 건강한 가족일수록 가족기능이 대부분의 가족을 충족시킬 수 있고 역할분담과 책임도 명백하다.

넷째, 정서적 반응성 측면은 주어진 자극에 대해 적절한 내용·수준의 감정으로 반응할 수 있는 능력을 말한다. 건강한 가족은 적절한 강도와 지속성을 지니고 다양한 정서적 반응을 할 수 있는 능력이 있다.

다섯째, 정서적 관여 측면은 가족 구성원들 간의 관심이나 배려의 질과 양의 문제로 가족 전체가 가족 개인의 관심사, 활동, 가치관에 관심을 갖는 정도를 말한다. 이 모델에서는 정서적 관여의 정도를 5단계로 분류하고 있다.

여섯째, 행동통제 측면은 가족이 현재 상태를 유지 또는 새로운 상황에 적응하기 위해 가족들을 통제해야 할 때 사용할 수 있는 것이다.

(3) 가족순환모델

가족순환모델은 맥매스터 모델을 이용하여 가족관계를 알아보는 도구인 자아분화 척도와 부모-자녀 의사소통 척도로서 가족기능을 문제해결, 의사소통, 가족의 역할, 정서적 반응성, 정서적 관여, 행동통제, 가족의 일반적 기능 차원의 일곱 가지 측면에서 파악한다. 원 도구에서는 53문항이지만, 우리나라의 문화적 특성을 고려해 수정된 단축형을 주로 사용하며, 이 도구를 가족을 변별한다기보다는 가족에게 어떤 형태의 대응 또는 상담이 적적한지를 결정짓기 위해 활용한다. 이러한 가족순환모델은 '응집성과 적응성 차원이 과도하게 기능하고 있어서 균형이 잡혀 있는 상태로 가족의 건강도가 높다'는 것이 특징으로 비버스의 모델과 비교된다.

가족순환모델의 접근법은 가족구성원들의 행동이 가족을 유지하는 데 가장 기본적인 요건으로 가족의 응집성과 적응성임을 밝혔다. 올슨(D. Olson)은 이를 바탕으로 하여 가족 적응성과 응집성 측정척도(family adaptability and cohesion evaluation scales: FACES)를 개발하였다. 이 척도는 현재 가족에 대한 인식을 묻는 현실 가족과 원하는 가족상을 묻는 이상적 가족에 대해 각각 질문하고 있다.

응집성과 적응성은 각각 4개의 수준으로 구성하여 총 16개의 가족 유형으로 구분하고 있다. 응집성은 가족구성원 간의 정서적 결합 정도를 나타내는 것으로 가족구성원 개개인의 자율성과 가족이 함께하는 정도와 관련이 있다. 적응성은 가족의 변화를 허용하는 정도와 균형을 지니려는 정도를 의미하며, 가족생활의 압박이나 갈등에 대한 반응에서 가족구성원들의 규칙, 역할, 구조 등을 유연하게 기능할 수 있는 가족 능력을 뜻한다.

이상에서와 같이 건강한 가족은 가족구성원들이 건강하고 가족생활에서의 원활한 적응도와 가족생활주기에 대한 적응에서도 가족이 체계로서 충분히 기능을 발휘하고 있다고 본다. 이 기능에 대한 우리나라에서의 건강한 가족의 의미는 가족구성원 간의 심리적 거리가 가깝고 통합적이면서 가족의 중심인 부부의 강한 결속력과 가장(아버지)의 가족에 대한 관심도의 중요성, 가족구성원의 상호성, 개별성, 솔직하고 명확한 의사소통 등과 같은 긍정적인 특징이 가장 뚜렷한 가족기능으로 평가되고 있다.

3) 건강가정의 특성

그동안 가족에 대한 연구가 가정이 가진 문제에 주안점을 두었던 것에 반해, 건강가족에 대한 연구는 건강하고 행복하며, 생산적이고 성공적인 각 개인을 위해 건강한 가족이 얼마나 중요한가에 대한 관심과 초점을 맞추면서 미국에서 시작되었다(Olson, 2004).

(1) 사티어(Satir)

사티어(Satir)는 1955년부터 가족역동과 가족치료에 몰두하였으며, 1959년 잭슨(Jackson)과 리스킨(Riskin)과 함께 팔로 알토(Palo Alto)에서 정신탐구연구소(MRI)의 공동창설자로 활동한 이후 의사소통에 대한 기본개념의 정립과 발전에 공헌하였다.

그는 특히 모든 행동은 의사소통이며, 의사소통은 메시지 전달과 메시지에 대한 메시지인 메타커뮤니케이션의 두 차원으로 이루어진다고 주장하였다. 또한 사티어는 이론보다는 가족치료의 실시와 교육 등에 관심을 갖고 있었으며, 이후 에솔렌 성장센터(Esalen Growth Center)의 책임자가 되어, 형태심리학, 감수성 훈련, 마사지 댄스치료 등 전통에서 벗어난 다양한 치료기법들을 흡수하면서 경험적 가족치료모델을 발전시켰다.

그는 기능적인 가족에 있어서는 융통성 있고 양육적인 가족 규칙을 지니고 있으며, 가족구성원들의 자유로운 정서표현을 격려하고, 그들의 높은 자존감을 보장하는 것이라고 했다.

사티어가 강조하는 건강한 가족이란 가족원들이 자신과 타인, 주어진 상황을 모두 존중하고, 수평적이며 일치적인 의사소통을 하고, 정서적인 억압을 하지 않으면서 자신의 감정을 진솔하게 드러낼 수 있는 가족이라고 했다. 그리고 가족의 커뮤니케이션 유형이 개인의 성장에 영향을 미친다고 보았으며, 의사소통을 지배하는 가족의 규칙과 사회와의 연결 및 관련성 등을 주요한 연구 주제로 삼았던 것이다. 특히 사티어는 분명한 의사소통을 통한 가족 내에서의 자존감과 자아가치의 형성에 초점을 두었다.

(2) 오토(Otto)

오토(Otto, 1962)는 건강한 가족이란 긍정적인 가족정체감을 형성하고 가족구성원 간의 만족스러운 상호작용을 증진시킬 뿐 아니라 개인적 잠재력을 복돋우는 사회심리적 특성을 가지고 있는 관계유성이라 정의한다. 그는 양육과 지지 그리고 부모의 훈육, 가족구성원의 성장과 성숙의 격려, 그리고 정신적인 행복감과 원활한 의사소통, 문제해결 기술, 가정 외부 활동에 가족구성원이 참가하는 것 등을 건강가정의 특성으로 꼽고 있다.

(3) 미누친(Minuchin)

미누친(Minuchin, 1965)은 필라델피아아동지도치료소(Philadelphia Child Guidance Clinic)의 원장으로 재직 중에 가족의 영역에 대해 주목하여 너무 친밀한 가정에서는 부모가 그들의 자녀에게 과하게 관여하고 있으며, 이와 반대로 몇몇 가정에서는 부모가 너무 관여하지 않고 자녀들과 거리가 멀다는 것을 알게 되었다.

따라서 그는 가족이 기능적인 구조를 가지고 있을 때에야 건강한 가정이 유지된다고 강조하였다. 기능적인 가족은 개인 간 또는 하위체계 간에 지나치게 경직되거나 느슨하지 않은 명확한 경계를 가지고 있고, 윗세대가 아랫세대보다 더 많은 권위와 통제를 지니고 있어서 분명한 위계질서를 유지한다고 하였다.

미누친(S. Minuchin)이 가족경계선과 가족구조에 대한 설명에 있어서 부모세대와 자녀세대 간 각각의 제휴가 세대를 뛰어넘는 제휴보다 더 강하며 동시에 세대 간에 적당한 경계가 있는 상태를 건강한 핵가족의 조건이라고 강조했다. 즉, 모든 가족구성원 간의 거리관계는 격리와 밀착이라는 양극단 선상에 놓여 있으며, 여기서 격리된 상태는 밀착된 상태와는 반대되는 개념인데, 각 가족구성원 간이나 하위체계 간에 강력한 경계나 벽이 있을 경우 그 체계는 격리된 상태에 있다는 것이다. 이러한 내용은 지나치게 독립된 태도로 서로를 대하며 거리감과 소외감을 느낀다. 게다가 가족에 대한 충성심과 소속감이 부족하고, 도움이 필요할 때 도움을 주고받는 능력이 부족하다고 보고 있다. 또한 가족구성원 간의 의사소통이 원활하지 못하고, 가족체계가 보호지지체계로서의 기능을 하지 못한다고 본다.

(4) 올슨(Olson)

올슨(Olson, 1968)은 미국에서 지도적인 가족심리학자로서 가족에 관한 연구 이론과 실천을 통합하는 것, 부부와 가족에 관한 질문지 조사법의 연구 개발, 가족 적응성 및 응집성 척도(FACES)와 임상 평정척도(CRS)로 구성된 부부가족원환(家族圓環) 모델을 핵심 연구하였다. 박사 과정 중에는 혼전 조사를 위한 준비와 부부관계의 질을 향상시키는 것이 목적인 '혼전 태도 척도'를 개발하였다. 특히 올슨은 이러한 경험을 바탕으로 '스트레스 · 건강의 다면적 시스템 사정(MASH) 모델'을 제시했다. 이 모델은 스트레스가 시스템에 충족을 주고 대응자원을 활성화하고 자원의 효과는 적응성 수준을 결정한다는 시각을 갖고 있으며, 개인이나 부부, 그리고 가족 또는 직장의 각 수준에 적용이 가능하다.

올슨(Olson, 2004)은 가족의 기능성을 평가하는 주요요인으로 응집성과 적응성의 두 요인에 주목하였다. 이때 응집성은 가족구성원들 간의 결속과 함께 지내는 시간 등을 뜻하고, 적응성은 스트레스를 다루는 융통성을 말하는 것으로 역할과 지도력 그리고 양육 등의 하위요인을 가진다. 응집성과 적응성 모두 가족구성원들의 기능성과 관련이 크다. 즉, 응집성이 지나치게 낮거나 높으면 가족의 기능성이 떨어지며, 적응성 또한 지나치게 낮거나 높으면 가족의 기능성이 떨어진다. 그러므로 가족구성원들의 응집성과 적응성이 적절한 수준으로 유지되어야만 가족의 건강성이 극대화된다고 할 수 있다.

(5) 올슨과 드프레인(Olson & Defrain)

올슨과 드프레인(Olson & Defrain, 2006)은 가족의 긍정적인 측면과 가족의 강점을 강화하고 가족관계를 향상시키는 방법에 대한 연구에서 건강가족에 존재하는 특징을 감사와 애정, 헌신, 긍정적인 의사소통, 함께 즐거운 시간 보내기, 정신적인 안녕, 스트레스와 위기에 대처하는 능력 등의 여섯 가지로 가정하고 있다(한국가족상담교육연구소, 2010 재인용). 이들이 말하는 가정에는 잠재적인 성장영역이 있다는 의미에서 건강성을 지니고 있다고 보며, 이때의 건강성은 가정의 구조나 형태를 말하는 것이 아니고 기능을 말하는 것이다. 이로써 가족문제의 원인을 병리현상에 초점을 두었던 연구에서 가족원들의 긍정적인 측면을 강조하는 것으로 연구의 틀을 바꾸었다. 심지어 올슨 등(1999)은 가족기능의 세 가지 차원인 응집력, 적응력, 의사소통을 건강성에 연결시켜 건강가족의 특성을 설명하기도 하였다. 이처럼 건강가정에 관한 범세계적 연구는 문화적 차이를 초월한 건강한 가족의 기능과 특성에 근원하고 있음을 밝히는 데 주력하고 있다. 이러한 연구는 가족의 건강성을 실제 가족의 복지를 위해 활용할 수 있는가의 문제로 최근 바뀌는 중이다.

이처럼 학자들이 제시한 건강가정의 특성을 정리하면 다음과 같다.

첫째, 건강가정이란 가족 간의 응집성, 개방적인 의사소통, 변화에 대한 적응력, 역할과 책임의 공유, 휴식과 여가의 공유 등이다.

둘째, 가족구성원들에게 문제가 발생했을 때 그 문제를 해결하기 위해 가족구성원 모두가 함께 건설적인 문제해결 방안을 모색하는 가정을 말한다.

셋째, 가족구성원 모두가 인식하고 노력하면 가정의 건강성이 향상되고 그로 인해 건강한 사회를 형성할 수 있다는 것이다.

2. 가족의 기능과 전 생애발달 주기별 가족의 건강성

1) 가족의 기능

가족이란 인류가 발생되면서 거의 때를 같이하여 형성된 가장 오래된 집단이다. 따라서 어느 사회에나 존재하는 가장 기본적이면서도 핵심적인 단위이다. 이러한 가족은 개인의 성장·발달과 사회의 유지·발전을 위해 여러 가지 기능을 수행하고 있다. 즉, 산업의 발달과 도시화의 영향으로 많은 변화를 겪으면서 가족 기능의 일부 또한 다른 사회 기관에 의해 수행되면서 그 기능이 축소·약화되고 있다. 그 반면에 자녀를 사회화시키는 기능, 가족 구성원의 긴장과 피로를 회복시키기 위한 기능, 사회 발전에 기여할 수 있는 기능들은 오히려 확대·강화되고 있다.

(1) 가족의 일반적인 기능

가족의 일반적인 기능은 개인적 만족과 사회적 만족으로 나누어서 생각할 수 있다. 개인적 만족은 의식주에 대한 기본적 욕구의 충족과 심적 안정 및 제2차적인 욕구를 충족시켜 주며, 사회적 만족은 새로운 성원을 보급하고 노동력을 재생산해 내는 경제적 생활 단위의 기능을 한다.

최순남(2002)은 가족의 기능을 종족보존, 자녀의 사회화, 성행위의 규제, 경제적 부양, 종교적 기능으로 구분하였다.

첫째, 종족보존의 기능은 인간사회가 자체의 존속을 보장하기 위해서 그 구성원을 보충하는 재생산의 제도적 장치라고 할 수 있다. 둘째, 자녀의 사회화 기능은 자녀의 사회화를 통하여 문화를 습득하게 한다. 셋째, 성행위의 규제기능은 생리적 욕구인 성욕을 부부간에는 합법적으로 허용하는 기능을 하지만 이는 부부간의 동의를 전제로 한다. 넷째, 경제적 부양기능은 가족이 경제활동의 최소단위가 된다는 것으로 과거에는 남성이 가정경제의 절대적인 책임을 지는 것이 문화적으로 수용되었지만 현재는 그 관점이 점차로 변화되고 있다. 다섯째, 종교적 기능은 일반적 가족단위로 기도를 하거나 제사를 지내는 관습이 보편화되어 있으나 이러한 가족의 기능은 지역, 시대, 문화에 따라서 차이가 있다.

이렇듯 인간사회에서 가장 보편적인 존재 집단인 가족의 터전인 가정은 사회의 구성원인 개개인의 생활 장소이며 가장 원초적이고도 기본적인 단위이다.

(2) 가족의 사회적인 기능

가족의 주요한 사회기능은 사회, 경제, 문화적 측면에서 중요한 역할을 하며, 가족 구성원들의 성장과 발달을 도모한다. 따라서 현대 가족이 수행하고 있는 중요한 사회기능을 생산 및 소비의 기능, 재생산의 기능, 사회화의 기능, 정서적 지지의 기능, 보호의 기능, 친족관계의 기능, 레저 및 여가의 기능, 교육의 기능, 의료 및 건강관리의 기능 등으로 구분할 수 있다.

첫째, 생산 및 소비의 기능은 가족구성원들의 경제적 욕구를 충족시키기 위해서 필요한 물품과 서비스를 생산하고, 소비하는 기능을 말한다. 즉, 가족구성원들이 직장에서 창출한 소득을 통해 의·식·주 및 교육과 의료 등 필요한 서비스와 물품을 구입한다.

둘째, 재생산의 기능은 가족이 사회의 연장과 발전을 위해서 다음 세대를 출산·양육하는 기능을 수행하는 것이다. 즉, 가족은 부모로부터 물리적·유전적 특성을 이어받고, 사회화 과정을 통해서 문화적 가치와 전통을 계승한다.

셋째, 사회화의 기능은 가정이 사회의 기본단위로서 가족구성원들에게 사회적 규범과 가치 및 행동 양식을 습득하도록 하는 중요한 역할을 한다. 즉, 부모는 자녀들에게 예의, 도덕, 언어, 문화 등 사회구성원이 갖추어야 할 기본 지식과 기술을 전달한다.

넷째, 정서적 지지의 기능은 가족구성원들에게 정서적 안정과 지지를 제공하는 중요한 역할을 한다. 즉, 가족 간의 사랑, 존중, 신뢰는 가족구성원들이 성장·발달하는 데 필요한 정신적 버팀목이 되며, 일상, 학업, 직장에서의 스트레스와 부담을 감소시키는 역할을 한다.

다섯째, 보호의 기능은 가족구성원들의 신체적·정서적·경제적인 위험을 보호하는 역할을 한다. 즉, 부모는 자녀들을 올바른 길로 이끌고, 위험한 상황에 대응하며, 자녀에게 필요한 자원을 제공하여 경제적 안정을 도모한다.

여섯째, 친족관계의 기능은 혈연과 결혼을 통하여 네트워크를 형성하게 되는 가족은 이를 통해 서로 도움을 주고받는 관계를 형성한다. 즉, 사회적 지지와 정서적 유대가 강화될 뿐 아니라 가족구성원들에게 신뢰할 수 있는 인간관계 시스템을 제공하며, 더 나아가 친족 관계를 통하여 사회적 역할과 책임까지도 배우게 된다.

일곱째, 레저 및 여가의 기능은 가족구성원들이 일상의 스트레스를 해소하고 휴식과 재충전의 기회를 제공한다. 즉, 가족이 함께하는 레저 및 여가활동은 정서적 유대감을 증대시키고, 서로에 대한 이해와 존중을 향상시키므로 가족관계를 개선하는 데 도움이 된다.

여덟째, 교육의 기능은 가족구성원들에게 지식, 기술, 가치, 믿음 등을 전달한다. 즉, 부모는 자녀들에게 학업 및 직업에 대한 지침과 정보를 제공하며, 자녀들의 학습 욕구를 향상시킬 뿐 아니라 미래의 진로와 목표를 설정하는 데 도움을 준다.

아홉째, 의료 및 건강관리의 기능은 가족구성원들의 건강과 질병 예방 및 치료를 지원하는 역할이다. 즉, 부모는 자녀들에게 건강하고 바람직한 생활 습관을 가르치며, 필요한 경우 의료 서비스를 이용할 수 있도록 지원한다.

이처럼 가족의 사회화 기능은 개인이 건강한 사회구성원으로 성장하는데 바탕이 되는 역할을 한다. 이 기능은 개인의 정서적·지적 발달과 사회적 적응 능력에 지대한 영향을 미친다. 왜냐하면 인간은 사회화를 통해 타인과의 관계에서 상호 존중과 협력을 이해하게 되고, 도덕적 판단과 책임감을 발전시킬 수 있게 되기 때문이다.

2) 전 생애발달 주기별 가족의 건강성

전 생애발달 주기는 인간 발달이 수정에서 죽음까지의 생애 전체에 걸쳐서 이루어진다는 의미로 가족 발달의 과업이다. 발달 심리학자들은 인간 발달을 유아기에서 청소년기까지를 주로 다루고 있지만, 가족의 건강성을 고찰하기 위해서는 청소년기 이후의 성인기와 노년기까지 체계적으로 이해할 필요가 있다고 본다.

전 생애발달 주기 개념은 시간의 흐름에 따른 가족의 변화를 기술하는 것으로 가족이라는 사회구성원 속에서 가족들의 역할 변화를 설명한다. 즉, 가족은 결혼을 시작으로 자녀가 태어나면서 서서히 확대되다가 자녀가 성장하고 독립하면서 축소되어 마지막 자녀의 독립으로 다시 부부 두 사람의 가족 형태가 되는 일련의 과정을 의미한다(이기춘, 1994). 따라서 가족의 생애 주기별 특성과 가족의 건강성을 살펴본다.

(1) 가족 형성기의 특성 및 가족의 건강성

신혼기는 가족 형성기로 결혼생활 초기 적응과 부모됨의 준비라는 두 가지 큰 과업이 요구되는 시기이다(박수선, 2013). 결혼생활 초기 적응 과업은 첫째, 부부간의 유대감과 친밀감이 무엇보다 중요하다. 이를 위해서는 서로의 성격, 생활습관, 가치관 등에 대해 이해하고 적응할 필요가 있다. 둘째, 가족 내 역할을 분담하고 가정생활규칙을 가지는 것이 좋다. 셋째, 양가의 부모로부터의 경제적·정서적 독립이 필요하다. 넷째, 배우자 가족과의 관계에 대해 적응하고 이해하며, 원만한 친족관계를 형성한다. 다섯째, 자녀출산 및 교육계획을 세운다. 여섯째, 주택 마련 계획 등 장기적 가정 경제 계획을 수립해나가는 것이다.

부모됨의 과업은 첫째, 자녀의 다양한 발달영역과 발달단계에 적합한 역할을 해야 한다. 둘째, 자녀에 대한 의·식·주 제공을 비롯하여 따뜻함과 편안함을 제공하는 자녀양육 및 교육을 담당하며, 자녀의 인성을 바람직하게 형성하도록 하는 부모의 역할을 해야 한다.

가족 형성기의 특성 및 가족의 건강성은 자녀가 없는 젊은 부부, 자녀가 있는 젊은 부부로 나눌 수 있다.

① 자녀가 없는 젊은 부부

새로운 가정을 형성한 부부는 건강하고 행복한 가족을 만들기 위해 노력한다. 각각 혼자만의 생활패턴을 가지고 있던 두 사람이 결혼과 동시에 함께하는 생활패턴으로 변화하고, 공동 의사결정과 가정의 공유 역할에 대한 책임이 생긴다(Raymand, 2000). 그리고 결혼은 했지만 아이를 낳지 않거나 늦게 가지려는 등의 고민을 하게 된다. 이 시기의 부부는 대부분 맞벌이를 하는 관계로 경제적인 여유로움이 있어서 영화를 비롯한 다양한 문화생활을 누리며, 다소 고가의 의·식·주생활로 인한 많은 지출이 이루어지고 있다.

② 자녀가 있는 젊은 부부

신혼기 가족(결혼~첫 자녀 출산 전)의 부부들 중에서 약 7%의 가구가 자녀가 있는 젊은 부부로 나타난다. 첫 아이가 태어남과 동시에 소비성을 비롯한 생활패턴이 크게 달라진다. 아이와 관련된 다양한 용품, 아기 옷, 가구, 음식, 건강관리용품 등의 영역에서 새로운 소비가 생겨나면서 생활패턴 또한 바뀐다. 부부 중 누군가는 몇 달에서부터 몇 년 동안은 일을 전혀 못 하거나 부분적으로 제약을 받는 경우가 생기며 이에 따라 가구 소득이 줄어들게 된다. 주거지 또한 자녀에게 적합하지 않으면 옮겨야 하고, 휴가, 외식, 자동차 관련 구매 패턴도 자녀 위주로 변화한다. 게다가 자녀 교육에 소비가 집중되는 경향이 나타나면서 소비율이 높아진다.

(2) 자녀 출산기의 특성 및 가족의 건강성

자녀의 출산은 부부에게 긍정적인 면과 부정적인 면 모두를 갖게 한다. 긍정적인 면은 새로운 즐거움과 자녀로 인해 더욱 성숙해진 느낌을 갖게 되는 것이고, 부정적인 면은 자녀 출산으로 인해 어머니나 아버지로서의 역할을 추가적으로 수행해야 하는 것과 일-가정 양립의 어려움을 겪게 되는 것이다. 특히 여성의 경우 어머니의 역할은 더 큰 부담으로 다가올 수 있다. 예를 들면, 첫 자녀 출산으로 자녀 양육과 관련한 일이 많아지고, 자녀 양육방법에 대한 고민도 늘어나게 된다. 뿐만 아니라 자신을 위한 시간은 감소하는 반면 가정경제에 대한 부담은 증가하게 된다. 그 결과, 첫 자녀 출산으로 인해 부부는 종종 스트레스 상황에 놓이게 된다. 특히 부부가 첫 자녀 출산을 전후로 하여 결혼 만족도가 감소한다고 한다. 이는 자녀를 양육하는 데 많은 에너지와 시간이 소요되므로 부부 사이의 친밀감과 애정을 유지하기 유한 상호작용이나 의사소통을 불가능하게 만들기 때문이다(Belsky, Lang & Rovin, 1985). 이러한 결혼 만족도의 감소는 남성보다 여성에게서 상대적으로 크게 나타나는데, 그 이유는 자녀 양육에 대한 책임이 남성보다 여성에게 더 많이 부과되는 영향도 무시할 수 없다고 본다.

따라서 자녀 출산기의 가족의 건강을 위해서는 남성의 역할이 매우 중요하다. 자녀양육의 고민, 자신을 위한 시간 감소, 재정적인 부담 증가 등의 자녀 출산으로 인한 부정적인 부담을 부부가 서로 나누고 협력한다면 부모역할 수행으로 인한 보람은 그 배가 될 것이다.

(3) 유아기 자녀를 둔 가족의 특성 및 건강성

생애주기 중에서 유아기 자녀를 둔 가족은 부부가 서로에게 미치는 영향이 자녀에게도 간접적으로 전달된다는 것을 기억해야 한다. 즉, 자녀 양육에 있어서 아버지의 역할을 중시하는 가족은 그렇지 않은 가족에 비해 자녀양육에 아버지의 참여율이 높을 뿐 아니라, 자녀양육에 대해 더 많은 이야기를 나누면서 부부는 서로에게 상호 지지와 격려를 제공하게 되고, 나아가 자녀에게 긍정적인 영향을 미칠 수 있다. 그러므로 지금까지 약화되었던 부부간의 애정 결속을 극복하고 부모-자녀 간의 긍정적인 관계를 지속하여 인간발달의 결정적 시기인 영·유아기 자녀의 적절한 전인발달이 이루어지도록 양육해야 한다.

유아기의 자녀양육을 책임지는 부모와 자녀의 긍정적 관계는 유아가 이후 경험할 다양한 인간관계에 대해 신뢰감을 형성하는 데 중요한 역할을 한다. 따라서 영·유아기의 가족관계, 특히 주된 양육자인 부모와의 관계는 매우 중요하다.

따라서 유아기 자녀를 둔 가족의 건강성을 어머니와 유아의 관계, 아버지와 유아의 관계로 나누어 살펴본다.

① 어머니와 자녀의 관계

전통적인 여성은 자녀의 주 양육자 역할을 수행해왔다. 영·유아기에 어머니가 온정적이고 자녀의 요구에 민감하게 반응하는 양육을 할 때 아이는 어머니에게 애착을 형성하게 된다. 이러한 애착은 주위 환경에 적응하며 생존하기 위한 필수 요소로서, 애정이나 사랑과 같은 긍정적 정서의 의미를 갖는다. 아이가 특정 대상에게 애착을 형성하면 그 사람과 함께 있을 때 기쁨을 느끼고, 당황스럽고 불안한 상황에서 그 사람의 존재로 인해 위안을 받고 안정을 찾는다. 즉, 아이는 자신과 즐겁게 상호작용하며 자신의 신호를 이해하고, 적절하면서도 신속하게 반응해 주는 어머니와 안정적인 애착관계를 형성하게 되는 것이다. 안정애착을 형성한 아이는 자라면서 긍정적 자아개념을 갖게 될 뿐만 아니라 자신감과 호기심이 있고 도전 상황을 잘 해결하고 좌절을 잘 인내하며, 문제행동 또한 덜 보이는 경향이 있다. 타인과의 관계에서도 긍정적인 기대를 갖고 상호작용하여 타인에게서 긍정적 행동을 유발하며 또래와 긍정적 관계를 갖는다. 이처럼 부모의 민감한 반응성은 자녀가 성장해서 일생 동안 다른 사람을 사랑하고 협력하며 상호작용하는 능력을 키우는 데 매우 중요하다.

자녀 양육에서 어머니의 역할은 아무리 강조해도 지나치지 않을 만큼 중요하다.

어머니는 자녀의 건강과 위생을 담당하며 자녀의 인성발달, 인지 및 정서발달 그리고 사회성 발달을 돕는다. 오늘날 워킹맘이 많아지면서 어머니가 해야 할 일이 더 많아진 것은 사실이다. 가족의 기능에도 많은 변화가 생김에 따라 과거에 생각했던 어머니의 역할에 대한 가치와 중요성도 재평가되고 있다.

이렇게 어머니의 역할이 많아지고 있지만 자녀 양육 문제만큼은 여전히 어머니가 감당해야 할 가장 중요한 일이다.

대부분의 가정에서 어머니는 자녀에게 표현적 역할을 담당하는 중요한 사람이다. 현대사회가 생활양식 면에서 다양하게 변화함에 따라 어머니의 역할도 새로운 관점에서 조명되고 있다.

하지만 성인으로서 수행해야 하는 어떠한 역할도 어머니의 역할만큼 중요한 것은 없다.

② 아버지와 자녀의 관계

아버지와 자녀의 관계는 부모로서는 사랑을 주고, 경제적 도움을 주어 자녀들이 성공적인 어른으로 자라도록 조력하는 관계이며, 자녀로서는 심리·정서·신체적인 면과 인간관계 방식, 즉 성격, 대인관계, 사고방식, 감정표현, 태도 등을 보고 배우고, 지도를 통해서 형성하게 되는 모델로 삼게 되는 관계라 할 수 있다.

따라서 가족의 건강성을 위해서는 아버지와 자녀의 관계가 부모의 일방적인 관계가 아니고 상호관계라는 것을 인식하고 자녀들과 원만하고 활발한 의사소통을 통해서 삶에서 발생되는 모든 문제들을 해결해 나가려는 노력이 필요하다고 본다.

리벨스키와 행크스(Rebelsky & Hanks, 1971)는 출생한 지 2주~3개월 된 영아 210명을 대상으로 아버지와 자녀의 의사소통 시간을 측정한 결과를 발표했다. 아버지와 영아자녀의 하루 평균 의사소통 시간은 총 40초 2.7회 정도에 불과한 내용이다. 이는 남성과 여성의 언어활용 정도의 차이로 양육에 미치는 영향을 비교하고자 한 것으로 남성이 여성에 비해서 언어활용 정도가 낮은 만큼 노력의 필요성이 강조된다고 볼 수 있다. 왜냐하면 영유아기의 의사소통능력은 자녀가 건강한 사회구성원으로 자라는데 핵심적인 요소이므로 자녀를 양육하는 아버지는 자녀의 언어환경을 풍요롭게 조성하는 노력을 해야 하는 것이다.

현대사회는 아버지가 육아휴직을 하고 어린 자녀를 양육하고 지도하는 비율이 늘어나고 있는 분위기이다. 아버지가 육아에 적극적으로 참여하는 것을 통해 아버지와 자녀 간에 강한 정서적 유대감이 생기게 된다. 아버지와의 이런 관계를 통해, 자녀는 성장해가는 동안 대인관계에 있어 긍정적인 관계를 맺는 능력이 갖추어지게 된다.

Weinraub(1977)은 아버지의 존재와 양육태도 그리고 역할이 자녀의 성 역할 학습, 인지학습, 성취동기 등 제반 영역에서 어머니보다 더 결정적인 영향을 미친다는 연구결과를 보고하였다.

Lamb(1987)는 현대사회를 '아버지 역할의 재발견 시대'라고 표현할 정도로 아버지에 대한 관심이 증가하고 있다. 아버지와 자녀 간의 관계가 자녀의 성장 및 발달에 있어서 어머니 못지않은 영향을 끼치고 있다고 강조했다. 즉, 아버지는 그의 행동, 가치관, 태도들을 통하여 자녀로 하여금 특정한 성 역할 개념을 갖도록 하여 자녀들이 사회의 건강한 일원으로서 자신의 행동과 행위에 대해 책임감을 가질 수 있도록 키워주는 사람이다.

자녀가 학교에 다니는 시기다. 이 단계의 가족이 대처해야 할 중요한 과제는 자녀의 자립성과 가족에 대한 소속감, 충성심과의 균형을 적절하게 잡도록 노력하는 것과 자녀에게 지나친 기대를 하지 않아 무거운 짐을 느끼지 않도록 하여 비참하게 만들지 말아야 하는 등 부모와 자녀 사이의 균형을 유지하는 것이다.

(4) 아동기 자녀를 둔 가족의 특성 및 건강성

이 시기는 자녀가 초등학교 진학하여 학업에 몰두하는 시기로 집단생활에 잘 적응하고 주어진 학습과제를 잘 수행할 수 있도록 격려하고 지원하는 시기이다. 부모는 자녀의 활동충족과 부모의 사생활 영위할 뿐 아니라 재정적 지급능력을 유지하고 결혼생활을 잘 유지하기 위해 노력해야 하는 시기이다. 그리고 변화되는 자녀의 발달적 요구에 효과적으로 대응하고 학교와 보조 맞추기도 해야 하는 시기이다. 또한 아동기 자녀에게 형제자매는 사회적 동료로서 서로의 경험에 중요한 부분을 차지한다.

따라서 아동기 자녀를 둔 가족의 건강성을 자녀양육방식과 형제자매관계로 나누어 살펴본다.

① 자녀양육방식

자녀양육방식은 학자에 따라 정의를 달리한다. 즉, 부모가 어떻게 자녀들을 양육하며, 양육의 특성이 자녀의 심리적 발달과 적응에 어떤 영향을 미치는 것인가이다.

피시바인과 아젠(Fishbein & Ajzen)은 부모가 자녀를 양육하는 방식은 개인차뿐만 아니라 상당한 문화적 차이를 가지고 있다는 것으로 부모가 자녀의 성장과 발달을 위해 양육하고 보살피는 데 나타나는 방식으로 정의하였다. 즉, 어떤 민족은 자녀를 억압적으로 양육하는가 하면 어떤 민족은 자녀를 응석받이로 만든다는 것이다.

이러한 자녀 양육방식을 처음으로 유형화한 사람은 시먼즈(Symonds)이다. 그는 양육방식을 수용-거부, 지배-복종의 두 차원과 간섭형, 과보호형, 엄격형, 방임형의 네 가지로 분류하였으며, 가장 바람직한 자녀 양육방식을 수용이나 거부, 지배나 복종이 아닌 중간적 태도로 보았다. 또한 자녀 양육방식이 개인적인 부모의 양육태도에 따라 큰 차이가 남에 따라 자녀의 인격형성 등에도 차이가 나타난다는 것이 최근의 연구결과로 밝혀지고 있다.

맥코비와 마틴(Maccoby & Martin, 1983)은 셰이퍼(Schaefer, 1959)의 연구를 바탕으로 자녀 양육방식을 애정-거부 차원과 자율-통제 차원의 두 축으로 분류하였으며, 지금까지의 연구에서 양육방식의 일반적인 유형으로 지지받고 있다.

온정적인 부모는 아동이 잘못을 했을 때에도 사랑을 표현하며, 잘 웃어주고 칭찬을 아끼지 않는 반면, 적대적이거나 거부적인 부모는 아동을 비판하거나 처벌하고 무시하며 자녀를 사랑할지라도 상호작용이 극히 드문 경향이 있다. 그 반면에 허용적인 부모는 아동을 통제하기보다 자녀의 자율권을 존중하여 스스로의 행동을 결정할 수 있도록 하고, 구속적인 부모는 규칙을 정하고 아동이 이를 지키도록 강요와 감시를 한다. 즉, '온정+구속, 온정+허용, 적대+구속, 적대+허용'의 네 가지 양육방식으로 구분할 수 있다. 여기서 대부분의 부모는 독재적인 방식보다 애정적인 양육방식을 더 선호하며, 이것은 자녀의 건강한 사고형성과 사회정서발달에 많은 도움을 주게 된다(Maccoby & Martin, 1983)고 강조한다.

바움린드(Baumrind)는 자녀에 대한 부모의 통제 정도와 형태에 따라 독재형, 허용형, 권위형의 세 가지 양육방식으로 분류하였다. 독재형 부모는 자녀의 절대적인 복종을 강요하며 종종 체벌을 자녀의 통제수단으로 삼는다. 또한 기성세대의 가치관을 강조하며 자녀의 자율성을 제한한다. 이 같은 부모 밑에서 자란 아동은 기가 죽고 독립심이 없으며 밝은 아이가 되지 못한다.

허용형 부모는 자녀의 가치관이나 행동을 고치는 데 있어서 체벌보다는 긍정적이고 수용적이며 자녀의 행동에 대해 거의 통제하지 않는 너그러운 태도로 대한다. 이들은 매우 애정적이지만 한편으로는 자녀양육의 책임을 회피하려는 방법의 하나로 자유를 줄 수도 있다.

권위형 부모는 부모의 권위를 이용하지만 독재형 부모처럼 일방적인 복종을 강요하거나 체벌을 사용하지는 않는다. 권위적 양육방식은 자율적이고 자기만족을 할 줄 알며 자기통제가 가능하고 배우려는 의지가 강한 아이로 만든다. 이와 같은 자녀 양육방식은 자녀양육에 대한 부모의 태도, 부모와 자녀의 성격, 자녀의 연령, 자녀 수, 사회규범 등 여러 가지 변인의 영향을 받는다.

② 형제자매 관계

형제자매 관계는 출생과 함께 시작되어 유전과 가정에서의 초기 경험을 공유하는 관계이자, 한부모의 피를 나누고 있으므로 그들 사이에는 친숙함에서 오는 안정감이 기본적으로 형성된다. 그러나 종종 여러 가지 문제에 봉착하게 된다. 아동기의 대표적인 문제는 부모와 첫 자녀로 구성된 가족체계가 두 번째 자녀가 태어나면서 다소 혼란스러워지고 또다시 새로운 체계를 형성하게 되는 것이다. 이와 관련하여 진행된 동생이 태어났을 때 아동의 적응성에 관한 연구(Dunn & Kendrick, 1982)는 그 결과에서 그다지 긍정적이지 않았다. 즉, 형제자매 관계는 각자가 타고난 기질보다 부모자녀 관계에 의해 더 많은 영향을 받는다는 것을 알 수 있다.

어머니의 경우에는 대체로 새로운 자녀가 태어났을 때 첫 자녀에 대한 관심이 어느 정도 약화되지만 첫 자녀는 자신의 지위를 불안정하게 느끼게 되면서 부모에게 지나친 요구를 하거나 의존적인 모습을 보이기도 하며, 잠자리, 식사 시간, 배변 등에서 고집을 피우면서 부모를 곤란하게 만든다. 첫 자녀의 이러한 현상은 동생에게 쏠린 부모와 주위의 관심이 불편한 것만은 사실이다. 게다가 부모의 관심을 잃은 첫 자녀의 이런 행동은 부모와의 관계를 더욱 소원하게 만들기도 한다.

부모가 발달단계에 대한 지식을 바탕으로 자녀에게 적절한 양육을 하는 것은 바람직하지만, 형제자매 중에 특히 한 자녀를 편애하는 것은 그들 간의 갈등의 원인이 되기도 한다.

아동에게 형제자매 간 라이벌 의식은 주로 동생이 태어나자마자 시작된다. 그렇지만 동생이 태어나기 전 부모와의 사이가 긍정적인 관계가 형성되었던 첫 자녀의 경우는 동생과의 관계에 대한 적응 과정이 훨씬 수월하다고 한다 (Dunn & Kendrick, 1982). 그러므로 부모는 둘째 자녀가 태어나더라도 첫 자녀와의 긍정적인 관계를 유지하며, 첫 자녀가 여전히 부모의 사랑과 관심을 받고 있다는 것을 느끼도록 해야 한다. 뿐만 아니라 첫 자녀의 생활이 동생이 태어나기 전과 별반 달라지지 않도록 노력해야 한다.

결론적으로 아동기 자녀를 둔 가족의 건강성을 위해 가족이 대처해야 할 중요한 과제가 있다. 첫째, 자녀의 자립성과 가족에 대한 소속감 및 충성심과의 균형을 적절하게 잡도록 노력하는 것. 둘째, 부모는 자녀에게 격려자 · 훈육자의 역할을 하는 것. 셋째, 자녀의 근면성 발달 및 긍정적인 자아개념 형성을 돕는 조력자가 되어야 하는 것. 넷째, 부모와 자녀 사이의 균형을 유지하는 것이다.

(5) 청소년기 자녀를 둔 가족의 특성 및 건강성

청소년기는 급격한 신체적 발달뿐만 아니라 심리적으로도 커다란 변화를 초래하는 특징이 있다. 이때 자녀는 부모로부터 신체적 · 심리적 독립을 추구하게 된다. 그러므로 부모는 기본적인 신뢰관계를 깨뜨리지 않으면서 자녀에게 선택과 결정의 기회를 많이 부여하고, 자신의 선택과 결정에 따른 결과에 대한 책임의식 또한 가질 수 있도록 지도하고 격려해야 한다.

청소년기는 한 개인의 성장에 있어서 중요한 시기이자 정체성의 기초가 다져지는 시기이다. 그런데 많은 가족들이 자녀가 독립적이 되어가는 과정을 받아들이지 않거나 마지못해서 받아들이므로 가족 간의 갈등이 발생된다. 즉, 부모들은 자녀를 그저 아이일 뿐이라고 생각하지만 청소년기 자녀는 자신이 능력이 있다고 믿고, 주도권을 가지려 하며 "가족과의 단절"을 가동시키는 경향이 있다. 특히 이 시기는 종종 자신의 불편함을 가족구성원 탓으로 돌리거나, 좌절하기도 하고, 주변 사람들과 지적으로 대화하는 것에 어려움을 격기도 한다.

따라서 청소년기 자녀를 둔 가족의 건강성을 세대차이 그리고 청소년기 자녀와 동행하기로 나누어 살펴본다.

① 세대차이

세대차이는 다른 시대를 살았던 이질집단 간의 차이를 일반적으로 말한다. 그러나 같은 시대를 사는 연령 내에서도 세대차이가 나타날 수 있다.

다른 집단 간 세대차이는 부모 자녀 간의 세대차이를 대표적인 예로 들 수 있으며 이때 부모·자녀 간의 세대 간 갈등으로 이해된다.

청소년기 자녀를 둔 부모의 평균적인 연령대인 40~50대는 사물을 도리나 논리로 생각하는 경향성이 있다. 이런 경향성은 느낌(feeling)이나 이미지(image)로 행동하는 청소년기 아이들의 마음이나 생각을 이해하는 것에 어려움이 나타난다. 그 원인은 전 생애 발달단계에 따른 뇌발달 특성의 차이와 자라 온 환경이나 여건이 현저하게 다르고 경험이 다른 것이기 때문이다.

동시대를 사는 연령 내에서의 세대차이는 현대사회의 청소년들은 같은 세대에 있으면서도 학년이 다르면 행동방식이나 생각하는 것이 다르다고 여기며, 그것을 이해하는 데 고통을 겪는 경우가 있다. 이를 동질집단 내 세대차이라 할 수 있다. 이 같은 동질집단 내 세대차이는 현대사회가 물자가 풍부한 데 반해 아이들의 수가 적은 것이나 부모 자신의 규범이 자녀에게 잘 전달되지 못하기 때문으로 볼 수 있다. 게다가 물질주의적 관점에서 사물을 분별하는 부모가 많아져서 세대경계(世帶境界)가 없어지는 것 또한 세대차이를 유발하는 것에 영향을 미친다. 이러한 세대차이가 발생되는 이유를 보다 세밀하게 탐색해보면 첫째, 역사적 시기에 따른 사회문화적 조건 및 경험의 차이가 그 시기를 살았던 사람들에게 기억되어서 세대별 경험과 그것에 따른 반응의 차이 때문에 나타난다. 둘째, 인간의 발달단계에 따른 뇌발달 특성 및 각 단계에 포함된 특성으로 나타난다. 셋째, 세대별 변화의 수용능력에서 차이가 세대차이를 불러온다.

이러한 세대차이를 이해하기 위한 가장 중요한 요소 중의 하나는 서로 존중하며 소통하는 것이다. 즉, 대화의 시간을 소중하게 생각하고 유지해야 하며, 대화를 통해 청소년들이 가진 각각의 지혜를 공유하고 유대감을 길러서 서로를 이해하는 것을 바탕으로 서로의 선택과 성장을 존중하고 인정하며 긍정적인 지지와 격려를 보내는 것이다.

② 청소년기 자녀와 동행하기

청소년기의 자녀는 급격한 신체변화와 심리변화를 동시에 경험한다. 부모와 친밀하고 밀접한 관계였던 자녀들은 부모에게서 자아를 분리시키고 자신이 누구인지 알아가야 하는 분리개별화 과정을 경험하게 된다. 이러한 과정에서 청소년기 자녀들은 부모에게서 독립적이고 비밀도 많아지고 점차 폐쇄적으로 변해간다. 이 시기에는 부모에게 모든 것을 의존하던 아동기와 달리 자신을 분리하고, 어떻게 행동하고 어떻게 판단할 것인지 등 스스로 결정하려는 노력들을 해야 한다. 게다가 급변하는 사회 속에서 쏟아지는 정보들은 부모와 자녀에게 좋은 정보도 있지만, 모순되는 가치로 인해 혼란과 불안을 가중시키기도 한다. 즉, 청소년들의 흡연, 음주, 성관계, 폭력 등 문제행동의 증가 및 저연령화 현상과 더 자극적으로 부각시키는 대중매체는 부모로 하여금 자녀를 더 옥죄이고 불안해하도록 만들기도 하며, 부모-자녀 관계의 갈등을 경험하게도 한다. 이로 인해 헬리콥터페어런트, 캥거루족, 잔디깎기부모 등이 등장하는 것은 어찌할 수 없는 현상으로 보인다.

부모-자녀 관계에 있어서 갈등을 많이 경험하게 되거나, 부정적 양육태도를 가지게 되면 자녀가 부모와 긍정적·정서적 유대감을 가지면서 자연스럽게 독립성과 자율성을 획득해가는 분리-개별화 과정에 어려움을 갖게 된다. 그러므로 자녀가 부모로부터 자신을 분리하려고 할 때 부모는 자녀의 이러한 시도를 격려하고 지지해줌으로써 자녀가 이 과정에서 불안이나 거절에 대한 두려움, 죄책감 등의 감정을 경험하지 않도록 도와주는 것이 필요하다. 즉, 부모를 비롯한 가족구성원들은 청소년기 자녀가 삶에서 자신의 위치를 찾도록 도와 아이가 외부 세계와의 관계를 증진시킬 수 있는 효과적인 전략을 찾도록 해야 한다. 이것이 청소년기 자녀와의 동행으로 나아가는 길이다.

청소년들은 종종 길을 잃은 느낌을 갖게 되지만, 그렇다고 줄곧 도움을 요청하지는 않을 것이다. 왜냐하면 그것은 바로 자신이 쟁취하려고 그렇게 애쓰는 독립에 생채기를 내는 일이기 때문이다. 이 과정에서 자녀와 동행하는 것은 자녀가 아동기에서 어른으로 옮아가는 단계들을 제대로 해낼 수 있도록 하는 데 필수적이다.

이때 주의할 점이 있다면 10대는 외부 환경과 어떻게 상호작용해야 하는지 잘 모른다는 것을 잊어서는 안 된다.

가족이 이 과정에서 참여하려 하지 않으면, 청소년기 자녀는 머지않아 반항적인 성향을 나타낼 수 있다. 반항적인 청소년은 구멍 난 경계와 한계라는 특징을 가진 가족구조하에서 자라는데, 이는 구성원이 친밀하게 상호 연결된 가족에서 두드러지게 나타난다. 즉, 10대는 좌절의 상황에 과도한 분노로 반응을 하고, 또래나 파트너에 깊은 관계를 형성한다. 이것은 열정, 강렬한 대시, 질투, 이별, 멋진 화해 등으로 점철된 관계로 좌절에 대한 약한 내성 때문에 반항적이고 대립을 일삼는 성향이 나타날 수 있다.

(6) 빈 둥지 시기의 가족의 특성 및 건강성

'빈 둥지 시기'란 자녀가 성장하여 사회적으로 자립을 하면서 집을 떠나고 중년기의 두 부부만 남게 되는 시기를 말한다. 이때 가족의 기본적인 과제는 부모와 자녀 관계의 단절이 아니라 부모-자녀가 독립적으로 분리되는 것이다. 남겨진 중년기의 부부는 그동안 전력해 왔던 자녀 양육의 책무에서 상당 부분 벗어나게 됨에 따라 개인 및 부부 동반 여가 시간이 늘어난다. 반면에 이제까지 겪어 보지 못한 시간을 감당하지 못해 공허함을 느끼는 것을 비롯하여 고독감을 견디지 못하고 심한 우울증에 빠지는 '빈 둥지 증후군'을 겪는 이들도 드물지 않게 볼 수 있다. 이러한 심리적 변화는 남성보다는 주로 여성에게서 흔히 나타난다. 이는 전통적으로 여성이 자신의 생애주기를 자신보다는 남편과 자녀의 연령이나 가족의 생활주기로 정의하는 경향에서 찾아볼 수 있다. 그러나 현대사회에 접어든 많은 여성들은 빈 둥지 시기를 아내나 어머니로서의 임무에서 벗어나 자신의 정체성을 찾는 시기로 여기는 사회적 분위기가 확대되면서 오히려 '인생의 전환기'로 활용하고 있다. 이것에는 '중년기'의 특성이 반영되어 있다. 즉, 이 시기는 직업적으로 업무 처리 기량이 절정에 이르며, 경제적으로도 가장 많은 자산을 확보하는 시기이다. 그리고 자녀 출산과 동시에 시작되었던 부모로서의 역할과 책임이 가벼워지는 시기이다. 따라서 이 시기의 가족의 건강성을 위해 새로운 인생을 설계하고 전환하는 데 좋은 조건이 마련된 점을 활용하여 부부는 자녀가 떠난 상실감에 몰두보다는 부모 역할 외에 직업 · 학업 · 사회봉사 등 새로운 의미 있는 역할을 찾는 것이 필요하다고 본다.

(7) 조부모기의 가족의 특성 및 건강성

조부모는 자신의 부모의 부모를 의미한다. 이 시기는 은퇴에서 사망할 때까지 신체적 · 언어적 · 인지적 · 사회적 · 정서적인 모든 면이 급격하게 퇴화되는 시기로 죽음을 아름답게 준비하고 또 받아들이는 시기이다. 즉, 계속되는 노화에 적응하고, 경제적인 문제에 대처하고, 배우자의 죽음에 적응하고, 본인의 죽음을 준비해야 하는 시기이다. 이러한 조부모기를 조부모기의 특성, 조부모의 유형, 조부모와 손자녀의 유대관계로 나누어 살펴본다.

① 조부모기의 특성

조부모기는 평균수명의 증가로 그 기간이 길어지고 있다. 평균수명의 증가로 인구학적 변화와 가족체계의 변화를 가져온다. 조부모-손자녀 관계는 노인의 가족부양이라는 측면에서 중요한 의미를 갖는다. 저출산율로 인한 부모기와 조부모기 기간을 병행하여 경험하는 사람들이 감소하고 있다. 계조부모-계손자녀가족, 조부모가 손자녀를 전적으로 책임지는 조손가족이 증가하고 있다. 과거 조부모-손자녀 관계에 있어 장애 요인이 감소하고 있다.

예) 현재의 조부모들은 건강, 학력, 경제, 에너지와 여가면에서 과거의 조부모들과 많이 다르다.

② 조부모의 유형

체를린과 프르스텐버그(Cherlin & Furstengerg, 1986)은 10대들을 대상으로 한 '조부모에 대한 국가 비교 연구'에서 조부모의 유형을 멀리 떨어져 있는 조부모, 친구 같은 조부모, 관여형 조부모로 나누어서 설명하고 있다.

a. 멀리 떨어져 있는 조부모

멀리 떨어져 있는 조부모(조사대상의 29%)는 손자녀와 가끔씩 만나는 관계로 그려진다. 이는 물리적인 것뿐 아니라 심리적으로도 10대 손자녀들과 떨어져 있기 때문이다.

b. 친구 같은 조부모

친구 같은 조부모(55%)는 가장 일반적인 유형으로 손자녀와 자주 만나고 이들과 함께 활동을 하며, 손자녀에 대해 조부모 역할을 하기보다는 즐거움을 함께 공유하는 존재로 그려진다. 이 유형이 손자녀 문제에 대해서 거의 간섭을 하지 않는 이유는 이들은 이미 자녀 양육에 대한 책임에서 벗어났기 때문인 것으로 본다.

c. 관여형 조부모

관여형 조부모(16%)는 10대 손자녀들에게 부모로서의 역할을 수행하는 유형이다. 즉, 친구 같은 조부모 유형처럼 손자녀와 자주 만나고 함께 놀기도 하지만 손자녀를 돌보거나 조언도 한다. 이들 중 일부는 딸이 결혼을 하지 않거나 이혼이나 직장으로 인해 집에서 떨어져 있는 경우로 손자녀와 함께 생활하기도 한다. 이처럼 조부모는 가족의 위기가 있을 때마다 조력하는 존재로 '가족의 수호신'으로 불리기도 한다(Hagestad, 1985).

이러한 조부모의 역할은 손자녀가 성장함에 따라 변화한다. 즉, 손자녀가 어린 시절에는 조부모가 손자녀와 함께 즐겁게 보낼 수 있는 시기이며 손자녀의 삶에서 차지하는 비율이 높다. 그러나 손자녀가 학령기에 접어들면서 손자녀와 조부모와의 만남은 줄어들게 된다(Cherlin & Furstenberg, 1986).

이상의 세 가지 유형 중 멀리 떨어져 있는 조부모유형에서 가장 낮은 만족감을 나타냈다. 그 이유는 이들이 손자녀와 보다 가깝게 살기를 원하고, 더 자주 보기를 원하기 때문일 것으로 본다. 그리고 조모와 손자녀 관계가 조부와 손자녀 관계보다 더 가까운 경향을 보인 것은 가족 내에서 '친족 유지자'의 역할을 하는 여성의 전형적인 성역할로 설명될 수 있는데, 문제는 이 역할이 비자발적이라는 점이다. 이점은 조부모 역할에서 고려해야 할 점 중의 하나이다.

또한 조부모의 유형은 거주지나 개인의 가치관, 삶의 변화 등 여러 가지 요인에 따라 다양한 모습으로 나타난다(Cherlin & Furstenberg, 1986). 그러나 유형이 어떠하든 대부분의 손자녀들은 조부모를 삶에서 중요한 존재로 여기는 경향이 있다. 이는 3대가 서로 가까운 관계를 유지하면서 조부모는 자녀와 손자녀에게 가족의 역사와 삶의 지혜를 전수해줄 뿐 아니라 정서적 지원과 격려를 통해 가족을 이끌어 나가는 역할을 하고, 자녀와 손자녀는 조부모의 삶과 경험을 존중하고, 공경하는 태도로 상호 이득을 얻는 관계로 설명할 수 있다.

③ 조부모와 손자녀의 유대관계

평균 기대수명이 길어지고 자녀출산율이 감소하는 현대사회의 인구학적 추세는 부모 역할과 조부모 역할 수행기간을 연장되고 이에 따라 장·노년기 삶에 조부모 역할과 조부모와 손자녀 관계의 중요성이 커지고 있다.

조부모와 손자녀와의 깊은 애정 관계는 손자녀의 전 생애 주기에 걸쳐 심리·정서적 발달에 중요한 영향을 미친다. 뿐만 아니라 조부모는 손자녀를 통해 삶의 연속성을 느끼며 손자녀에게 생애를 통한 경험과 지혜를 전달함으로써 긍정적인 노년기 통합을 이루게 한다. 미국의 핵가족제도를 비판한 문화인류학자 미드(Mead, 1972)는 조부모세대를 모르거나 심리적으로나 물리적으로 조부모와 떨어져 자라난 아동은 그만큼 문화적 손실을 본다고 지적한다. 이는 전통사회의 노인 세대를 경험이 많은 지혜로운 세대로 보는 시각에서 나온 것이다. 이는 조부모와 손자녀 간 친밀한 유대감의 중요성이 독립과 개인주의의 가치가 지배적인 서구 사회에서 크게 부각되는 계기가 되었다. 이러한 조부모와 손자녀 간의 유대감을 객관적 유대관계, 주관적 유대관계, 사회적 유대관계로 나누어 살펴본다.

a. 객관적 유대관계

객관적인 주요활동을 통한 상호작용과 다양한 사회적 활동을 함께 한다. 즉, 가족방문, 오락 활동, 여가활동, 가족기념행사 등이다. 객관적 유대관계는 어떤 활동을 함께 하는가? 각자 시간을 따로 보내는가? 에 대한 여부가 중요하다.

b. 주관적 유대관계

주관적 유대관계는 가족구성원 간의 긍정적인 감정의 속성과 정도를 의미한다. 즉, 조부모의 손자녀에 대한 무조건적인 사랑은 손자녀의 자존감과 긍정적인 자아를 발달시키는 데 적잖은 영향을 미친다.

c. 사회적 유대관계

사회적 유대관계는 인간의 행복에 중요한 요소이며, 신체적·정서적 행복에 영향을 미칩니다. 따라서 사회적 유대관계는 인간의 삶에 필수적인 요소이다.

Holt-Lunstad와 그녀의 동료들(2008)이 사회적 유대관계와 장수 간의 밀접한 관련성 연구에서 사회적 유대관계가 강한 사람들이 사회적으로 고립된 사람들보다 더 오래 사는 경향이 있다는 연구 결과 내놓고 있다. 뿐만 아니라 사회적 환경에서 다른 사람들과 관계를 맺는 것은 정신적 민첩성 · 창의성 · 문제 해결 능력을 기릅니다. 사회적 유대관계는 지적인 논의를 자극하여 새로운 생각 · 관점 · 지식에 우리를 노출시키고, 인지기능을 향상시킨다.

이처럼 인간은 유대관계를 통해 살아간다고 해도 과언이 아니다. 오히려 유대관계는 인간을 살아가게 만드는 중요 포인트일지 모른다.

조부모 손자녀 유대관계에서 조부모는 가족 구성원에게 가족의 역사와 삶의 지혜를 전달하고, 정서적 지원 및 격려를 통해 가족을 이끌어 나가는 역할을 한다. 그러나 현대사회는 자녀 수의 감소에 따라 양육 기간이 짧아지고 평균수명이 연장되었다.

그에 따라 조부모와 손자녀가 함께하는 기간이 길어졌음에도 핵가족화의 영향으로 조부모와 멀리 떨어져 지내는 경우가 많아 정서적인 교류나 친밀감을 느낄 기회가 줄어들고 있다. 조부모 손자녀의 좋은 유대관계 유지는 조부모에게 노년기 삶의 만족을 주고, 손자녀에게는 원만한 성격과 태도를 갖게 해준다.

조부모와 함께 자란 아이의 장점

현대사회는 워킹맘들이 늘어나면서 자녀의 양육이 자연스레 조부모의 몫이 되고 있다. 따라서 조부모의 손자녀 양육이 아이의 기본적인 욕구를 충족시켜 주는 단순한 양육에서 벗어나 아이의 눈높이에 맞춘 다양한 놀이를 해주는 양육으로 변화되고 있다. 이는 옛날과는 달리 육아에 대한 각종 정보를 손쉽게 얻을 수 있는 세상이 도래했기 때문이다. 그러해도 아이를 직접 키우지 못하고 조부모에게 맡기는 부모들의 불안한 마음은 없을 수 없다. 따라서 부모들의 불안한 마음에 위안을 주는 '아이를 사랑으로 키워주는 조부모 육아의 특별한 성장 비밀을 밝힌다.

1. 정서적으로 안정감 있는 아이

마음 급한 부모들은 때론 아이를 다그친다. 그렇지만 오랜 삶을 경험한 조부모들은 삶의 지혜로 아이를 기다려주는 여유를 보여준다. 조부모들은 대개 아이가 스스로 행동하도록 기다려주고, 아이와 같은 높이에서 대화하려는 특성을 보여준다. 따라서 조부모와 많은 시간을 보낸 아이들은 그렇지 않은 아이들에 비해 상대적으로 정서적 안정감이 높아 분리불안이나 주의력 결핍을 보이는 경우가 적게 발생한다.

2. 자존감이 높은 아이

조부모의 내리사랑은 손자녀를 아끼고 소중히 여기므로 평온한 감정을 심어주는 교육효과를 준다. 즉, 조부모는 대체로 결과가 아닌 과정 중심으로 칭찬하며, 아이 행동 자체를 칭찬하고 아이의 실수에 대해도 너그럽게 대처하며, 아이를 기다려주는 역할을 한다. 이로써 아이로 하여금 스스로 생각하고 판단하며 결론을 내릴 수 있도록 돕게 된다. 이처럼 조부모는 인생을 살아온 경험을 바탕으로 보다 인내하고, 보다 넓은 시각으로 아이를 이끌며 의지를 북돋워 줄 수 있다.

3. 창의성이 있는 아이

조부모의 지혜는 자연에서 터득되었다고 봐도 과언이 아니다. 그렇기 때문에 현재를 살고 있는 젊은이들이 흉내 낼 수 없는 깊이이기도 하다. 자연친화 놀이를 몸소 체험하고 자란 조부모의 놀이는 아이들에게 창의성을 발전시킬 수 있는 좋은 교재가 되기도 한다.

4. 예의 바른 아이

규칙적이고 부지런한 생활 습관을 가진 조부모의 일상생활은 아이에게 긍정적인 모델링 효과를 준다. 즉, 행동으로 실천하는 방법을 알려주고 아이에게 자연스럽게 삶의 지혜 또한 전달하게 된다. 식사예절부터 인사까지 아이는 조부모의 일상생활 예절을 지켜보며 배우고 나아가 타인에 대한 존중심과 이해심까지 기를 수 있다.

조부모와 훈육방식 갈등 해결법

여러 세대가 한 공간에서 아이를 양육하다 보면 세대차이, 문화차이로 인한 양육방식의 차이로 갈등상황 놓일 수 있다. 게다가 양육의 많은 부분을 조부모와 분담하므로 부모만의 양육방식을 고수하기는 어렵다. 이것에는 여러 가지 이유가 있다. 즉, 조부모가 손자녀에게 갖는 감정은 위에서 살펴보았듯이 부모와는 다를 수밖에 없다. 따라서 이에 대한 몇 가지 해결책을 정리한다.

1. 부모 중심의 훈육

부모 중심의 훈육이 되어야 한다. 아이를 양육하는 주체는 부모이기에 부모가 정한 훈육의 큰 틀을 지키는 것이 바람직하다.

2. 조부모와의 소통

아이를 대하는 방법에 대해 조부모와 상의한다. 이는 조부모와의 유대감을 강화하고, 조부모가 부모의 훈육방법에 대해 이해하는 데 도움이 된다.

3. 일관된 훈육

일관성이 없는 훈육은 아이들을 혼란에 빠지게 한다. 그러므로 조부모든 부모든 간에 되고, 안 되는 원칙을 정해서 노력하면 가족구성원 모두가 행복한 가정을 유지할 수 있다.

조부모의 사랑이 손자녀에게 중요한 7가지 이유

영·유아기, 아동기 시절과 심지어 청소년기에도 아이들은 조부모에게 크게 애착을 갖는다. 조부모가 베푸는 애정과 보살핌은 부모의 사랑을 능가하는 경우가 많기 때문이다. 현대사회의 대부분의 부모들은 그들의 일에 너무 바쁜 반면, 조부모들은 대부분의 시간을 손자녀와 함께 보내기 때문에 이러한 현상은 그다지 놀라운 일이 아니다. 이처럼 아이들이 조부모와 친밀한 이유는 무엇보다 '사랑'이다.

사랑은 관계를 진전시키는 가장 결정적인 감정이며, 아이들은 그 사랑과 보살핌을 필요로 한다. 조부모는 부모 다음으로 한 사람의 인생에서 가장 조건 없는 사랑을 주는 사람이다. 따라서 아이들이 조부모와 깊은 유대감과 정서적 애착을 갖는 몇 가지 이유를 살펴본다.

1. 풍요로운 사랑

조부모와 손자녀 사이의 이타적인 관계는 사랑으로 가득 차 있다. 조부모들은 그들이 가진 모든 사랑을 다해 아이들을 보살핀다. 이러한 사랑은 성장기의 아이들에게 세대 차이를 넘어서는 메시지를 전달하는 언어이다.

정서적 친근감과 보살핌은 자라나는 아이들에게 없어서는 안 되는 필요한 양분이다. 게다가 조부모들은 심지어 아이들에게 부모나 친구가 없는 상황에서도 곁에 있어 준다. 아이의 문제 상황과 고민거리를 들어주고, 해결방안을 함께 찾으며 인생의 모든 단계를 안내한다. 이 경험은 아이들에게 애착과 위안을 준다.

2. 충분한 시간

인간의 전 생애에 주어진 시간은 한정적이다. 그러므로 시간은 누구에게나 너무 소중하다. 조부모들은 이런 시간을 하루 종일 손자녀들을 위해 아낌없이 내놓는다. 아이들이 마음껏 배우고 놀 수 있도록 돕는 것은 물론이거니와 모든 주의를 아이들에게 집중시키므로 아이들이 소중한 존재라는 것을 느끼게 한다. 때로는 아이들의 무한한 상상력이 동원되는 이야기를 들을 때 조부모들은 아이들을 한층 더 이해하게 될 뿐만 아니라 아이들은 어른들과의 강한 유대감을 형성하게 된다.

3. 넉넉한 지원

조부모의 방문을 아이들은 왜 기다릴까? 조부모는 아이들의 지원체계 역할을 하며 그들이 꿈을 추구하도록 돕는 조력자이기 때문이다. 즉, 아이들이 노래 부르기, 줄넘기나 신체놀이, 그림 그리기, 그리고 아이들 세계의 다양한 모험에서 아무리 초라한 결과를 내더라도 조부모가 바라보는 시각은 그것을 만들려는 아이들의 노력뿐이다. 다른 사람들의 눈에는 형편없어 보여도 조부모들은 결코 손자녀에게 부정적인 말을 하지 않는다. 조부모의 이러한 지지는 아이들이 자심감과 신뢰를 키우도록 돕는다.

4. 조부모의 건강나이 연장

행복 호르몬(엔도르핀, 옥시토신 등)은 인간의 심신의 건강성을 증진시킨다. 즉, 엔도르핀은 운동을 하거나 긍정적인 시간을 경험할 때 뇌에서 분비되고, 옥시토신은 주로 사람들 간의 신뢰와 친밀감을 촉진시켜 사회적 결속을 강화한다.

따라서 조부모와 손자녀 관계에서 행복호르몬은 눈에 보이지 않는 숨은 공신이라 할 수 있다. 손자녀는 조부모에게 조부모는 손자녀에게 서로서로 행복호르몬이 분비되도록 하는 자극제인 셈이다.

5. 부스팅 학습

전 생애 중에서 특히 노년기의 대표되는 특성은 신중함과 참을성으로 꼽을 수 있다. 이는 아이들의 세계와 그들의 관점을 이해하는 데 도움이 된다. 따라서 조부모는 아이들에게 훌륭한 배움의 원천이 되며, 그들의 더 깊은 이해와 정서적 유대가 아이들 정신의 비범과 성장에 도움을 준다(김은주 외, 2007).

6. 자신감 발달

유아·아동기는 자신감 발달과 과업 달성을 위해 긍정적 지지가 필요한 시기이다. 새로운 것을 탐구하고 거의 모든 것에 관심을 가지려는 호기심 성향은 종종 좋지 않은 결과로 이어질 수 있다. 이럴 경우 가장 먼저 아이의 자신감 회복을 돕는 이가 조부모이다. 즉, 어린 시절의 반복되는 실수로 인해 아이들의 자신감은 추락하고 있다. 이럴 때 조부모의 응원과 격려는 아이들이 실패에 대한 두려움을 극복하도록 돕게 된다.

7. 노년기 외로움

노년기는 여러 가지 상실이 따르기 때문에 외로움이 더할 수밖에 없다. 즉, 신체가 허약해지면서 여러 가지 건강상의 문제가 발생되므로 사회적 상호작용이 줄어들기 시작한다. 이때 손자녀들과 함께하는 시간은 이러한 외로운 감정을 극복하도록 돕는다. 손자녀는 조부모의 외로운 감정을 개선하고 그들이 희망을 느끼도록 돕는 대상이 된다. 따라서 손자녀들은 조부모들의 삶에 새로운 의미를 부여하는 한 줄기 희망이 된다.

3. 건강가정의 등장 배경, 가족의 탄력성

1) 건강가정의 등장 배경

(1) 가족을 둘러싼 사회변화

현대사회 속의 가족단위 생활은 생계유지가 가장 기본적이다. 즉, 의 · 식 · 주의 창출 기능에 따라서 빈부가 나누어진다. 이런 이유로 가족을 둘러싼 사회변화 중 주목할 만한 현상이 여성의 노동시장 참여 증가, 저출산과 고령화, 세계화, 혼인율 감소와 이혼율 증가 추세, 가정의 중요성에 대한 인식의 변화 등을 들 수 있다.

① 여성의 노동시장 참여 증가

산업화가 진행되면서 현대사회의 경제 구조가 바뀌었고 여성의 경제활동 참여율이 꾸준하게 증가하여, 우리나라와 미국의 경우 40~50%에 육박하는 즉, 여성의 절반이 경제활동에 참여하고 있다, 우리나라의 통계청 자료에는 2008년 기준 여성의 경제활동 참여율이 남성 73.5%, 여성 50.0%이다. 이것에는 미혼의 직장인들 대부분이 배우자의 맞벌이를 선택이 아닌 필수로 인식하고 있는 점도 한몫을 한다. 이런 이유로 여성의 전통적 역할인 자녀와 노인에 대한 돌봄 역할이 여성의 노동시장 진출로 인해 현대가족의 돌봄 기능에 적신호가 켜진 것을 비롯해 전통적인 성역할 인식이 남아 있는 상황에서 대다수 기혼여성은 일-가정 양립의 어려움과 불균형이 초래되고 있다.

② 저출산과 고령화

여성의 경제활동 참여 증가는 저출산의 문제와도 관련이 있다. 여성은 특수한 생리적 구조로 월경 · 임신 · 출산 · 수유를 해야 한다는 점이다. 의학이 발달하지 못한 시대에서는 임신과 출산을 원하는 대로 조절할 수도 없었으나 현대 사회에는 의학이 발달함으로써 피임과 임신중절이 합법화되었고, 수유의 부담에서 벗어날 수 있어서 임신 · 출산 · 수유를 여성의 의도에 따라 마음대로 통제하는 것이 어느 정도 가능하게 되었다. 게다가 개인의 자아실현을 중요시하는 개인주의가 확산되고 일-가정 양립이 어려운 사회환경에서 출산과 양육을 포기하는 여성들이 늘어가고 있다. 저출산 문제는 여성의 문제 또는 가족의 문제가 아니라 사회와 국가의 문제이다. 따라서 최근 정부는 일-가정 양립 문화 확산을 위한 다양한 정책을 추진하고 있다.

고령화는 평균수명의 연장으로 인한 전 세계적인 현상이다. 따라서 노인인구의 증가와 함께 노인과 가족관계가 중요한 문제로 떠오르고 있다. 노년기의 가족관계는 노인케어와 부양, 정신건강, 생활의 질 등에 다각적인 영향을 미치기 때문이다. 그동안 노인에 대한 주 부양자였던 여성의 노동시장 진출이 증가하면서, 누가 노인을 돌볼 것인가에 대한 문제가 사회적 관심으로 부각되고 있다. 맹목적인 '효'사상으로 장남이나 여성(며느리, 딸)이 부양해야 한다는 전통적 인식은 점차 기울고, 사회와 국가가 분담해야 한다는 의식이 만연되고 있다. 키테이(1999)는 돌봄의 공공윤리, 즉 돌봄의 사회적 책임원리로 둘리아(doulia)를 제시한다. 둘리아는 사회가 바로 봉사자가 되어야 한다는 뜻을 함축하고 있다. 즉, 돌봄의 1차 의존관계를 사적 영역을 넘어 공적 가치로 인정받아야 한다는 것이다.

③ 세계화

세계화는 노동시장뿐만 아니라 결혼시장에도 영향을 미쳐 가족의 문화와 인종구성을 변화시키고 있다. 결혼이민자 여성, 외국인노동자, 새터민들의 유입으로 다문화가족의 비율이 지속적으로 증가하고 있다. 최근 10년 동안 다문화 관련 법규의 강화, 기존에는 없던 강력한 국제결혼들의 규제, 여성 인권 및 미성년 인권 보호 등으로 매우 강화가 되었음에도 증가를 하고 있다. 이러한 현상에 따라 국제결혼으로 형성된 가족에 대한 사회적 편견과 부정적

인식이 팽배했으나, 근래에는 세계화 추세로 국제결혼이나 다문화가족, 새터민가족에 대해 보다 수용적으로 변하면서 다문화가족에 대한 제도적 지원까지 이루어지고 있다. 그러나 다문화가정의 문제점은 산적해 있다. 즉, 언어적인 어려움, 문화적인 갈등, 편견과 차별, 사회적·경제적 문제들이다. 이런 문제들에 대한 해결이 급선무이다. 먼저 언어적인 문제해결 방안은 외국인 배우자를 위한 한국어 강좌를 많이 늘리되, 실습적인 방법뿐만 아니라 다문화가정의 외국인을 위한 외국어 안내책자나 서적과 같은 언어소통이 가능해질 수 있는 제도적 절차가 마련되어야 언어적 문제가 차츰 해결될 것으로 본다. 둘째, 문화적 갈등에 대한 해결방안은 다문화가정에 대한 각종 행사나 정보를 교류할 수 있는 자리를 만들면 그런 곳에서 다른 다문화가정의 가족들과 만나고 정보를 나눔으로써 보다 더 빠르게 한국문화에 익숙해지리라고 본다. 셋째, 다문화가정에 대한 편견과 차별을 없애는 방안은 유아·아동기의 교육에서 시작되어야 한다고 본다. 이들의 교육 자료에 다문화를 비롯한 지구촌시대를 넣어서 가르치면 그 효과는 클 것이다. 넷째, 사회적·경제적 문제해결 방안은 다문화가정의 외국인들에 대한 취업 프로그램이 많이 계발되어야 할 것이다. 그들이 원하는 일을 하게 된다면 그들의 자존감을 높일 뿐 아니라 한국 문화에 대한 적응도가 높아질 것이기 때문이다.

④ 혼인율 감소와 이혼율 증가 추세

결혼과 가족에 대한 가치관이 변하면서, 혼인율은 지속적으로 감소하는 반면, 이혼율은 증가하고 있다. 이러한 현상은 '결혼을 꼭 해야 한다'는 인식과 '이혼은 절대 하면 안 된다'는 인식 모두 낮아지고 있는 것과 관련성이 크다. 즉, 가족을 무엇보다 중요시하던 예전의 사회 분위기와 달리, 개인주의의 영향으로 가족을 안식처로 보지 않는다는 것이다. 오히려 가족을 자율성을 침해하는 영역으로 간주하는 경향성마저 존재한다. 그리고 자본주의 사회에서 성인의 의무를 결혼보다 경제활동을 먼저 고려한다는 점이다.

1970년대 이래 우리 사회의 이혼율은 꾸준히 증가하였으나 2000년대 중반을 정점으로 다소 감소, 안정 추세에 있다. 2022년 통계청 자료를 보면, 작년

한 해 동안 93,232건의 이혼 신고가 이루어졌다고 한다. 재판이혼보다 협의이혼이 차지하는 구성비율이 줄었으며, 미성년 자녀를 둔 부부의 이혼 구성비율도 감소하였다. 이혼 연령은 지속적으로 증가하고 있고, 20년 이상 함께 산 부부들의 이혼이 특히 늘고 있다고 한다. 이런 현상은 정서적 기능에 문제가 생길 때 과거에 비해 가족이 해체될 가능성이 더 높아지고 있다는 것이다.

⑤ 가정의 중요성에 대한 인식의 변화

예전의 우리나라 사람들의 사고는 삶 속에서 가정이나 가족에 대한 비중이 커서 가화만사성(家和萬事成)이라는 생각이 지배적이었다. 그러나 현대사회는 산업화가 진전되면서 가족원의 공동체적 성격이 약화되었다. 특히 서양의 산업화는 가족에서 개인을 분리하는 개인주의와 병행하여 진행된 반면 한국의 산업화는 개인분화가 가족분화로 연결되지 않고 오히려 가족을 담보로 하여 진행되었다. 즉, 직장과 일 중심의 생산성을 중시하면서 가정이나 가족은 생산성에 부정적인 영향을 미치는 존재로 무시되기도 하였다.

그러나 다행히도 최근에는 가족과 가정의 중요성에 대한 사회적 관심이 새롭게 인식되기 시작하면서 건강한 가정에 대한 관심도 점점 높아지게 되었다. 이것은 가정이 건강성을 잃을 때, 그 가정에 속한 구성원이나 그 가정이 속한 사회가 치러야 할 비용이 늘어난다고 보는 시각 때문일 것이다.

(2) 탈근대가족으로의 변화

지난 반세기 동안 산업화를 거치면서 핵가족은 한국가족의 대표적인 가족유형으로 자리 잡아 왔다. 핵가족은 한 세대의 부부와 그들의 미혼자녀로 이루어진 기본적인 구조로, 미국의 인류학자 머독(G. P. Murdock)이 처음 사용한 용어이다. 종전까지의 부부가족이나 소가족보다 적절한 표현이라 하여 국제적으로도 널리 쓰이게 되었다.

일반적으로 핵가족은 지리적 이동이 잦은 산업사회의 특성에 잘 부합하는 가족유형으로 알려져 있다. 그러나 최근 정보화시대로 접어들면서 가족의 기본단위라고 생각되었던 핵가족의 분열이 진행되고 있다. 결혼을 하지 않거나, 결혼하고도 자녀를 낳지 않거나, 기혼자들의 이혼 또한 늘어나면서, 독신가구나 무자녀 부부가족, 한부모가족 등 핵가족보다 더 작은 단위의 가족이 늘어나고 있는 것이다. 사회변화는 가족생애주기의 변화, 가족구조의 다양화, 가족가치관의 변화, 가족기능의 변화를 가져왔다(한국가족상담교육연구소, 2010). 따라서 이를 세부적으로 살펴본다.

① 가족생애주기의 변화

가족생애주기란 일생에서 경험하는 결혼 · 출산 · 양육 · 노후의 각 단계에 걸친 시간적 연속을 의미한다. 핵가족의 경우 결혼으로 가족이 형성되고, 자녀출산으로 확대되었다가 자녀의 결혼과 분가를 통해 축소되면서 사망으로 해체하게 된다. 가족생애주기는 가족 환경에 따라 변화하는데 최근 초혼연령의 상승과 미혼율의 증가 등으로 인한 출산율 저하와 평균수명의 연장 및 고령화 등으로 가족의 생애주기에도 커다란 변화가 일어나고 있다.

전체 가족생애주기에서 저출산 및 고령화로 인해 자녀출산 및 양육에 투자하는 기간이 단축되는 반면, 부부만의 생활기간이 연장되고 있으며, 평균수명이 늘어남에 따라 자녀들을 분가시킨 후 부부만이 남게 되는 빈둥지시기부터 은퇴 후 부부 모두 사망하기 전까지 기간이 길어지면서 부부 후기의 중요성이 부각 되고 있다.

② 가족구조의 다양화

한국의 출산율은 전 세계적으로 유례가 없을 만큼의 빠른 속도로 급락하고 있다. IMF(1997)를 겪으면서 경제 불황과 취업난으로 출산율 지속적으로 낮아져서, 2004년에 합계출산율은 1.16을 기록하였다. 이는 한 가족당 평균 자녀수가 2명에도 못 미치는 결과로서 가족규모의 축소를 나타낸다. 가족규모의 축소는 세계적인 흐름으로 1인가구가 늘어나고 있는 실정이며, 우리나라의 경우 1인가구의 증가추세가 세계에서도 가장 빠른 수준이라고 한다. 정부의 출산억제정책이 폐지된 것은 1996년이었으나 그 이후로도 출산율의 연이은 저하는 2002년 이후에 이르러서 비슷하게 낮은 수준에 머물고 있다. 반면에 김승원 외 동료연구자들(2004b)의 연구에서는 '이상적이라고 생각하는' 자녀 수가 2000년대에 2.2명이라는 것을 도출하였다. 이런 결과는 1980년대 후반의 2.0명보다 오히려 증가한 것으로 이는 우리 사회의 저출산 현상이 결혼연령의 상승과 육아 및 교육의 현실적 어려움 때문이지, '부모됨의 동기' 자체가 감소한 것은 아니라는 것을 시사한다.

③ 가족가치관의 변화

현대사회의 특성인 급속하게 진행되는 개인주의 가치관의 확산, 가족 가치관의 약화는 가족을 둘러싼 가치관의 변화에 큰 영향을 미치고 있다. 가족 가치관의 변화에는 결혼 가치관의 변화와 자녀에 대한 가치관의 변화 그리고 평등에 대한 가치관의 변화로 나누어 설명할 수 있다. 먼저 결혼가치관의 변화는 가족과 공동체 구성원의 역할과 이익보다는 개인의 자아성취와 개인의 이익을 우선시하는 개인주의적 가치관이 일반화되면서 결혼 적령기가 되어도 반드시 결혼을 해야 한다는 결혼관이 약화될 뿐 아니라 혼전동거 및 이혼 그리고 국제결혼을 선택하거나 비혼을 선택하는 경향이 증가하고 있다. 둘째, 자녀에 대한 가치관의 변화는 산업화의 구조적 특성과 가족구조의 변화 및 역할의 변화로 인해 자녀에 대한 가치관도 달라지며, 자발적인 무자녀 선택도 늘어나고 있다. 셋째, 평등에 대한 가치관의 변화는 현대사회에는 남성과 동등한 수준의 교육을 받은 여성들이 늘어나면서 노부모 부양에 대한 인식의 변화와 자녀를 출산하고 양육하는 등의 가사 책임에 만족하지 않고 오히려 자아실현을 위해 노력하는 여성들이 늘어나고 있는 현실이다.

④ 가족기능의 변화

최근에는 가족기능의 일부가 다른 사회기관에 의해 이루어짐으로써 그 기능이 축소·약화되고 있다. 반면 자녀를 사회화시키는 기능을 비롯해서 사회발전에 기여할 수 있는 경제활동 기능은 되레 확대·강화되고 있는 실정이다. 이로 인해 자녀를 사회화시키는 기능은 가족에게 큰 부담으로 작용한다.

즉, 조기교육에 치중하느라 가정교육의 부재현상도 나타나고 있다. 또한 가족의 경제활동 기능은 산업화로 인해 가족 삶의 공간과 일터가 분리되면서 가족의 생산기능은 쇠퇴했지만 소비기능은 늘었다. 과거에 비해 높아진 가족 기능으로는 가족의 정서적 유대기능과 여가기능이다. 그러나 실업은 일차적으로 가정경제에 타격을 입혀서 가족의 위기를 유발하므로 최근 부부의 이혼·별거 등에 의한 가족해체로 버려지는 자녀들이 늘어나는 경우도 이와 무관할 수 없다.

과거 우리나라의 가족은 노인과 환자 등을 보살피는 일종의 사회보장제도 기능을 수행해왔었다. 사회보장제도가 미비했던 시대에 가족에게 경제적 부담과 심리적 부담을 오롯이 안겨주었다. 그러나 현대사회는 자녀의 교육과 결혼, 재산상속 등을 통해 지위 계승기능이 강화되었을 뿐 아니라 여성의 가사노동 부담을 덜기 위한 성역할의 사회화와 의·식·주생활의 상품화 및 가사보조기구의 기계화 등이 가속화되면서 가족기능의 변화가 일어나고 있다.

2) 한국가족의 탄력성

가족의 탄력성이란 예상하지 못한 가족구성원의 위기 상황이 닥쳤을 때 함께 이를 극복해내는 건강한 가족의 긍정적인 능력을 뜻한다. 이는 개인과 가족의 행복한 삶을 위해 요구되는 중요한 능력이다. 월시(Walsh, 2002)는 가족탄력성이 '취약하지 않음'을 의미하는 것이 아니라 고통을 효과적으로 맞서 '잘 견뎌내는 것'이라고 강조하였다. 따라서 가족탄력성이 강한 가족은 시련과 역경에 함께 맞서고, 현재와 미래에 대한 희망과 변화의 가능성을 신뢰하며, 긍정적인 자세로 위기 상황을 조처한다. 이때 가족 구성원 간의 명확한 의사소통을 중요시할 뿐 아니라 가족 내·외의 자원을 활용해서 역경을 헤쳐 나가면서 보다 더 건강한 가족으로 거듭날 수 있다. 이처럼 가족탄력성은 역경을 강화와 성장의 기회로 삼으며, 더 나아가 위기상황에 직면하고 극복하려는 가족의 잠재력은 자신의 삶을 책임지게 할 뿐 아니라 상처를 치유할 수 있도록 하며, 문제를 통해 오히려 가족이 강화되고 성장하게 하는 원동력이 된다.

지난 세기 동안 한국가족은 수많은 난관을 헤쳐 나왔다. 일제 강점기, 6·25전쟁, 급격한 경제발전, 민주화 항쟁, IMF 등 정치적·사회적·경제적 격동기를 지나오면서 한국가족은 사회와 국가의 어려움을 받아들이고 완화하는 데 크게 이바지를 하였다. 따라서 현세대는 윗세대로부터 내려오는 문제들과 불안들을 그대로 이어받음과 동시에 지금 이 시대에 직면하고 있는 정보화, 세계화, 환경오염, 취업상황 불안 등으로 인한 스트레스를 경험하고 있다. 그러나 이들은 현대사회에 산적해 있는 가족 문제들을 학술적, 정책적, 실천적 영역에서 탄력적인 대응과 노력을 하고 있다.

Walsh(2002)는 가족탄력성을 가능하게 하는 요소는 크게 '가족 신념체계', '가족의 조직 유형', '의사소통 과정'의 세 가지로 제안하고 있다.

① **'가족 신념 체계'**는 가족 기능의 핵심으로 가족 구성원들이 공유하는 가치· 확신·태도·편견 등을 뜻한다. 긍정적인 신념체계를 함께하는 가족은 구성원이 위기 상황을 받아들일 수 있도록 하며, 위기상황에 대해 긍정적인 생각을 하도록 하여 가족이 위기 상황에 적극적으로 협력 및 대응하도록 하는 데 큰 영향을 미친다. 즉, 건강한 가족 신념체계를 가진 가족은 위기 상황을 가족이 한 단계 더 발전하고 유대감을 강화할 수 있는 도전 과제로 생각하며 적극적으로 대처한다.

② **'가족의 조직 유형'**은 가족이 하나의 단위 체계로 통합되어 있는 정도를 의미하는 것으로 가족은 위기를 잘 극복하기 위해서는 다양한 방법으로 가족생활을 구조화한다. 즉, 조직 유형이 강한 가족은 구성원 각자의 독립성을 인정하면서도 높은 정서적 유대감을 갖는다. 예를 들면, 가족위기 상황이 발생하면 이들은 가정 내의 차원뿐만 아니라 가정 밖의 친지, 사회적 제도 등을 포함한 활용 가능한 모든 자원을 총동원하고, 구성원의 스트레스를 조정하며, 변화하는 상황에 걸맞도록 가족구조를 재조직화하기도 한다는 것이다.

③ **'의사소통 과정'**은 가족 구성원 상호 간의 건강하고 기능적인 의사소통 능력을 의미하며, 건강한 의사소통은 가족기능에 필수적이다. 즉, 의사소통 과정이 원만하게 이루어지는 가족은 사실관계를 분명히 밝히는 자세를 기본으로 위기 상황을 명확한 언어로 소통한다. 또한, 가족 구성원 간에 일관성 있는 말과 행동으로 각자의 감정과 정서를 개방적으로 표현하여 서로의 의견차를 인정하므로 구성원들 사이의 협력을 꾀한다.

4. 현대사회의 변화에 따른 가족과 한국가족의 위기

가족은 사회를 이루는 가장 기본적인 단위로서 인류 역사상 제일 오래 지속되어 온 제도이다. 버제스(E. W. Burgess)와 로크(H. J. Locke)는 『가족』(1953)에서 "가족은 결혼, 혈연, 혹은 입양의 유대에 의해 결합된 개인들의 집단이며, 단일한 가구를 구성하며, 남편과 아내, 어머니와 아버지, 형제, 자매라는 각각의 사회적 역할 내에서 상호작용하고 상호의사소통을 하며 공통된 문화를 창조한다."라고 정의했다. 또한 가족은 시대와 사회의 변화에 부응하는 특성을 지닌다. 특히, 산업혁명 이후 급속하게 발전된 산업화와 그에 따르는 도시화로 인해 전통적인 가족제도는 더 이상 유지할 수 없게 되었을 뿐 아니라 새로운 사회질서에도 쉽게 적응할 수 없다. 그러나 가족은 서로 사랑하지만 가장 큰 상처를 주고받는 2가지 얼굴을 갖고 있으며, 현대사회의 변화에 대응하기 위한 각종 가족문제의 분석과 연구를 하게 된다. 이를 통해 과거 전통사회와 결별한 산업사회 속의 가족에서 개인의 역할을 적절히 설정하는 문제나 안정적인 가족의 모델을 찾음으로써 궁극적으로 사회의 안녕을 가져오는 역할을 갖기도 한다.

따라서 본 장에서는 한국의 현대사회변화에 따른 가족과 한국가족의 위기에 대해 고찰한다.

1) 현대사회의 변화

(1) 한국사회의 변화

한국사회의 변화를 경제적인 변화와 사회적인 변화로 나누어 생각할 수 있다. 경제적인 변화로 꼽을 수 있는 것은 우리나라는 정부 주도로 경제 개발 정책을 추진하면서 빠르게 경제 성장을 이룩한 점이다. 하지만 대기업과 수출 중심의 경제 성장 전략으로 부실한 산업 구조가 빚어졌고, 불균등한 국토 개발로 지역 격차와 빈부 격차가 심화되는 등의 문제가 양상 되었다. 그러나 한국 사회는 과거에 비해 신분보다는 개인의 능력과 창의성이 중시되고, 다양한 분야에서 시민운동이 전개되고 있으며, 여성의 정치 참여가 확대되는 등 빠르게 변화하였다. 사회적인 변화로는 급격한 사회 변동으로 근대적 요소와 전통적 요소의 충돌과 세대 갈등과 가치관의 혼란과 같은 문제가 발생하기도 하였다. 경제적 발전과 더불어서 나타난 여러 측면에서의 사회적 변화를 대표적으로 몇 가지 살펴보고자 한다.

① IT 기술의 발전과 디지털 문맹

(훤히 보이는 스마트 IT: 산업과 시장의 이해. 박종현, 김문구, 이지형, 2012)

우리나라는 새로운 산업 성장 동력 창출과 함께 IT 환경을 운영하고 관리하는 데 필요한 구성요소들을 향상시키고, 이용자에게 보다 편리한 서비스를 제공하며, 글로벌 스마트 IT 최강국으로 부상하기 위해 주요국 못지않은 기술개발 선도투자에 집중하고 있다. 2008년 이후 우리나라는 IT 융합 전통산업 발전 전략과 신 성장 동력 발전 전략으로 IT 융합기술 개발을 적극 추진하고 있다. IT 융합 전통산업 발전 전략은 세계 최고 수준의 IT 인프라를 활용하여 자동차, 조선, 철강, 건설, 화학 등의 국내 주력 산업의 르네상스 화를 추구하며, 차세대 기술혁명을 주도할 융합기술을 체계적으로 발전시켜 의료 · 건강 · 안전, 에너지 · 환경 문제의 해결, 정보통신 융합 기반 신산업 육성을 목표로 하고 있다(박종현 외, 2012).

이처럼 우리나라의 현대사회는 AI(인공지능), 모빌리티, 서빙 로봇 등 IT 기술이 빠른 속도로 진화하고 있다. 기술이 발전하고 있지만 고령인구는 IT 기술에 적응하지 못해 디지털 문맹(약자)이 되고 있는 현실이다. 노인들의 디지털 기술에 대한 접근성과 경험 부족 문제가 심해지고 있는 것이 주된 이유로 보인다. 통계청이 지난해 9월 발표된 '2022 고령자 통계'를 보면 2022년 7월 기준 65살 이상 고령 인구는 전년 대비 5.2%(44만7000명) 늘어난 901만8000명으로 집계됐다. 이를 감안하면 2025년 고령 인구가 20.6%까지 높아져 한국 사회는 '초고령 사회'로 진입한다.

초고령 사회 속에서 디지털 교육이 뒷받침되지 않으면 노인층의 디지털 문맹률도 높아질 수밖에 없는 상황이다. 지자체에서는 디지털 문맹을 해결하기 위한 교육을 확대하고 있지만, 급속도로 늘어가는 노인 인구 문제로 전문적인 디지털 교육기관과 교육비용의 확대 필요성이 지적받고 있다. 케이스탯컨설팅이 국가인권위원회에 제출한 연구용역보고서 '디지털 격차로 인한 노인의 인권상황 실태조사'는 디지털 중심의 온라인 활동 보편화로 병원 · 은행 · 식당 등에서 노인의 결정을 내리는 데 어려움을 겪고 있다고 안내했다. 이 문제로 노인들이 디지털 활용을 위해 다른 사람에게 계속 의존하게 돼 자존감이 하락과 박탈감을 느낄 수 있다고 경고했다. 장기적으로는 노인들이 사회 자체에서 배제되는 결과를 초래할 것이라고 경고했다.

노인이 디지털 문맹이 되는 이유는 IT 기술 지식과 사용법을 모르거나 어려움을 겪기 때문이다. 관련 기술을 접할 기회도 부족하다. 실제로 노인들은 키오스크를 통한 음식 주문이나, 은행 앱을 통한 간편한 서비스와 혜택을 받지 못하는 경우가 있다. IT 기술 발전이 가속화될수록 일상생활에서 불편함이 따르고 삶의 질이 저하되는 결과가 생긴다는 얘기다. 과학기술정보방송통신위원회는 민간 분야 키오스크는 2019년 8587대에서 2021년까지 2만6574대로 늘어났다고 집계했다. 금융감독원 금융정보통계시스템에 따르면 5대 시중은행(KB국민 · 신한 · 우리 · 하나 · SC제일은행)의 점포 15%가 2년 만에 사라졌다. 지난해 9월 말 은행지점과 출장소는 3072개로 2020년 동기 대비 544개 줄었다. 반면 한국은행이 발표한 '2022년 국내은행 인터넷뱅킹 서비스 이용현황'에 따르면 지난 2022년 말 기준 인터넷뱅킹 등록 고객 수는 2억704만 명으로 전년 대비 8.5% 많아졌다(노인을 위한 나라는 없다, 2023).

② 직업의 변화

직업은 가족이나 개인의 생활을 위하여 일정 기간 계속 일을 하여 소득을 창출하거나 사회 발전에 기여하는 것을 의미한다. 나라마다 경제발전 단계가 다르고, 그 단계에 따라 산업 구조가 달라지면서 직업도 다양하게 바뀌고 있다. 게다가 산업구조와 직업은 밀접한 연관성이 있다. 즉, 산업 구조에 변화가 생기면 옛날에 있었던 직업이 없어지거나 반대로 새로운 직업이 나타나기도 한다. 특히 3차 산업의 비중이 늘어나면서 서비스업에 종사하는 사람들이 많아지고 직업도 더욱 다양해지고 이전에는 상상하지도 못한 새로운 직업도 생겨난다.

※ **1차 산업이 발달한 개발도상국** : 농업 위주의 직업이 많음
2차 산업이 발달한 나라 : 경공업과 중공업 중심의 직업이 발달
3차 산업이 발달한 선진국 : 서비스 산업과 관련된 직업이 많음

a. 사라지는 직업들

일상에서 사라지는 직업을 살펴보면 첫째, 소비자의 태도에 영향을 받는 직업이 있다. 즉, 구두창을 갈아 주고 손질하는 기술자, 자전거 수리공이라는 직업을 가진 사람들은 점점 만나기 힘들어진다. 둘째, 첨단 기술의 영향을 받는 직업이 있었다. 즉, 개인 컴퓨터가 널리 보급되고, 문서를 직접 만들기 쉬워지면서 거의 사라진 타자수, 컴퓨터와 통신 산업의 놀라운 발전으로 모든 서류가 컴퓨터 하드 디스크나 CD(콤팩트디스크) 등에 입력, 보관되어 종이 문서가 점점 줄어들면서 문서 정리원이란 직업도 볼 수 없게 되었다. 셋째, 기술 발달의 영향을 받는 직업이 있었다. 즉, 예전에 틀을 짜서 인쇄할 때 틀에 활자를 끼워 넣는 일을 한 식자공이나 거는 전화와

받는 전화 사이를 연결하는 일을 한 전화 교환원처럼 기술이 발달하면서 사라진 직업이다.

b. 새로 생겨난 직업

과학 기술이 눈부신 속도로 발달하고, 사람들이 원하는 것이 다양해짐에 따라 2000년대 이후로는 특히 3차 산업과 관련된 직업이 무수히 많이 생겨났다. 이 직업들 중에서 앞으로 인기를 끌 것으로 예상되는 직업 분야로는 유전학 전문가, 기후 변화 전문가, 로봇 관리자, 정보 보안 전문가 등을 꼽을 수 있다. 이렇듯 시대의 변화에 따라 많은 직업이 사라지고 새로 태어난다.

(2) 글로벌 환경 변화

글로벌 환경변화는 먼저 사회가치 측면에서 미래형으로 내다보면 앞으로 삶의 질 추구 현상이 두드러지게 나타날 것으로 보인다. 예를 들면, 복합 리조트형 테마파크, 아트센터 체인 및 개인 맞춤형 헬스 기기 등의 수요가 대폭 증가할 것으로 보인다. 또한 경험과 감성주의 경향이 강해져서 가상 체험형 공간이나 3차원 TV 및 디지털 인테리어 수요도 대폭 늘어날 것으로 예상된다.

게다가 앞으로는 글로벌화와 지역화가 동시에 진행되면서 국내의 고유문화와 해외의 다양한 문화가 융합하는 컬처파크에 관심이 증대되고, 범국가적 글로벌 미디어가 늘어날 것으로 보이며, 상품과 자본 이동의 자유화도 크게 확대되어 글로벌화가 가속화될 것으로 짐작된다. 그리고 환경 및 자원의 지배를 더 많이 받게 되어 친환경 시설(주택, 건물, 발전 등)이 인기를 끌고 점차 대체 에너지(태양열, 풍력, 연료전지 등)의 사용도 증폭되리라고 본다. 아울러 친환경 상품(전기 또는 수소 자동차 등), 폐가스나 전기의 재활용 설비 시스템, 재난 및 재해의 예방 관리 시스템도 각광받는 비즈니스가 될 것으로 전망된다.

두 번째, 4차 산업혁명과 미래 변화로 현재 4차 산업혁명이 급속도로 진행되고 있어 전망 자체가 많이 어긋날 수도 있을 것으로 본다. 하지만 아날로

그와 디지털이 결합되어 나타난 4차 산업혁명은 초연결화, 초지능화, 초생명화로 요약될 수 있다. 즉, 4차 산업혁명은 제조업과 정보통신 기술을 융합해 이루어졌다고 볼 수 있다. 1차 산업혁명은 증기기관, 2차 산업혁명은 전기동력에 의한 대량생산, 3차 산업혁명은 컴퓨터와 자동화였다면 4차 산업혁명은 제품, 설비, 인간이 연결되는 사물 인터넷 혁명으로 볼 수 있다.

따라서 4차 산업혁명의 시대는 기존의 일하는 방식이나, 소비 형태뿐만 아니라 생활방식 전반에 걸친 혁명적 변화가 가속화될 것으로 짐작된다. 즉, 인공지능과 로봇, 빅데이터와 클라우딩, 3D 프린팅과 퀀텀 컴퓨팅, 나노와 바이오 기술 등이 미래사회 전반에 걸쳐 놀라운 변화를 가져올 것으로 예상할 수 있다.

2) 한국가족의 위기

(1) 한국가족의 위기 요인

인간의 삶이란 늘 문제에 직면하게 되고, 해결하면 또다시 다른 문제가 따르면서 연속적인 문제해결의 과정이다. 이러한 과정 중 가족의 심리적·인간관계적 문제 또는 사회적·경제적 어려움에 봉착했을 때 적절하게 대응할 수 없게 되면 가족은 긴장상태에 놓이게 되고, 위기를 느끼게 된다. 따라서 한국가족의 위기를 규범적인 문제, 내·외적인 문제, 일시적·장기적인 문제, 생애 주기상의 발달상 필연적인 요인 등으로 나누어 살펴본다.

① 규범적인 문제

규범적인 문제는 누구나 특정한 시기에 가질 수 있는 예상된 결과를 초래하는 것을 말한다. 즉, 결혼 후 출산, 퇴직, 이직, 장수한 배우자의 죽음 등으로 예상할 수 있고, 미리 준비하여 대처 가능한 것이다. 그러나 비규범적인 문제는 전혀 예상하지 못한 상태로 갑작스럽게 발생된다. 즉, 갑작스러운 배우자의 죽음, 전혀 예상하지 못한 실직, 배우자의 외도, 폭력 등은 가족들에게 아주 치명적인 위기로 작용된다.

규범적인 문제와 관련한 한국가족의 위기는 가족 구조 및 가족관련 가치관의 변화로 결혼율과 출산율 저하 그리고 이혼율, 1인가구, 한부모가족 증가 등과 같은 다양한 가족형태를 들 수 있다.

② 내 · 외적인 문제

내적문제에는 가장의 무능력과 무절제한 생활로 인한 재산 탕진, 배우자의 일방적인 유기 등을 들 수 있으며, 외적문제로는 의도적이지 않은 가족해체, 공황이나 재난, IMF와 같은 경제위기 등 불가피한 외부적인 상황에 따른 것이 있다. 우리나라의 경우는 가족위기가 외적 요인보다는 내적 요인에 따른 것으로 이는 문제가 더 가중되고 스트레스를 더 많이 받는다는 것이다.

③ 일시적 · 장기적인 문제

일시적인 문제는 가족구성원의 일시적인 질병, 가장의 짧은 실직 등과 같이 한시적인 것으로 이는 오히려 가족이 위기를 극복하고 더욱 강한 응집력을 갖는 기회가 될 수 있다. 반면에 장기적인 문제는 가족구성원의 장기간에 걸친 병치레, 노부모 봉양과 같은 장기적인 것으로 이는 더 많은 스트레스로 가중되어 가족들이 어려움에 처하게 된다.

④ 생애 주기의 발달상 필연적인 요인

생애 주기의 발달상 필연적으로 나타나는 결혼, 출산, 입학, 취직, 실업 등의 사건에 대해 가족체계가 원만하게 대응하지 못할 때 가족구성원들은 갈등을 일으키게 되고, 위기에 처하게 된다.

(2) 한국가족의 위기개입

가족의 위기개입에 있어서 질란드(Gilland)와 제임스(James)가 제시한 가족 위기개입모델이 있다. 그 과정은 첫째, 가족이 직면한 문제를 확인한다. 둘째, 가족구성원의 안전을 도모하기 위한 진단과 평가를 한다. 셋째, 다양한 치료기법이나 공공기관 등의 개입으로 위기 가족을 지지해 준다. 넷째, 가족의 강점에 기반을 두고, 가족위기를 극복해 내어 보다 나은 미래를 계획할 수 있는 대안을 탐색한다. 다섯째, 가족위기를 극복하고 대안을 실행할 수 있는 다양하고 통합적인 계획을 수립한다. 여섯째, 가족위기의 극복에 대한 확신을 가지고 계획을 실천한다는 내용이다. 따라서 본서에서는 한국가족의 위기 개입을 가족문제 진단, 가정폭력, 저출산·고령화와 대응방안으로 나누어 살펴본다.

① 가족문제 진단

가족문제는 일반적으로 가족집단 또는 가족 구성원이 직면해서 해결을 요청하게 된다. 방치하면 가족기능의 장애나 병리적인 상황에 놓일 수도 있다. 즉, 이혼·불화와 갈등 및 가출·유기(遺棄)·범죄·비행·자살 등의 현상으로 나타나기도 한다. 이러한 현상은 가족이나 개인에 의해서만 발생한다기보다 오히려 대부분이 사회적 배경에 의해 야기된다는 생각이 지배적이다.

가족의 해체적 위기를 강조하는 연구자들은 전형적인 가족을 두고 가족안정성을 우선적 가치로 꼽고 있다. 즉, 생득적인 성별역할(남성=생계부양, 여성=가족보호)에 근거하여 사회구조를 보다 원활하게 유지하기 위해서 가족이 수행하는 자녀양육, 사회화, 노동력 재생산 기능 등을 가장 잘 이행해낼 수 있는 가족형태(Parsons & Bales, 1955)를 핵가족으로 보고 있다. 그러나 산업화·도시화로 개인주의적 가치가 팽배하고 자아실현의 욕구가 강조되는 사회 분위기로 인해 가족은 차츰 자녀의 사회화 기능 및 사랑과 연대감 제공이라는 정서적 기능들을 원활히 수행하지 못하고 이혼 및 한부모가족, 무자녀 부부가족, 독신가구 등이 증가하고 출산을 거부하는 가족문제를 양산시킨다(Popenoe, 1988). 반면 가족 문제 유발 요인에 대해 가족의 다양화를 위기보다는 변화로 수용하는 입장에서는 종래의 가부장적 가족구조와 경제구조의 불안정성으로 지적하고 있다(Scanzoni, 2001). 게다가 현대사회에서 가족은 민주적·평등주의적 가치를 중시하는 전체 사회의 변화 속에서 차츰 전통적인 가족의 위계를 배척하고 민주적인 가족관계를 구축하고자 하는 의지들을 관철시켜 나가고 있으며, 이에 좇아 가족구조는 변화하며 다양화되어간다는 주장이다(Benokratis, 2002; Giddens, 1996; 김인숙, 2002; 윤홍식, 2004a; 이재경, 2004). 즉, 가족은 성과 연령에 의한 불평등과 역할 및 기능 수행을 의무로 일삼던 온정적 보수주의 가족에서 부부간 평등과 자녀 및 각 가족구성원들의 개인적 권리가 존중되는 가족으로 바뀌어 가고 있다.

특히 현대사회의 크나큰 문제점으로 지목되는 이혼율 증가 및 출산율 저하의 근본적 원인을 전통적인 성역할을 거부하려는 여성들의 이기심으로 보지 않고 자녀양육 및 출산을 전적으로 여성에게 책임 지운 성별분업체계, 일-가정 양립을 지원하기 위한 보육정책 및 사회적 지원체계 부족, 가족보호 임무를 경솔하게 여긴 사회적 문제로 본다(Giele, 1996; 송다영, 2005). 게다가 경제구조의 다원화와 불안정성도 가족구조 및 형태를 다양화시키는 요인으로 지목된다(Furscenberg & Cherlin, 1991; Young, 1995; 김인숙, 2003b). 즉, 외벌이로는 가족을 부양할 수 없는 경제구조와 고용 불안정성 증가는 여성의 경제활동과 다원화된 가족의 삶을 유도한다.

② 가정폭력

인간의 심리적 · 정서적 · 신체적 발달 충족지로서 가족이 가지는 기능성에 가장 크게 영향을 미치는 요인은 가정 내에서 발생되는 폭력이나 학대이다. 가정폭력은 개인에게 있어서 절박한 생존의 문제인 동시에 체계로서의 가족 해체를 가져오는 가족의 위기이다. 따라서 과거에는 가정폭력이 각 가정의 문제라 여기고 외부에서 개입하지 않으려 하는 경향이 있었지만 최근에는 가정 내 폭력이나 학대가 사회적 문제로 확대되는 경향이 있어 가정폭력을 법(「가정폭력범죄의 처벌 등에 관한 특례법」, 1997)이 제정되었다. 즉, "가정폭력은 가정구성원 사이의 신체적, 정신적, 재산상의 피해를 수반하는 행위를 말한다."라고 정의하고 있으며, 제2조 제3호에서는 가족구성원 간 직접적인 폭행, 상해, 상습범, 유기, 명예 훼손, 협박, 감금, 체포, 학대, 모욕 등을 가정폭력 범죄로 규정하고 있다.

가정폭력의 유형은 부부폭력, 아동학대, 노인학대 등이 대표적으로 꼽힌다.

부부폭력에서 지속적으로 나타나는 피해자는 10명 중 8명 이상이 여성이며(대검찰청 통계, 2018), 아동학대 가해자는 80% 이상이 부모이고(보건복지부 자료, 2022), 노인학대 가해자 역시 80% 이상이 가족으로 나타나는 통계는 변함이 없다. 더욱이 2021년 기준 보건복지부 노인학대현황보고서에 따르면 가정 내 학대가 88%, 정서적 학대가 43.6%이다.

가족은 가족구성원의 욕구를 충족하고 외부의 위험으로부터 가족원을 보호해 주는 울타리이다. 그러나 가해자 대부분이 가족구성원이고, 가정이 폭력이나 학대가 일어나는 장소라는 것은 사늘한 현실임을 부정할 수 없다.

최근 반복적으로 발생하는 가정 내의 끔찍한 학대로 인한 사망 사건은 우리사회의 가족보호에 대한 허술한 지원체계와 낮은 인권 수준을 방증한다. 따라서 가족 위기에 대한 사회적 관심의 촉구 및 책임을 통한 폭력의 심각성에 대한 인식강화와 같은 개입이 절실하다. 또한 감시, 감독체계의 강화, 가정폭력 예방프로그램의 강화 및 범국민적 시민의식의 홍보 등을 통한 가정의 기능성 강화가 필요하다.

③ 저출산 · 고령화와 대응방안

우리나라의 급속한 저출산 · 고령화 현상은 산업 전반으로 악영향이 확산돼 가고 있다. 저출산은 단순히 출생률이 줄어드는 것뿐만 아니라 총 출생아의 수도 지속해서 감소하고 있기 때문에 사회를 유지하기 위한 기본적 요건인 구성원이 감소되어 산업 활동에 투입되는 노동력 부족과 소비 인구 감소에 따른 국내 시장 수요의 감소로 이어지게 된다. 즉, 생산 인구의 감소와 경제 위축 그리고 국가 재정 지출 증가 등의 문제가 발생된다. 게다가 고령 인구의 증가로 인하여 사회의 활력이 저하되거나 소득을 향상시키는 인구에 비해 연금을 받으며 생활하는 사람들의 비율이 높아지게 되어 사회 보장 비용이 증가할 수 있습니다. 이러한 경제 인구 소실 및 복지 지출 확대현상은 세대 간의 불화와 사회적 연대를 해체하는 위기로 점철될 수 있다. 장기적으로 보면 이러한 현상은 국가의 잠재적 경제 성장률을 하락시켜 국가 경쟁력을 약화시키게 된다.

고령화는 전체 인구 가운데 만 65세 이상 노년 인구가 차지하는 비율이 높아지는 현상이다. 우리나라는 전체 인구에서 65세 이상 인구 비율이 7%가 넘어서는 고령화 사회에 이미 진입하였으며, 2018년에는 고령 사회, 2026년에는 초고령 사회가 될 것으로 예상되며, 노년 인구가 차지하는 비율이 급증하고 있다. 문제는 이러한 고령화현상이 생산가능인구의 감소로 이어져 노동력 부족과 노동 인구의 노령화로 노동 생산성이 낮아지게 되고, 경제 성장이 둔화될 수 있다는 점이다. 또한 노후 생계와 건강 유지를 위한 비용이 늘어나서 노인 부양에 대한 젊은 세대와 국가 재정의 부담이 가중될 수 있다. 그리고 노인 빈곤과 질병 및 소외 문제, 세대 간 갈등 등의 사회 문제가 발생되는 것을 간과할 수 없다.

대응방안은 저출산·고령화 현상에 따른 문제점 해결을 국가가 나서서 더욱 적극적인 정책지원을 펼쳐야 한다고 본다. 저출산 문제는 급변하는 사회의 속도를 따라가지 못하는 사회 제도와 인식적 측면으로 인한 여성들의 부담을 먼저 해결해야 한다. 여성들은 출산으로 비롯되는 경력단절, 양육 부담 등을 오롯이 독박해오고 있었다. 출산과 양육을 개인과 가족이 감당하는 것에서 사회와 국가가 함께 책임지는 정책을 마련하여 아이를 낳고 양육하는데 어려움이 없는 환경으로 변해야 한다. 예를 들면, 출산비용 지원을 비롯한 양질의 보육시설 확충, 육아휴직 확대, 다각도의 자녀 교육비 지원 등을 들 수 있다.

즉, 단순한 지원이나 출산율 상승만을 목적으로 하는 정책이 아닌 국민의 삶의 질 향상을 위한 맥락 속에서 고민하고 개발할 필요가 있다는 것이다.

고령화 문제는 먼저 노동력·생산력 확충을 위해 이민문호를 신중하면서도 신속하게 개방할 필요가 있다고 본다. 그동안 우리나라는 유난스러울 정도로 단일민족이란 자부심을 가지고 살며 이민자에 대해 부정적이었다. 그러나 최근 들어 국가 존망을 위협하는 출산율과 노동력에 대한 영향으로 인해 조금씩 변화되는 분위기이다. 일단 외국인 노동자에 대한 인식은 이들이 없으면 경제가 돌아가지 않는다는 시각을 일반인들도 점차 현실로 받아들이고 있는 실정이다. 이러한 내용과 관련하여 학계 연구자들은 이미 2003년부터 지난해까지 50건에 달할 정도도 상당한 정도의 연구가 이뤄지고 있다. 연구의 초기에는 불법이민자 관리나 농촌 결혼이민자 정착 방안이 주를 이뤘지만, 2010년부터 이민의 경제적 효과 분석 등 인구구조 변화에 대응한 연구로 펼쳐지고 있다.

두 번째로 고령화 사회를 대비하여 재취업 기회 확대, 정년 연장 등을 통한 노인들의 경제적 기반을 갖추어야 하고, 평생교육이나 공동체 활동 등을 통한 여가시간 활용방안 마련해야 한다. 이와 더불어 건강하고 안정적인 노후생활 보장을 위한 노인 복지 정책이나 노인 편의 시설과 실버산업 확대 등 고령화 사회 속의 삶의 질을 향상할 수 있는 사회환경 구축 역시 절실하다.

Chapter 02

건강가정에 대한 이론적 이해

1. 가족체계 이론
2. 상징적 상호작용 이론
3. 가족발달이론
4. 사회적 교환이론
5. 페미니스트 이론

1. 가족체계 이론

가족체계이론은 가족에 대해 체계론적 관점을 적용한 이론이다. 가족은 주변의 사회환경과 끊임없이 상호작용하며, 사회환경과의 상호작용을 통해 가족의 기본욕구를 충족시키기 위한 필수자원과 지지를 확보한다. 그러므로 체계로서의 가족은 구조와 기능에 균형을 유지하려는 속성을 갖는 것으로, 역동적인 균형 상태를 유지하기 위한 체계의 경향성을 가진다(구혜영, 2009). 한편 가족체계이론은 가족의 복잡한 내외적 환경 속에서 어떻게 적응하고 성장해 가는지를 중요하게 다루므로 가족체계이론을 바탕으로 가족을 이해하는 것은 가족 스트레스에 대한 가족의 적응방식, 상호작용 유형, 심리적 역동들을 다루는 데 효과적이다. 가족이 효과적으로 기능하기 위해서는 분명하고, 투과성 있는 경계(boundaries)가 필요하다. 즉, 경계는 하나의 체계를 외부와 구분 짓는 것으로 개방적인 경계와 폐쇄적인 경계가 있다. 개방적인 경계는 외부와 내부의 상호작용이 순조롭게 이루어지는 것을 의미하고, 폐쇄적인 경계는 외부와 내부의 원활한 소통을 방해한다.

1) 주요 개념

가족체계이론의 주요개념으로는 가족의 하위체계, 가족의 항상성, 가족 규칙, 가족 경계선, 순환적 인과관계, 피드백, 의사소통, 환경체계로 나누어 살펴본다.

(1) 가족 하위체계

가족체계는 하위체계로 분화되고, 하위체계를 통한 가족체계의 기능을 수행한다. 즉, 개인은 가족의 하위체계로 위계질서에 따라 배분된 지위와 역할을 근거로, 하위체계에서 다른 체계로 정보가 흘러가는 것이 통제되거나 규정된다. 이러한 가족 하위체계에는 부부 하위체계, 부모 하위체계, 형제자매 하위체계, 부모-자녀 하위체계 등이다. 부부 하위체계는 가족이 중심체계로서 사랑과 친밀성을 전제로 상호 지지와 협동이 있어야 하고, 동시에 서로 독립적으로 행동할 수 있는 능력이 있어야 한다. 부모 하위체계는 자녀에 초점을 두고 전체 가족을 이끌어가는 책임과 리더십을 갖는다. 형제자매 하위체계는 대부분 같은 세대로 이루어지므로 동년배 정신과 우정을 발달시킨다. 부모-자녀 하위체계는 세대가 다른 가족원들로 구성되므로 다른 어떤 하위체계보다 더 역기능적이 되기 쉽다. 따라서 부모는 자녀에게 엄격함과 허용의 수준을 적절히 조화시켜야 한다(조흥식 외, 2010). 이들 하위체계는 체계 간 경계가 명확하고 서로 개방적인 의사소통의 교류가 많을수록 건강한 가족이다. 가족 구성원은 여러 하위체계에 동시에 소속되어 있기 때문에 어떤 하위체계에 소속되느냐에 따라 다른 상호작용을 일으키며 그 상황에 따라 다른 보완적 관계를 맺게 된다. 하위체계들은 위계질서를 가지고 있어서 하위체계와 상위체계로 구성된다. 문제 발생은 가족체계의 다른 구성원의 행동에 영향을 주기도 하고 받기도 한다.

(2) 가족의 항상성

모든 살아 있는 생명체는 자신의 몸을 항상 일정한 상태로 유지하고자 하는 항상성을 가지고 있다. 가족체계도 마찬가지로, 외부의 자극과 변화로부터 가족체계를 기존의 방식 그대로 유지시키고자 하는 경향인 가족항상성이 있다. 가족체계가 외부의 자극이나 변화에 대응하여 항상성을 유지하는 데는 주로 피드백 고리를 통한 규제가 이루어진다. 즉, 외부의 자극에 대해 무시하고, 마치 아무 일도 없는 것처럼 반응하는 부적 피드백 고리와 또 다른 새로운 변화를 시도하여 외부의 자극으로부터 가족체계를 보호하고자 하는 정적 피드백 고리로 가족체계의 항상성을 유지하려는 것이다. 이를 위해 가족은 구성원이 상대적으로 균형과 항상성을 유지하도록 내부적인 상호작용 과정과 규칙을 만들어 내기도 한다.

항상성의 개념은 캐넌(Cannon, 1932)이 생리학에 도입한 것으로, 외계의 기원이 변화해도 포유류의 최후는 항상적으로 유지되는 과정을 말하며 균형유지작용이라고도 번역된다. 애슈비(Ashby)는 1952년에 이 개념을 사이버네틱 체계에 적용시켰다. 이 체계는 환경에 있어서 변화를 보완하고 구조적 안정성을 유지할 수 있는 메커니즘이 있다(morphostasis, 형태 안정성). 이에 더하여 내부구조의 형식이나 내용의 변화로 새로운 균형이 달성되는 메커니즘이 있다(morphogenesis, 형태 창조성).

슈피겔(Spiegel)은 1954년에 의사-환자 관계를 상호작용 체계로 특징지으면서 항상성이라는 말을 사용하였다. 또한 잭슨(Jackson)은 1957년에 가족의 병리적 메커니즘과 체계를 기술하기 위해 사용하였다. 잭슨은 항상성의 개념을 가족체계에 적용한 최초의 사람이다. 하지만 항상성의 개념을 가족에게 적용할 때 가족이 변화와 적응을 통하여 성장하고 발달해 나간다고 하는 현상을 설명하기에는 부족한 점이 있다.

(3) 가족규칙

모든 가족은 일상생활을 영위하기 위해 가정 안에서 누가 어떤 일을 할 것인가의 규칙을 갖게 되며, 가족구성원은 그것에 따라 행동하게 된다. 가족 내에는 암묵적인 규칙이 존재하며, 가족 구성원은 규칙에 지배를 받는다. 가족원의 반복되는 상호작용을 통해 규칙은 조직화되어 은연중에 불문율이 만들어진다. 그러므로 이러한 규칙들은 가족 내 권력, 역할, 의사소통, 문제해결, 의식 등에 관한 규칙으로, 가족을 지배하고 있는 명백하고 은밀한 규칙을 의미한다. 가족규칙에는 바람직한 규칙과 바람직하지 않은 규칙이 있는데, 두 유형 모두 오랜 기간 가족 안에서 반복되는 경험 속에서 형성된 불문율적인 성격이 강하다. 가족규칙의 예를 들면, '집안일은 모두 어머니만 감당해야 한다.' '아버지가 식사하시기 전에는 아무도 먼저 시작해서는 안 된다.' '밤늦게 집에 들어오는 가족구성원은 미리 양해를 구해야 한다.' 등이다. 가족들마다 다양한 형태를 보이는 이러한 가족규칙들로 인해 가족구성원 간의 행동이

유형화되고, 가족의 체계가 유지된다.

가족규칙의 특징으로는, 첫째, 모든 가족은 가족규칙을 가지고 있지만 가족구성원들이 그 규칙을 명확하게 알지 못하거나 동의하지 않을 수도 있다. 따라서 가족규칙을 명확하게 알아내기 위해서 외부의 도움이 필요한 경우도 있다. 그리고 가족규칙에 동의하지 않는 구성원이 있으면 가족체계 내에 갈등이 발생하는 요인이 되는데, 가정 내에서 각 구성원의 행동은 다른 모든 가족의 행동과 관련을 맺거나 영향을 받기 때문이다. 둘째, 가족규칙은 다른 가족구성원들과의 갈등상황에서 더욱 명확하게 드러난다. 대부분의 사람은 태어나서 성장한 가족에서 습득한 가족규칙이나 가족 신화를 보통 때는 의식하지 못한다. 그러나 성인이 되어 결혼을 하고 새롭게 가족의 틀을 세우는 신혼기에 자신에게 익숙한 가족규칙만 주장하면서 배우자와의 차이를 좁히거나 상대방을 존중하려는 노력을 하지 않음으로써 갈등이 일어나는 경우가 많다. 셋째, 역기능적인 가족에서는 가족규칙이 자녀의 발달수준이나 상황변화에 맞지 않게 경직되어 있거나, 가족구성원에게 일관적이지 않으며, 구성원들의 생활을 억압하거나 피해를 주는 경우도 많다. 사티어(Satir)는 이 같은 가족규칙의 강압적 적용은 개인의 자아존중감에 부정적인 영향을 미친다고 하였다. 따라서 이렇게 역기능적인 영향력을 미치는 가족규칙은 수정되어야 한다고 주장하였다. 이러한 가족규칙이 가족의 질서와 안정성을 유지시키는 역할을 하지만, 동시에 변화하는 상황에 맞추어 유연하게 바뀌어 모든 구성원의 성장과 자존감 증진에 생산적으로 작용하는 것이 보다 바람직하다고 볼 수 있다. 그리고 가족규칙에 관하여 가족구성원 간에 분명한 의사소통을 할 수 있고, 부적절한 가족규칙은 버리거나 바꿀 수 있는 융통성이 있으며, 가족에게 암묵적으로 절대적인 영향을 미치는 신화에 의존하지 않고 합리적으로 행동하는 것이 좋다. 상담자는 스타의 가족규칙을 확인함으로써 가족조직체계에서 보다 기능적인 조직을 만드는 데 기여할 수 있다(김춘경 외, 2016).

(4) 가족경계선

경계선은 눈에 보이지 않지만 가족원 사이에 허용되는 접촉의 양과 유형을 규정한다. 즉, 경계선은 '누가 어떻게 참여하는지를 규정하는 일종의 규칙'이다. 경계선을 통해 가족원 개인 혹은 하위체계 간 친밀감의 정도, 정보의 상호교환 정도, 문제해결을 위해 상호교류 하는 정도 등을 파악할 수 있다. 그러므로 가족위기 때마다 경계선을 탐색하는 것이 중요한 이유는 가족의 개인적 정체감의 강도와 가족원들 간 친밀함의 수준을 드러내는 중요한 지표이기 때문이다.

한편, 가장 기능적인 가족은 명확한 경계선을 지닌 가족이다. 이러한 경우 가족원은 자율적이고 독립적이면서도 동시에 필요할 때에는 서로의 안녕과 행복을 위해 협동하고 지지하며 서로의 삶에 관여한다. 즉, '우리'라는 집단의식과 함께 '나 자신'이라는 감각을 잃지 않는다. 대부분의 가족은 경직된 경계선으로부터 밀착된 경계선에 이르기까지 연속선상의 어느 한 지점에 위치한다. 가족의 경계선은 어느 날 갑자기 정해지는 것이 아니라 가족원 간의 지속적인 상호작용의 결과로 형성된다. 신혼 초 대부분의 부부는 밀착되고 모호한 경계선을 형성한다. 그러나 시간이 지남에 따라 부부가 서로의 욕구나 정서적 지지 요구에 적절하게 반응하지 못하게 되면, 부부관계는 소원해지고 정서적으로 친밀한 교류 없이 독립적으로 행동하는 경직된 경계선을 형성하게 된다.

대부분의 경우 명확한 경계선이 가장 바람직하지만, 이상적인 경계선을 고려할 때 가족의 발달 주기나 기타 스트레스 상황 등을 고려해야 한다. 가족은 가족원 개인의 발달적 욕구 충족을 지원하는 한편 외부환경과 끊임없이 상호작용하는 체계이므로, 가족의 내적 및 외적 상황에 적절하게 적응하기 위해서는 경계선의 조절이 필요하다. 그러나 어떠한 경우든 극단적으로 밀착되거나 경직된 경계선의 경우에는 가족원의 일탈적인 행동이나 병리적인 증상이 나타날 수 있다(김춘경 외, 2016).

(5) 순환적 인과관계

일련의 사건들이 고리처럼 연결되고 반복되어 있다는 개념으로, 비선형적 인과관계 혹은 비선형적 사고라고도 한다. 이는 서로 영향을 주고받으며 원인인 동시에 결과가 되는 행동들 간의 관계를 말하는 것으로 사건들의 원인과 결과가 직선상에 있는 것이 아니라 고리처럼 연결되고 반복되어 서로 역동적으로 관련을 맺고 있다는 개념이다. 따라서 순환적 인과관계는 체계이론의 핵심이다. 이는 어떤 사람의 행동이 다른 한 사람에게만 영향을 미치는 일직선의 상호 관련을 맺는다는 생각을 거부한다. 한 사람의 행동은 다음 사람에게 영향을 미치고, 그것은 또다시 제3의 사람에게 영향을 미치는 식으로 반복적으로 증가하고 연결된 복잡한 상호작용이 일어난다는 뜻이다. 따라서 사건의 원인과 결과를 단순하게 파악하기보다는 복잡한 순환적 인과관계를 탐색하여, 최초의 영향력을 행사한 원인을 찾아 변화시키는 것이 전체의 변화를 위한 근본적인 해결방법이 된다.

(6) 피드백

피드백은 하나의 체계가 어떻게 적응과 자기관리를 하는가를 설명하기 위한 개념이다. 이것에는 정적 피드백과 부적 피드백으로 나뉜다. 정적 피드백은 체계에 변화가 발생하는 것으로 체계의 변화를 허용하고 나아가는 것을 말하며, 변화가 너무 크다고 판단되면 부적 피드백으로 항상성을 유지하려고 한다. 즉, 기존의 행동유형들을 정당화시키고 격려하는 것이다. 예를 들면, 빈손 소년의 열등한 위치를 불필요한 학생으로 더욱 인정받는 것이다. 반면에 부적 피드백은 체계가 기준이 되는 것으로부터 얼마나 멀리 이탈했는지, 그리고 다시 돌아오기 위해 어떤 교정이 필요한지를 알려준다. 따라서 체계의 항상성 상태를 회복하라는 신호로 본다. 즉, 현재의 행동을 방해하거나 무효화하여 변화를 장려하는 것이다. 예를 들면, 빈곤 소년의 열등한 위치를 타인으로부터 자신을 재평가하게 하여 변화를 유발하는 것이다.

이러한 피드백은 가족치료의 자율통제기능을 설명하는 데 있어서 가장 기본이 되는 원리이다. 가족체계를 자극하는 요인에 대한 가족구성원들은 반응을 하는데 이전의 상태로 되돌리려고 하는 부적 피드백과 새로운 변화를 시도하는 정적 피드백의 반응을 하게 된다. 이러한 반응들은 서로 연결되고 반복됨으로써 가족구성원들은 서로의 행동을 통제하거나 확장한다. 특히 역기능적인 가족은 자극에 대해 새로운 반응을 하는 정적 피드백을 시도하기도 하지만, 오히려 문제가 악화되는 것을 보고 기존의 부적 피드백으로 돌아간다. 피드백의 이런 형태는 결과적으로 문제를 더욱 악화시키는 반복적 순환이 일어나는 결과를 가져온다. 즉, 가족의 문제에 대항하기 위해 정적인 피드백보다는 부적인 피드백을 더 많이 하게 되는데, 이것은 문제를 악화시킨다는 것을 알면서도 이전에 반응한 방식을 유지하려는 경향이 있는 것이다. 이런 경향은 결국 문제를 더욱 악화시키는 결과는 낳는다.

(7) 의사소통-검토하기

가족구성원 간의 의사소통은 가족구성원 간의 상호작용에서 중요한 역할을 한다. 의사소통은 가족 구성원 간에 연속적인 메시지 교환을 통해 의사소통함을 의미하며, 이는 가족구성원의 행동장애를 설명하는 주요 원인이 되기도 한다. 이중메시지는 말하는 내용과 표정, 행동, 억양 등의 전달과정이 모순되는 경우를 말하며 역기능적인 의사소통 유형에 속한다. 즉 가족 구성원이 논리적으로 상호 모순되고, 일치하지 않는 두 가지 메시지를 동시에 전달하여 어떤 것을 따라야 할지 알 수 없어 혼란에 처한 상황이 된다.

(8) 환경체계

생태체계이론은 인간의 생활과 같이 역동적으로 시시각각 변화하는 계속적인 과정을 파악하는 데 필요한 매우 중요한 관점이다. 이러한 관점은, 초기에 주로 자연생태계의 변화를 설명하는 이론적 체계로 정립되었으나 곧 심리사회적 현상을 설명하는 틀로 도입되었다. 생태체계이론은 몇 가지 주요 특징을 갖고 있다. 첫째, 환경은 임의적인 이중성이 아닌 관계의 계속적인 상호 관련 과정으로 구성되는 복합적인 환경, 행동, 인간 전체를 말한다. 둘째, 개인, 집단 그리고 환경 간의 상호 의존이 강조된다. 셋째, 체계론적 개념들은 생태학적인 전체 내에서 복합적인 여러 상호관계를 분석하는 데 활용된다. 넷째, 사정과 평가는 완전하고 자연 그대로인 유기체-환경체계에 대한 사실적이고도 직접적인 관찰을 통하여 이루어져야 한다. 다섯째, 인간의 행동은 인간과 변화무쌍한 환경 간의 중개적인 상호교류의 산물이다.

생태체계이론을 한 개인에게 적용할 때 인간환경에 구체적으로 개입이 되는 다섯 가지 변인을 미시체계, 중간체계, 외체계, 거시체계, 시간체계로 나누어 설명하며, 이 다섯 가지 변인은 인간의 발달에 직접적인 영향을 준다 (Bronfenbrenner, 1979).

- **미시체계** : 가족이나 친구, 학교, 교회에서 아동 생활에 있어 직접적인 영향을 미치는 것으로, 가장 가까운 환경으로 직접적인 상호작용을 한다. 즉, 살고 있는 집의 크기나 학교의 시설물 등 물리적 특성을 포함하여 고정되지 않고 계속 변화한다는 특징이 있다.
- **중간체계** : 미시체계 간의 상호관계가 같은 환경과 관계를 말한다. 부모-학교, 부모-교사, 형제 관계가 구체적인 예이다. 유아기에는 친구들과의 관계에서 영향을 많이 받고, 다른 가치관으로 갈등이 발생하면 아동 발달에 저해될 수 있고, 중간체계가 빈약하다면 발달에 부정적인 영향을 받을 수 있다.
- **외체계** : 중간체계가 확장된 것으로 성장하는 개체를 포함하지는 않지만 개체가 포함되어 있는 인접 환경을 둘러싸고 있기 때문에 그 안에서 일어나는 일에 영향을 줄 수밖에 없는 환경을 말한다. 이것은 각 개인에게 직접 영향을 주지는 않지만 가정을 통하여 간접적인 영향을 미칠 수 있는 것으로서, 지역사회 수준에서 기능하고 있는 사회의 주요 기관, 즉 직업세계, 이웃, 대중매체, 정부기관, 물품과 용역의 분배체계, 교통 및 통신 시설, 비형식적인 사회적 관계망 등을 예로 들 수 있다.

- **거시체계** : 사회 경제와 정치적 체계, 대중매체와 같은 영향을 포함하는 거대한 체계로써 미시체계, 중간체계와 외체계에 포함되는 요소들과 본인이 살고 있는 문화적 환경에 포함되는 것으로 태도나 가치 등 본인이 살고 있는 문화적인 환경까지 포함된다.
- **시간체계** : 시간체계에서는 미시체계와 중간, 외, 거시체계가 고정된 것이 아닌 시간의 흐름에 따라 변화한다고 말한다. 전 생애에서부터 나타나는 변화와 사회역사적 환경을 모두 포함한다. 이런 맥락에서 보면 세대가 바뀌면서 나타나는 가족형태나 전쟁, 자연재해 등의 사건도 미시, 외체계에 영향을 미치고, 모든 체계들이 상호 역동적으로 모두 영향을 미친다고 본다.

2) 가족체계이론과 건강가정과의 연관성

가족체계이론의 건강가정과의 연관성은 다음과 같다. 첫째, 가족과 가족문제를 바라보는 개념적 틀로서 유용하다. 즉, 가족체계이론은 가족원에게 개별적으로 접근하기보다는 한 단위로 전체적으로 바라본다는 점이다. 이 특성은 건강가정 실천현장에 실천가들에게 가족을 하나의 체계로써 총체성(wholeness)을 가지고 접근하는 개념적 틀을 제공한다. 둘째, 가족문제를 사정할 때 문제와 관련된 다양한 체계를 고려하여 정보를 얻고 가족의 역기능을 변화시키는 개입에 적용할 수 있다. 즉, 가족문제에 접근할 때 가족구성원의 삶에 지속적으로 작용하는 생리적 · 심리적 · 사회적 체계의 영향력뿐만 아니라 사회환경 내의 다중적인 상호작용을 관찰하는 측면에서 건강가정을 이해하는 데 유용하다. 셋째, 인간이 몸담고 있는 가족이라는 생태환경을 보다 체계적으로 구조화하고 가족환경 체계와 개인 간의 관계를 이해하는데 있어서 거시적이고 통합적인 관점을 제공해 준다.

2. 상징적 상호작용 이론

상징적 상호작용론은 인간이 사회로부터 영향을 받는 수동적인 존재가 아니라 자율적이고 능동적인 존재라고 전제한다. 즉, 개별 행위자들이 일상생활에서 상호작용을 통해 사회 · 문화 현상이 발생하며, 여기에는 행위자들의 주관적인 의미가 담긴 것으로 본다. 상징이란 언어 · 문자 · 기호 · 몸짓 등과 같은 것으로, 상징에는 인간이 주변 사물이나 행위에 대해 주관적으로 부여한 의미가 담겨 있다. 사람들은 일상생활에서 상징을 서로 교환함으로써 상호작용을 하는데 그 과정에서 상대방의 행위에 담겨 있는 동기와 의미를 해석하게 되고 각각의 상황에 맞추어서 자신의 행위를 선택하게 된다.

따라서 개개인이 상호작용을 하는 과정에 의해 사회가 유지되거나 변동한다고 본다. 즉, 사람들이 어떻게 행동하고 상호작용하는지에 관심을 두고 행위자들이 대상이나 주변 상황을 어떤 의미로 정의하는지, 어떤 상호작용을 통해 서로의 역할과 정체성을 구성해 나가는지 그 과정에 관심을 갖는다. 그러나 상징적 상호작용론은 사회 · 문화 현상을 미시적 관점으로 보기 때문에 개인의 행위에 영향을 미치고 통제하는 사회나 국가 등의 거시적인 사회구조의 영향력을 간과하는 측면이 있다.

사회 · 문화 현상을 바라보는 이론적 관점에는 기능론, 갈등론, 상징적 상호작용론 등이 있다. 상징적 상호작용론은 사회 · 문화 현상을 미시적인 관점에서 보는 대표적인 이론으로, 상징을 매개로 한 사회구성원 간의 상호작용에 주로 관심을 가지고 사회 · 문화 현상을 이해하려는 관점이다.

상징적 상호작용론은 미국의 사회학자 조지 미드(George H. Mead, 1863~1931)가 처음 주장하였는데, 미드는 인간행동을 단순히 외적 환경으로부터의 자극에 반응하는 것 이상이라고 설명하고 있다. 이를 바탕으로 그의 제자 허버트 블루머(Herbert G. Blumer, 1900~1987)와 쿤(Kuhn)과 같은 그의 제자들이 확고한 이론적 체계를 구축하였다.

1) 주요 개념

(1) 이론의 기본전제

상징적 상호작용론은 사회구조보다는 생활 속에서 타인들과의 끊임없는 교제를 하는 개인 간의 상호작용에 주안점을 둔다. 즉, 사회생활은 개인 간의 일상적인 상호작용에서 주관적인 의미 규정과 해석을 주고받는 과정으로써 사회가 유지 또는 변화된다는 입장이다. 이러한 인간행동에 의미를 두는 가정은 첫째, 인간은 사물이 그들에 대해 지니는 의미에 근거하여 사물에 대해 행동한다. 둘째, 의미는 사람들이 상호작용하는 과정에서 나타난다. 셋째, 의미는 개인이 사물을 다루면서 사용하는 해석적 과정을 통해 조정되고 수정된다. 이와 같은 인간행동은 언어나 몸짓, 기호 등과 같은 상징을 사용하여 다른 사회구성원들과 상호작용하는 과정을 통해 사회 질서가 형성된다고 본다. 따라서 개인은 상징적 상호작용으로 자아를 형성하게 되고, 자신에게 기대되는 역할과 행동을 학습하게 된다.

자아개념의 발달에 의미를 두는 가정은 첫째, 개인의 자아개념은 타고나는 것이 아니라 사회적 상호작용을 통해서 자아개념을 발달시킨다. 둘째, 발달된 자아개념은 행동에 중요한 동기를 부여한다. 즉, 일상 속에서 만나는 다른 사람(부모, 교사, 의미 있는 타인)들의 눈(나를 어떻게 보는가)을 통해 자신을 발견(부모나 교사가 나를 어떻게 보는지를 아는 것)하게 되는 것이다.

개인의 자유와 사회적 제약 사이의 관계에 초점을 두는 가정은 첫째, 개인과 소집단은 그보다 큰 문화적, 사회적 과정의 영향을 받는다. 둘째, 개인들은 일상에서의 사회적 상호작용을 통해 사회구조의 미세한 부분들을 이루어 간다.

특히, 상징적 상호작용론의 개념에 일관되게 등장하는 흥미로운 개념군이 있다. 그것을 미시적 개념에서 거시적 차원의 개념으로 열거하면 정체성, 역할, 상호작용, 맥락 등의 네 가지이다.

(2) 정체성

정체성은 사회적 상호작용의 결과로서 형성되며, 변하지 않는 존재의 본질을 깨닫는 성질이자, 그 성질을 가진 독립적 존재를 의미한다. 예를 들면, 배우자 역할에서 개인은 남편이나 아내라는 특정한 자신의 정체성을 구성한다. 어떤 여성은 배우자로서의 자신을 경제적 부양자로 볼 수 있고, 또 다른 여성은 경제적 조력자나 동료로 볼 수도 있다. 이러한 정체성 형성은 자신의 특징과 아이덴티티를 찾고 구축하는 과정이며, 이 과정에서 우리는 가족, 문화적 배경, 사회적 역할 모델 등 다양한 요소들과 상호작용하며 신뢰감을 형성한다. 즉, 아동에서 청소년, 성인으로 계속해서 변화하면서 나 자신을 이해하고 수용해가는 과정이다.

(3) 역할

역할은 개인에게 분배되는 기능적 상태를 말하며, 특정한 사회적 위치를 점하고 있는 사람에게 적용되는 공유된 규범이다. 그것은 역할을 점유한 사람과 그와 상호작용하는 타인들로 하여금 미래의 행동을 예측하고 사회적 상호작용 규칙을 유지할 수 있도록 해 주는 의미의 체계들이다. 즉, 역할은 지식이나 능력, 동기를 구체화할 뿐 아니라 적절한 범위와 방향 그리고 느낌과 감정에 대한 기대로 구체화한다. 반면에 역할 기대의 이탈은 사회과정을 문란하게 하고 질서를 동요시키므로 많든 적든 이것에 따르는 사회적 제재가 가해지기도 한다.

보편적으로 사회구성원으로서의 개인에게는 여러 가지 역할이 주어지며 각 성원들은 자신의 역할을 수행함으로써 사회과정을 원활하게 진행시키고 질서를 유지·존속시킨다. 어떤 경우는 자신이 가진 두 가지 이상의 역할이 서로 상반되는 경우도 발생한다. 이때는 자신의 욕구·이념에 맞추어 주체적으로 역할을 수행해야 한다.

(4) 상호작용

개인은 사회적 상호작용을 통해 널리 공유되는 상징을 사용하고 자신과 타인 및 상황이 지니는 특별한 의미들을 능동적으로 만들어간다. 이에 대해 고프만은 '사회질서'를 개인이 자신의 목적을 추구하는 방식을 규제하는 일련의 도덕적 규범의 결과로서 정의했다. 즉, 도덕적 규범은 사회적 상호작용의 '교통법규'와도 동일하다. 이러한 '공적 질서', 혹은 '상호작용질서'는 비록 그 내용은 아니더라도 형식과 과정을 지배한다.

그러므로 상호작용의 중요한 문제점은 개인과 사회체계 간의 관계이다. 쿤(Kuhn)은 사회생활이 지위와 역할의 그물로 구성되고 그것이 결과적으로 개인의 경험과 행동을 형성하는 외부적 구속을 행사한다고 주장한다. 그러나 블루머(Bloomer)는 사회체계가 개인들 간의 상호작용을 통해서 존재하고 개인이 없으면 사회가 존재하지 않다고 주장한다. 사회의 이러한 양면성에 우리는 문화적 구조를 갖는 사회적 실재성을 느끼지만, 또한 개인의 행동은 예측 불가능한 측면을 가지고 있고 그것이 어느 정도 사회체계에 변화를 이끌고 있다는 것이다.

(5) 맥락

최근 상징적 상호작용론자들은 개인과 사회 간 연계의 본질을 구체화하는 개념과 이론 형성에 특별한 관심을 가졌다. 즉, 개인 간의 반복적인 상호작용을 통해 사회가 어떻게 보존되고 생성되는지 이해하는 데 도움이 되는 프레임워크이다. 상호작용 사이에서 발생하는 해석 과정은 의미를 만들고 재현하는 데 도움이 된다. 개인 간의 상호작용에 영향을 미치는 것은 공유된 이해와 의미의 해석이다. 이때, 개인은 자신의 사회적 맥락 내에서 의미를 공유한다는 전제하에 행동한다. 따라서 상호작용과 행동은 사물과 개념이 거기에 붙인 공유된 의미를 통해 구성된다. 이 관점에서 보면, 사람들은 자연환경과 상징적 환경 둘 다에서 살고 있다.

상징적 상호작용론의 주요 원리

지각의 힘 : 상징적 상호작용론의 핵심은 인간이 주변 세계에 단순히 반응하는 것이 아니고 해석하고 행동한다는 입장이다. 즉, 우리의 행동은 의미와 상징으로 이루어진 내면의 세계를 반영하는 것이다.

사회적 구성 : 해석은 사회적 규범과 상호작용에 의해 크게 영향을 받는다. 즉, 우리가 알고 있는 현실이 사회적으로 구성된다는 의미이다.

유동적인 해석 : 인간은 자신의 인식을 바꿀 수 있는 고유한 능력의 소유자이다. 이 원칙은 인간 인지의 역동적인 특성을 강조한다. 따라서 모든 경험은 끊임없이 우리의 세계관을 재구성하고, 나아가 우리의 행동을 변화시킨다.

2) 상징적 상호작용이론과 건강가정과의 연관성

상호작용론은 우리에게 사회와 개인 사이의 복잡한 역학을 볼 수 있는 귀중한 렌즈를 제공한다. 사회적 상호작용을 통해 의미가 어떻게 공동으로 구성되는지 이해함으로써, 우리는 정체성의 형성, 규범의 영속화, 다양한 사회 시스템의 기능에 대한 통찰력을 얻는다. 따라서 가족에게 상호작용은 가족의 본질을 규정하는 가장 중요한 요소 중 하나이다. 왜냐하면 개인의 정체성, 의사소통, 가족의 역할, 부부권력, 배우자 선택 등 가족형성과 발달의 전 과정에서 그리고 가족구성원들이 삶을 살아가는 데 매우 중요한 기본 개념이 되기 때문이다. 개인과 가족을 이해하는데 상징적 상호작용이론은 그들을 능동적 존재로 보는 미시적 관점에서 출발한다. 이는 개별구성원들의 상호작용에 의해 역할과 기능에 관련된 어떤 현상이 문제가 된다고 상호인지 할 때 문제로 규정된다고 보는 입장 때문이다. 즉, 건강가정이라고 규정하는 것은 고정되어 있는 것이 아니라 사회구성원들의 의식과 행동양식, 사회현상을 해석하는 관점의 변화에 따라 달라질 수 있다. 왜냐하면 개별구성원들의 인성, 행동, 모습은 가족의 상호작용 과정 속에서 발생하며, 인간관계 역시 사회체계와의 상호작용적 관계에서 형성되기 때문이다. 특히 상호작용론에서의 사회화 과정은 역할취득의 과정으로, 이를 통해 권력이 형성될 수 있고 집단으로서의 가족의 기능이 강화 또는 약화될 수도 있다. 이처럼 가정의 기능은 상호작용론적 관점에서 중요할 수밖에 없다. 따라서 상징적 상호작용론에서 건강가정을 볼 때, 건강가정과 사회는 어떤 관계를 맺고 어떤 행위로 상호작용하는가, 또는 사회가 건강가정에게 어떤 기대를 하는가에 초점을 맞출 수 있다. 이렇게 가족구성원이나 사회구성원들은 건강이라는 상징에 담겨 있는 의미를 제대로 이해하고, 또 그에 맞게 행동하기 때문에 가족질서와 사회질서가 안정적으로 유지되는 것이다.

3. 가족발달이론

가족은 사회의 일부분이고 사회 공동체를 만들어가므로, 가족이 화목하고 편안해야 사회는 발전 가능하고 좋은 사회로 만들어간다. 즉 사회는 가족의 그 일부가 잘되어야 사회 또한 건강하고 좋은 사회가 될 수 있다. 이에 대해 가족발달이론은 가족이 생성, 확대, 소멸을 계속하며 변화, 성장할 수 있는 집단임을 강조한다. 생성, 확대, 소멸을 결정짓는 사건이나 시기를 어떻게 정의하느냐는 학자마다 다양하다. 그러나 시간의 흐름에 따른 가족의 변화과정에 주목한다는 점에서 가족발달은 중요한 의의를 가진다. 가족의 시간은 각 가족이 내적으로 성원들의 생물학적, 심리학적, 사회적 요구를 외적으로는 사회적 기대 및 생태학적 환경에 의해 결정된 일련의 발달단계를 거친다는 주장(정현숙, 2001)이며, 기본적으로 인간발달과 시간이 이론 설명의 중요 요소임을 가정한다.

가족을 정체적으로 보는 구조기능론과 달리 시간의 흐름에 따른 가족의 변화과정에 초점을 두는 가족발달이론은 1950년대에 듀발(Duvall, 1957)과 힐(Hill,

1951)에 의해 주장되고, Rodgers(1973)에 의해 발전되었으며, 2차대전 직후 군인가족들의 적응에 대한 관심에서 출발하였다. 이 이론의 주요 목표는 가족과 인간발달에 관한 사회과학적 지식을 가족이 직면하는 문제들에 적용시키는 것이다.

1) 주요 개념

(1) 이론의 기본전제

가족발달이론은 시간의 흐름에 따른 개인과 가족의 변화하는 역동적인 체계로 각 생활주기의 다양한 단계마다 발생할 수 있는 발달과업과 스트레스원을 제시한다는 점에서 가족정책과 실천분야에 모두 유용성을 가진 틀이라 볼 수 있다.

건강가정을 위한 정책 제시나 전 생애 단계별 욕구 조사, 발달과업을 중심으로 가족생활교육이나 가족상담의 목표수립 등에서 활용도가 높은 이론이다. 가족발달이론은 한 개인이 결혼하고 출산하는 과정부터 가족을 형성하고 그 가족을 이루는 구성원들이 성장하는 과정과 또 다른 가족을 형성하는 과정부터 붕괴가 되는 변화에 대한 통칭이다. 이러한 가족발달이 이뤄지는 개념을 가족생활주기라고 부르며 미혼, 결혼, 출산부터 육아와 노후에 이르기까지 각 단계별로 이뤄지는 시간적 연속을 의미한다. 가족생활주기는 시대적인 흐름에 따라 변화를 하는데 전반적인 가족발달 과정에 있어 저출산 경향 및 평균수명의 연장 등의 특성이 반영되고 있다. 즉, 가족생활에서 경험하는 결혼, 출산, 육아, 노후의 여러 과정에 걸친 시간적 연속을 의미한다.

이렇듯 인간이 탄생과 발달단계를 통해 성장하면서 가족도 특정한 발달단계와 과업이 존재한다. 따라서 가족의 삶을 이해하기 위해서는 가족의 삶이 다른 단계로 움직이게 되는 과도기에 대한 고찰이 매우 중요하다. 가족은 각 발달단계에서 요구하는 과업 존재하며 과업을 수행하지 못하면 어려움과 스트레스를 경험하게 된다. 간과하지 말아야 할 것은 과도기에서 스트레스에 직면한 가족은 이전 단계로 돌아가려는 퇴행 현상을 보이는 것이 일반적인 반응이다. 아래에서는 가족생활주기의 단계에 따른 발달과업과 이에 관한 힐과 듀발의 8단계론과, 카터와 맥골드릭의 6단계론에 대해서 살펴본다.

▌가족구성원들이 수행해야 할 발달과업

첫째, 물질적 부양(physical maintenance)으로 가족구성원을 위해 의식주 및 양호를 제공하는 것이다. 둘째, 자원의 분배(allocation of resources)로 각 가족구성원의 욕구에 따라 시간, 공간, 애정, 설비 등의 자원을 분배하는 것이다. 셋째, 노동의 분배(division of labor)로 가정을 관리하고 가족구성원을 부양하는 데 누가 어떤 일을 할 것인지 정하는 것이다. 넷째, 가족구성원의 사회화(socialization of family)로 가족 또는 외부세계에서 성숙한 역할을 내면화함으로써 각 구성원의 사회화를 모색하는 것이다. 다섯째, 가족구성원의 재생산과 원기회복 및 휴식(reproduction & release of family members)으로 사회가 허용하는 한도 내에서 애정, 공격성, 성적 충동 등을 표현하거나 의사소통 및 상호작용하는 방식을 터득하는 것이다. 여섯째, 질서의 유지(maintenance of order)로 자녀를 낳거나 입양하여 이들을 키우면서 가족의 한 성원으로 적절하게 연합시키는 것이다. 일곱째, 전체 사회에 대한 자신의 위치 확인(placement of members in the larger society)으로 학교, 교회, 직장, 공동체 생활 등과 관계를 맺고 인척, 친척, 친구, 대중매체 등에 대한 적응 수단을 익히는 것이다. 여덟째, 개인의 사기와 동기유지(maintenance of motivation & moral)로 사기와 동기를 유지하면서 성취로 보답을 받고 목표를 설정하며 가족에 대한 충성심과 가치를 발전시키는 것이다. 가족생활주기를 분류하는 학자들마다 각각의 가족생활주기의 단계에서 수행 가능한 발달과업을 다양하게 제시하고 있다.

▌힐(Hill)과 듀발(Duvall)의 8단계 가족생활주기

1940년대 후반에 2세대 핵가족을 중심으로 시간의 흐름에 따라 결혼, 출산, 자녀의 성장, 죽음 등 가족 수가 줄어들거나 느는 것을 중심적 사건으로 설정해 가족생활주기를 8단계로 나눈다.

1단계 : 무자녀 신혼부부 - 가족 구성을 시작하고 가족 시스템을 구축하는 단계

2단계 : 출산과 육아 초기 단계 - 가장 어린 자녀가 30개월 이하인 단계

3단계 : 미취학 자녀를 둔 가족(첫 자녀 2.5 ~ 6세) - 자녀 성격 수용하기

4단계 : 초등학교 취학자녀를 둔 가족(첫 자녀 6~13세) - 자녀를 기관들에 소개하기(학교 등)

5단계 : 10대를 둔 가족(첫 자녀 13~20세) - 사춘기 수용하기, 10대 후반들의 독립성 실험하기

6단계 : 진수기 가족(첫 자녀에서 마지막 자녀까지 집 떠남) - 자녀의 독립적인 성인역할 수용

7단계 : 중년기 부부(빈 둥지에서 은퇴까지) - 떠나보내기, 서로를 다시 직면하기

8단계 : 노년기 부부(은퇴에서 양쪽 부부의 사망까지) - 노년기 수용하기

▌카터와 맥골드릭(Carter & McGoldrick)**의 가족생활 주기**

카터와 맥골드릭은 가족생활 주기를 6단계로 나눠었다. 그들의 이론은 가족의 발달적 과정과 동시에 가족 구성원 개개인의 발달과정에도 초점을 두었다.

1단계 : Single 단계 - 성인이 되어 독립성을 확립하고 파트너를 찾는 단계

2단계 : 결혼과 신혼기 단계 - 새로운 가족을 형성하고, 부부로서의 역할과 관계를 정립하는 단계

3단계 : 자녀가 있는 가족의 단계 - 자녀를 가진 가족으로서의 새로운 역할과 책임을 수행하는 단계

4단계 : 자녀가 성장하고 독립하는 단계 - 자녀가 자립하고 부부가 자신들의 관계와 삶을 재조정하는 단계

5단계 : 빈 둥지와 중년의 단계 - 자녀가 모두 자립하고 부부가 새로운 삶의 목표와 역할을 찾는 단계

6단계 : 노년기 단계 - 가족 구성원이 은퇴하고, 노령에 대비하는 단계

(2) 규범

규범은 사회나 문화권에 따라 다르다. 그러므로 가족발달과정 또한 문화마다 다를 수 있다. 가족 발달단계는 가족사건에 의해 이행되는데, 가족사건의 타이밍이 규범적인 기대 안에서 발생하는 경우는 전이가 자연스러우나 규범 밖에서 일어나는 경우에는 가족이 혼란에 빠질 수 있다. 예를 들면, 혼전 출산은 결혼이 선행되어야 하므로 규범적 순서에서 이탈하므로 가족들이 당황하고 발달단계의 이행에서 혼란이 발생할 수 있다. 그러나 혼전 출산이 늘어나면서 결혼과 출생의 순서에 대한 규범적 기대가 변화하고 이것에 대한 가족의 혼란도 줄어들게 된다(Klein & Whit, 2000; Rodgers & White, 1993).

(3) 가족의 기본 구조

가족의 기본구조는 가족을 구성하는 식구의 수, 혈연관계 · 거주형태, 그리고 가족 내에서의 가장권과 권위의 소재 및 부부의 결합형태 등에 의해서 분류된다.

가족의 크기나 범위를 기준으로 대가족 · 소가족 또는 미국의 인류학자 머독(G. P. Murdock)이 처음 사용한 핵가족 · 확대가족으로 나누며, 또 핵가족을 개별 · 단순 · 부부가족, 확대가족을 총체 · 합성 · 복합 · 직계가족이라고도 한다.

핵가족은 부부와 그들의 자녀로 이루어진 가족을 말한다. 핵가족의 특징은 이동성이 높은 사회에서 나타난다고 볼 수 있다. 수렵채집사회나 현대산업사회의 지배적인 가족형태가 핵가족이다. 가족이 단출하기 때문에 이동을 많이 해야 하는 사회에서는 핵가족의 형태가 편리하다. 그러나 핵가족은 자녀들이 성장하는 과정에서 결혼을 하여 함께 살 경우, 다른 가족의 형태로 변화될 수도 있다. 가족의 구성이나 형태는 반드시 가족의 주기라는 시간적인 변화를 염두에 두고 살펴볼 필요가 있다. 자녀들이 성장하여 집을 떠나면, 노부부는 부부가족으로 남아야 한다. 그런가 하면, 어느 한 편의 배우자가 먼저 사망하면, 독거가족 또는 일인가족이 된다.

확대가족은 둘 이상의 결혼한 부부가 모여 사는 가족을 말한다. 대체로는 부부와 결혼한 자녀가 함께 사는 형태를 말한다. 확대가족은 일반적으로 정착 농경사회에서 많이 나타나는 가족형태이다. 확대가족에서는 가계의 계승과 연속성을 중시한다. 특히 한국의 확대가족에서는 연속성의 문제가 가장 중요하게 여겨진다. 확대가족의 한 유형으로 직계가족이 있다. 이 유형은 한국이나 일본의 가족 구성 가운데 특징적인 면모이다. 한 아들(대체로는 장자)이 가계를 이어가는 것을 말한다. 한국의 경우는 큰아들이 부모를 모시면서 사는 형태를 가장 이상적인 가족의 모델로 생각한다. 일본의 경우는 전통적으로 가계를 잇는 아들이 반드시 큰아들일 필요는 없다. 딸인 경우도 있고, 때로는 비혈연일 경우도 있다.

(4) 지위 및 가족 역할

지위란 가족원들이 가족 내에서 갖는 위치를 말한다. 즉, 결혼과 더불어 생기는 남편, 아내 그리고 자녀 출생과 더불어 생기는 아버지, 어머니와 같은 위치이다. 역할은 가족이 수행하는 역할, 행위를 의미하며, 사회 변화, 시대의 흐름, 문화의 발전에 따라 가족의 기능이 달라지고 있다. 가족의 기능은 변화하는 사회 문화적 상황에 영향을 받으므로 정형화된 정의를 하기에는 어려우므로 여러 학자들의 주장이 분분하다.

머독(Murdock, 1949)은 가족의 역할을 출산과 재생산의 기능, 성적기능, 경제적 기능, 교육 및 사회화의 기능이라 하였고, 파슨스와 베일스(Parsons & Bales, 1955)는 가족의 역할 또는 기능을 자녀의 사회화와 성인 인성의 안정화의 두 가지로 축소하여 주장하였으며, 애커먼(Ackerman, 1960)은 가족의 역할 또는 기능을 생물학적으로는 종족유지, 경제적으로 구성원 상호협력에 의한 생활이 안정 도모, 심리적으로는 애정욕구, 사회문화적으로는 도덕과 관습의 전수라고 제시하고, Devault와 Strong(1992)은 경제적 협조 및 출산과 사회화 기능, 가족구성원에게 지위와 사회적 역할을 할당하는 기능, 친밀한 관계 근원을 제공하는 기능을 강조하며, 재스트로(Zastrow, 2007)는 이에 대해 사회구성원의 재생산 기능, 아동양육과 보호기능, 사회화 기능, 성적행동의 통제 기능, 애정의 원천기능을 제시하였다.

(5) 가족경력 및 사건

로저스(Rosers)는 논리적 과정을 거쳐 가족경력의 개념을 형성하였다. 즉, 가족경력을 가족체계의 경력에서 가족단계를 순서대로 연결한 것이다. 따라서 가족경력의 또 다른 특성은 사호의 규범적 내용을 담지 않고 여러 문화에 걸쳐 두루 사용될 수 있는 개념이기도 하다.

(6) 전이 및 타이밍

가족의 전이는 단계와 사건 시간의 개념을 결합한 것이다. 전이는 한 가족이 질적으로 구분되는 한 단계에서 다음 단계로 옮겨갈 때 일어나는 것으로 전이를 특정 짓는 사건은 한 시점으로 취급한다. 가족 전이가 지니는 이론적 중요성은 그것이 결혼 및 가족제도의 과정적 규범(불편적 규범에 반대되는)에 의해 규정된다는 점이다.

타이밍은 일반적인 개념으로 본다. 즉, 개인, 관계 또는 집단을 시간상 어느 지점에 위치시킬 수 있는 여러 가지 방법 중 하나이다. 타이밍은 다차원적 개념이며, 이는 규범적 타이밍, 연령의 타이밍, 사건 및 단계의 순서, 단계의 지속으로 나뉜다. 그리고 이 차원들은 대체로 상호 의존적이다.

① 규범적 타이밍은 개인이나 관계 혹은 가족이 특정한 연령에 해당될 때 어떠한 사건을 경험하거나 성취하기를 사회로부터 기대받고 행동적으로 그러한 기대에 따르는 것을 말한다. 따라서 적기와 비적기에 대한 인식은 시간의 측정이라기보다는 타이밍 규범이라는 개념의 일부로 보고 있다.

② 연령의 타이밍은 단순한 시간의 측정인 동시에 가장 혼동되는 개념이다. 혼동의 이유는 개인만이 연령으로 측정될 수 있다는 잘못된 인식에서 빚어진 결과라는 것이다. 즉, 가족, 관계 그리고 개인 모두가 각각의 연령으로 기술될 수 있다.

③ 사건 및 단계의 순서는 또 다른 종류의 가족발달상 규범적 타이밍이다. 이는 제고 간 규범적 순서에 의해 더욱 복잡해진다. 왜냐하면 순서의 개념은 오랫동안 지속되어 왔지만, 최근에서야 발달적 순서의 독특한 규범적 특성이 강조되기 시작했기 때문이다.

④ 단계의 지속은 단계를 시작하는 사건과 끝을 맺는 사건 사이의 기간으로 측정된다. 단계의 지속기간이 주어진 사건의 기능성을 변화시킬 뿐만 아니라 그에 대한 대안적인 사건의 기능성도 변화시킴에 주목한다.

2) 가족발달이론과 건강가정과의 연관성

가족발달이론과 건강가정과의 연관성은 첫째, 가족의 발달을 형성하는 준비 시기부터 가족의 역할이 새롭게 규정되고 배분되어 발달의 수행 과업이 생긴다. 따라서 건강한 가정을 추구하기 위해서는 가족생활주기별 발달과업을 잘 수행해야 한다. 둘째, 자녀가 태어나면 가족체계와 구조에 변화가 생긴다. 이러한 변화에 부부관계에서 스트레스요인으로 작용되기도 하지만 부부가 함께 잘 이겨낸다면 자녀는 부부의 유대감을 더욱 돈독하게 할 수 있다. 셋째, 가족의 발달과정의 연속성을 가지고 있어서 영향을 미치게 된다. 즉, 부모의 전이는 부부간의 친밀감, 의사소통, 갈등에 대한 소통과 해결, 친밀감 관리에 크게 의존하게 된다. 넷째, 자녀교육에 있어서 부모와 자녀와의 합의된 가치관을 형성하고 정립하게 된다. 즉, 자녀학령기가 되면 자녀 중심이 가정에서 학교로 옮겨지지만 자녀가 사회화되는 과업에 잘 적응하도록 돕게 된다.

다섯째, 자녀가 청소년(사춘기)기에 있는 가족은 부모와 자녀 사이의 상호의사소통을 향상시키는 방안을 고민하고, 자녀의 의사를 수용할 수 있는 자세를 가지는 과업을 수행한다. 여섯째, 자녀가 독립해 나가는 시기에는 부부관계에 초점을 두어 서로를 존중하고 이 시기의 역할에 대한 분담과 점검을 하며, 동반자로 서로를 바라봐야 한다. 일곱째, 노년기는 가족의 마지막 단계로 은퇴와 배우자의 사망으로 끝나게 된다. 서로의 경험을 가족으로 함께 공유하고 극복해온 부부의 노년기는 새로운 의미로 다가온다. 즉, 자신의 삶에 대하여 긍정적인 만족과 자아통합감을 생애 마지막 단계에서 느끼게 된다.

이처럼 가족달발이론은 가족이 생성되어 그 성장이 한 단계에서 다음 단계로 이동하는 과정으로 본다. 그러나 발달과정상 한 단계에서 다음 단계로의 이동은 새로운 발달과업의 수행을 요구하며 이것은 생활의 긴장(스트레스)을 만드는 요인이 된다. 따라서 발달과업을 성공적으로 수행해내면서 긴장상태를 해결해 가는 것이 건강가정을 이루는 기본이 되므로 전 생애에 걸친 이론 건강가정과 가장 밀접한 이론이라 할 수 있다.

4. 사회적 교환이론

사람들은 자신의 이익을 극대화시키기 위해 손실이 큰 행동을 피하고 투자한 이상의 보상을 얻을 수 있는 방향으로 타인과 상호작용한다. 타인과 비교하여 관계가 유리하면 이제까지 취한 행동을 지속하고, 불리하면 관계를 개선하거나 중지하여 새로운 관계로 지향한다. 이러한 주고받는 인간의 사회적 행위인 교환행위를 보고 사회적 교환이론을 정립한 연구자가 호만스(G. Homans)이다. 여기서 교환은 자기가 필요 이상으로 소유하고 있는 재물을 다른 사람이 소유하고 있는 재물과 바꾸는 행위를 말하며, 교환이론은 인간의 행동을 다른 사람과의 보수 교환과정으로 보는 이론으로 인간의 행동에는 항상 비용과 보수가 따르고 행위자는 행동에 의해 생기는 비용과 보수, 그리고 자신의 사회적 자산(학력 · 지위 등)에 바탕을 두고 행동한다는 점에 입각한 이론이다. 이 이론이 처음에는 대면적(face to face) 상호작용을 강조하고, 기본적으로 개인들 사이의 제한적 · 직접적인 교환에 초점을 맞추며, 사회구조가 개인들의 행위에 의해 만들어지고 유지된다는 사실을 강조했다. 따라서 호만스는 사람이 사회적 행동의 기본 형태를 교환이론을 중심으로 다섯 가지 명제를 제시하였다.

첫째, 자극명제는 과거에 보상을 받았을 때와 비슷한 자극이 있으면, 사람은 그때와 같은 행동을 하기 쉽다. 이것은 만약 과거에 특정한 자극, 또는 일련의 자극의 발생이 어떤 사람의 행위가 보상을 받는 경우이었다면, 그 현재의 자극은 과거와 더욱 유사해지고, 그 사람은 이제 약간 비슷한 행위를 더욱 실행할 것이다.

둘째, 성공명제는 사람은 타인으로부터 보상받기 쉬운 행동을 하기 쉽다는 것이다. 즉. 개인이 취하는 모든 행위에서 어떤 사람의 특별한 행위가 더욱 자주 보상을 받으면, 그 사람은 더욱 그 행위를 할 것이다.

셋째, 가치명제는 타인으로부터 받은 보상이 그 사람에게 가치가 있을수록 그 행동을 하기 쉽다는 것이다.

넷째, 포화명제는 타인에게 보상을 받은 직후에는 그 행동의 가치가 작아진다는 것이다.

다섯째, 정의명제는 공평한 분배가 이루어지지 않아 손해를 본 사람은 분노의 감정을 나타내기 쉽다는 것이다.

호만스는 이것을 바탕으로 지위, 권력, 규범, 역할 등의 사회적 현상이 어떻게 생기는지를 설명한다. 이런 사회교환이론으로 배우자 선택과정을 설명한다. 첫째, 사람은 결혼을 통해 보상과 치러야 할 비용을 계산한다. 즉, 독신으로 지내는 것보다 현재 사귀는 사람과 결혼하는 것이 이득이라는 계산이 나와야 결혼을 결심하게 된다. 둘째, 결혼을 결심한 후 자신의 주변에 있는, 혹은 소개받을 수 있는 여러 사람 중에서 자신에게 최대한 만족을 줄 수 있는 사람, 즉 배우자를 고른다. 전형적으로 이런 관계는 데이트가 상당히 진전된 상태에서 이루어진다. 셋째, 현재 사귀고 있는 사람이 미래에 사귈 수도 있는 사람과 비교해서 더 낫다는 판단이 될 때 그 사람을 배우자로 선택하게 된다는 것이다(김승권 외, 2004: 89-91).

1) 주요 개념

(1) 이론의 기본 전제

개인주의적 교환이론에서는 인간의 본성을 이기적이고 합리적인 존재이며, 환경의 변화에 적응하는 존재로 보고 있다. 즉, 인간은 누구나 개인과 개인, 개인과 집단, 집단과 집단의 상호작용에서 보상을 극대화하고 대가를 극소화하여 가능한 한 가장 많은 이익을 얻을 수 있는 상황을 선택하려고 하며, 반드시 즉각적이거나 같은 종류일 필요는 없으나 다른 사람에게 제공하는 보상이 호혜적이기를 기대한다(김승권 외, 2001: 90).

- 인간은 보상을 추구하고 처벌을 회피한다.
- 타인과의 상호작용에서 인간은 이익의 극대화, 비용의 최소화를 추구한다.
- 인간은 합리적 행위자로서 행동하기 전에 그들이 소유한 제한된 정보의 범위 내에서 보상과 비용을 계산하고 대안을 고려한다.
- 인간이 보상과 비용을 평가하는 기준은 사람마다, 또한 시간의 흐름에 따라 변화한다.
- 보상의 가치는 개인의 기대가 클수록 크고, 그 이후에 보상의 가치는 낮아진다.

(2) 문제 발생 및 해결에 대한 지각

오늘의 교환이론은 개인과 개인의 관계뿐만 아니라 사회적 상호작용의 한 형태로 이해되고 있다. 개인 간의 관계에서도 물질적이거나 정신적인 보상을 기대하고 관계한다고 보고 있으며, 개인과 집단, 집단과 집단의 관계에서도 어떤 보상, 즉 물질적인 것뿐만 아니라 권력 · 명예 · 지위 등을 얻으려는 기대 때문에 교환관계가 성립된다고 할 수 있다.

이 이론은 타인과의 관계는 물론 사회조직 속에서 흥정과 타협을 통하여 서로 주고받게 되어야 관계의 균형이 유지된다는 것을 시사하고 있다. 그러나 교환이론은 인간을 지나치게 단순하게 취급한다는 비판도 받고 있다.

2) 사회적 교환이론과 건강가정과의 연관성

사회적 교환이론은 다른 어떤 이론보다도 건강가정분야에 널리 적용되고 있다. 즉, 배우자 선택, 가정 내의 의사결정, 임신, 구직 및 경제활동, 결혼 유지 및 이혼 결정 등 가족구성원들의 다양한 행동을 설명하는 데 유용한 도움을 주는 개념적 틀이 된다.

예를 들면, 결혼과 출산으로 인한 보상이 없거나 큰 손실이 발생하게 되면 그것을 미루게 되고, 결혼이나 출산으로 인한 이익 혹은 보상이 그 대가에 비해 크다면 동거나 독신 등 대안적 관계보다는 사회적으로 승인된 결혼과 출산을 선택한다. 그리고 어떤 여성이 출산으로 자녀를 갖는 것보다 이를 지연시켜서 충분한 교육을 받고 직장생활을 하는 것이 사회적으로 승인된 행동이고 또 보상이라고 판단하게 되면 무자녀 가족 또는 한 자녀 가족을 선택할 것이다. 그러므로 가족의 건강성을 유지하기 위해서는 가족원 서로가 보상받는 쌍방적이고 협력적인 관계가 되어야 한다.

5. 페미니스트 이론

여성주의(Feminism, 페미니즘)는 '여성의 특성을 갖춘'이라는 의미의 라틴어 '페미나(femina)'에서 유래한 말이다. 페미니스트 이론은 메리 울스턴크래프트의 여성 권리의 옹호, 변화하는 여성, 여성 불법 투표에 대한 체포 후의 연설 등과 같은 출판물에서 처음 등장하였는데, 이 '변화하는 여인'은 세상을 가득 채운 한 여성에게 공로를 돌린 나바호 신화였다. 소저너 트루스(Sojourner Truth, 1851)는 'Ain't I Woman'을 통해 여성의 권리문제를 다루었다. 즉, 남성들의 여성에 대한 잘못된 인식으로 인해 여성의 권리가 제한된다는 내용으로 유색 인종이 남성에게만 국한된 일을 할 수 있다면 어떤 유색인종이라도 같은 일을 할 수 있다고 주장했다. 수잔 B. 앤서니(Susan B. Anthony, 1872)는 '불법 투표를 위한 체포 후 연설'에서 헌법 내의 언어 문제를 다루는 법정 연설을 했다. 즉, 앤서니는 헌법의 권위적인 원칙과 남성적인 언어에 의문을 제기하면서, 여성들이 법으로 처벌을 받아야 할 때 그들은 그들 자신의 보호를 위해 왜 법을 사용할 수 없는가에 대한 의문을 제기한 것이다. 또한 헌법이 남성 성향을 띠는 언어에 대해 비판과 더불어 여성들이 여성을 명시하지 않은 왜 법을 따라야 하는가에 대한 의문을 제기했다. 시몬 드 보부아르(Simone de Beauvoir, 1949)는 "The Second Sex"의 출판으로 페미니즘에 실존주의적 차원을 제공하였다. 즉, 이는 여성의 암묵적인 열등감이고, 드 보부아르의 첫 번째 질문은 '여성이란 무엇인가?'이다. 여기서 그녀가 깨달은 여성은 항상 '다른 사람'으로 인식되었던 것이다.

이후에도 많은 여성들에 의해 등장한 페미니즘 이론들은 19세기에 들어서서 본격적으로 전개되기 시작한 페미니즘 운동으로 확대되었다. 이는 시간의 흐름에 따라 1세대, 2세대, 3세대로 나눌 수 있다. 1세대(19세기~1950년)는 영국과 미국에서 가장 활발하였으며 여성들의 참정권 획득, 자유주의적 여성주의가 그 특징이다. 2세대(1960~1980년)는 여성에 대한 사회 모든 분야에서의 평등과 성적 해방 주구, 노동 환경과 임금수준 개선, 여성의 성 역할에 대한 사회적 편견 배제, 급진적 여성주의가 그 특징이다. 3세대(1990년대 이후)는 이전 세대의 페미니즘이 백인 여성들만의 전유물이었다는 비판에서 출발하여 포스트모더니즘과 결합하고 다양한 집단과의 계층 및 영역으로 학대 되었으며, 포스트모던 여성주의와 성소수자에 대한 권리운동도 함께 일어났다.

1) 주요 개념

(1) 이론의 기본 전제

1960년대 후반 페미니스트 행동주의의가 부활되면서 지구와 영성에 대한 우려와 환경주의에 대한 새로운 문헌들이 등장했다. 즉, Adrien Rich나 Marilyn French와 같은 결정론의 거부로서, 모성애에 대한 연구와 논쟁을 재점화하는 것에 도움이 되는 움직임이 시작되었고, 그 반면에 에블린 리드(Evelyn Reed)와 같은 사회주의 페미니스트들에게는 가부장제가 자본주의의 속성을 가지고 있었다는 주장과 페미니스트 진 베이커 밀러(Jean Baker Miller)와 같은 심리학자들은 이전의 심리 이론에 페미니스트적 분석을 가져오려 노력했다. 이는 '여성은 아무 문제가 없고 오히려 현대 문화가 그들을 바라보는 시각에 문제가 있다'는 것을 증명했다.

일레인 쇼월터(Elaine Showalter, 1941)는 페미니스트 이론의 발전에 대해 여러 단계를 제기했다. 첫째, 페미니스트 비평이다. 즉, 페미니스트 독자는 문학 현상의 배후에 있는 이데올로기를 살펴보는 것이다. 둘째, 쇼월터는 "여성 창조성의 정신역학, 언어학 및 여성 언어의 문제, 개인 또는 집단 여성 문학 경력과 문학사의 궤적"을 포함한 '여성은 텍스트적 의미의 생산자'라는 주장이다. 셋째, '이데올로기적 묘사와 성·성별 시스템의 문학적 효과'를 탐구하는 것이다. 이처럼 페미니즘이론은 성별 불평등을 해소하기 위한 실천 방안을 마련하고, 남성과 여성이 조화로운 환경을 조성할 수 있도록 하는 데 기여하였다. 이런 페미니즘에는 자유주의 페미니즘, 급진주의 페미니즘, 사회주의 페미니즘, 포스트모던 페미니즘 등이 있다.

▮ 자유주의 페미니즘

자유주의 페미니즘은 개인의 자율성을 강조하는 자유주의 사상에 바탕을 둔 페미니즘이다. 즉, 자유주의 사상의 영향을 받아서 여성운동의 표출로 여성들의 교육기회를 확대시키고 참정권을 획득하는 데 기여하였다. 이는 페미니즘의 시초라고 할 수 있으며, 기존의 사회구조를 바꾸지 않고도 진정한 성평등을 달성할 수 있다고 믿는 사상이다. 대표적인 인물로는 메리 울스턴크래프트(Mary Wollstonecraft), 해리엇 테일러 밀(Harriet Taylor Mill), 베티 프리던(Betty Friedan) 등이 있다.

▌ 급진주의 페미니즘

급진주의 페미니즘은 모든 사회적·경제적 맥락에서 남성중심주의를 제거할 근본적 사회재구성을 요구하는 관점의 여성주의이다. 자유주의 페미니즘과는 반대되는 입장을 취하고 있으며, 이들은 사회를 근본적으로 남자가 여자를 억압하고 지배하는 가부장제적 시각이다. 따라서 기존의 사회적 규범과 기관에 도전함으로써 가부장제를 철폐하기 위한 노력을 하고, 가부장제를 제거하는 것이 모든 이를 부당한 사회로부터 해방시키는 것이라고 믿었다. 또한 결혼이나 출산을 통해 여성이 남성에게 종속된다고 보기 때문에 이성애보다는 여성들 사이의 자매애를 강조하였다. 대표적인 인물로는 티그레이스 앳킨슨(Ti-Grace Atkinson), 슐라미스 파이어스톤(Shulamith Firestone) 등이 있다.

▌ 사회주의 페미니즘

사회주의 페미니즘은 19세기 이후 노동계급에 여성들이 사회운동으로 진출하면서 등장하였다. 즉, 자본주의가 남성, 여성 모두에게 차별과 억압의 대상이 되었다고 주장하며, 사회주의를 통해 페미니즘을 지향하거나 페미니즘을 바탕으로 하여 여성 계급에 속하는 이들의 자유를 위한 해방을 주장하는 사회주의를 의미한다. 마르크스 사상과 급진주의 페미니즘의 영향을 받은 이들은 여성의 문제는 자본주의와 가부장제의 결합에 의해 발생하며, 이것을 동시에 종식시킨다면 여성의 문제 또한 자연스럽게 해결될 것이라는 주장이다. 즉, 취업주부의 이중노동 수행이나 여성을 저임금의 산업예비군으로 활용하는 것이 자본주의 체제에 이익으로 보는 것이다. 대표적인 인물로는 나오미 바이슈타인(Naomi Weisstein), 앨리슨 재거(Alison Jaggar), 도나 해러웨이(Donna Haraway) 등이 있다.

▌포스트모던 페미니즘

포스트모던 페미니즘은 포스트모더니즘과 여성주의 이론을 결합한 것이다. 이들은 젠더가 가장 중요한 문제인 것에는 동의하지만, 여성 대 남성과 같은 이분법적이고 거대이론적인 정체성 규정 자체는 비판한다. 남성중심 지배구조를 포함한 모든 억압적 지배구조로부터 여성뿐 아니라 성소수자와 남성까지 포함하는 인간의 해방을 목표로 한다. 모든 인간은 독자적인 젠더를 갖고 있다고 보며 'n개의 성' 담론이나 '옷장' 담론으로 유명한 조직이다. 대표적인 인물로는 주디스 버틀러(Jusirh Butler), 샹탈 무페(Chantal Mouffe) 등이 있다. 이 밖에도 여성주의에는 에코 페미니즘, 보수주의 페미니즘, 상호교차성 페미니즘 등 다양한 조직과 이론들이 있다.

(2) 페미니즘 시각의 가족생활

성(性)을 학문적 의제로 표방하며, 남녀 간의 차이들이 계속적으로 생산, 유지되고 강요되는 것은 남성들이 얻게 되는 특권과 혜택에서 비롯한 남성 중심적 세계관으로부터 비롯되는 것이라고 주장한다. 또한 여성주의를 논함에 있어서 무엇보다도 가족과 사회에 있어서의 성과 성 역할 개념, 즉 성차별적인 노동 분담, 역할기대, 억압, 해방, 분리된 공적, 사적 영역, 역할 규범 등이 그 핵심이라 할 수 있다.

① 가족

여성주의는 전형적 가족이라는 개념에 도전하고 있으며, 한부모가족, 독신가족, 별거 가족 등을 비정상적으로 보지 않으며, 단지 형태가 다른 가족으로 받아들인다.

② 부부관계

여성주의 이론가들은 부부의 성관계를 상호 간의 애정을 교환하거나 몸을 통한 소통이 아니라 남성 우위와 여성 종속이라는 불평등 권력관계를 재생산하는 정치적 행위로 본다.

③ 출산과 양육

여성주의 이론가들은 생물학적인 성에 의해 여성을 아동 양육을 전담하는 어머니의 역할에 국한시키는 것을 거부하고 양성평등에 기초한 부모 공동양육(dualparenting)을 제안한다.

④ 가사노동

여성주의 이론가들은 전통적으로 여성이 담당해온 가사노동을 의무가 아니라 자유로운 선택사항으로 보는 한편 가사노동을 새롭게 재조직하여 양성평등을 이루는 변화의 장이 되어야 한다고 제안한다.

⑤ 가족생활교육 접근

페미니즘 시각은 최근 변화하는 가족관계의 특성 중 하나가 여성의 취업과 교육수준의 증가로 인한 성역할 변화이며, 남녀 간의 의식과 행동상의 변화 속도의 차이는 다양한 가족문제의 원인이 되고 있다는 점에서 중요하다. 즉, 성 역할의 기초로서 평등주의, 정의, 자기결정, 책임 등의 가치를 중요시하며, 이러한 가치는 가족생활교육의 학습내용이나 방법, 가족생활교육자와 참여자의 결정에 영향을 미친다. 따라서 가능한 한 모든 남성과 여성 또는 모든 사람에게 적용되는 확실하고 고정된 차이가 아니라 상대적인 경향으로 간주되어야 한다는 입장이다.

⑥ 가족에 대한 시각

가족에 대한 페미니스트 시각은 구조기능적 시각으로 대표되는 전통적 가족적 입장과는 상반된다. 구조기능적 시각에서는 가족에서 남성은 도구적 역할, 그리고 여성은 표현적 역할이라는 전통적 성별분업을 수행할 때 우리 사회가 기능적으로 움직인다고 인식한다. 그러나 페미니스트들은 구조기능주의자들이 말하는 획일적이고 단일한 가족 이데올로기에 도전한다.

즉 전통적인 시각에서는, 남편은 가족 밖에서 유급의 경제활동에 참여하여 가족을 부양하고 부인은 가족 내에서 육아와 가사를 전담하는 가족이 건강한 가족형태였다. 이러한 가족형태는 자연적이고 생물학적이며 기능적이라는 신념을 가지고 있었다. 반면에 페미니스트들은 가족을 자연발생적인 생물학적 단위가 아니라 사회적 단위로 봐야 한다고 주장한다. 즉, 가족생활을 인간의 생물학적 특성에 바탕한 자연적 현상이 아니라 사회적 산물로 보는 것이다 (Ferree, 1990; 조정문, 장상희, 2001).

2) 페미니즘 이론과 건강가정과의 연관성

페미니즘 이론의 건강가정과의 연관성은 성역할이나 성 이데올로기와 관련하지 않고서는 가족구조나 가족정책을 이해할 수 없다는 것이다. 그리고 여성의 위치에 대한 정확한 이해를 바탕으로 하는 건강가정에 대한 분석이야말로 현대사회에서의 완전한 의미를 설명할 수 있다는 점이다. 즉, 여성주의 분석은 여성의 위치를 규명할 뿐만 아니라 가족구조와 부부구조의 성격 그 자체를 밝히고 있다. 따라서 건강가정은 여성의 전반적인 사회적 위치 관계에서 이해해야 한다. 이러한 내용은 급변하는 현대사회 속에서 우리나라 여성들 또한 사회진출일 늘어나면서 그와 동시에 전형적인 역할 분담의 재조정 바람이 불며 부부관계의 풍속도도 달라지고 있다. 이는 사회구조와 산업구조의 변화적 배경으로 기회의 평등화, 보육시설의 현실화, 보살핌의 사회화의 필요성에 대한 목소리를 내도록 유도한다. 이런 필요성은 여성만을 위한 것이 아닌 가족, 더 나아가 인류애적으로 접근하는 시각의 전환을 불러왔다. 이는 또 여성주의적 시각이 성인지적 시각으로 이행되고 있다.

성인지적 시각에서 건강가정을 추구하는 목표는 다음과 같다.

첫째, 가정을 보는 시각이 이데올로기로부터 벗어나서 실현적이 되어야 한다.

둘째, 휴식처와 안식처의 개념이 가족구성원 모두에게 적용되어야 한다.

셋째, 개인적 · 사적인 것이 정치적인 것이 되어야만 가족정책에 반영할 수 있다. 즉, 개인적 · 사적인 것이 여성의 사회적 위치를 설명하는 데 중심이 되어야 한다는 것이다.

넷째, 진정한 기회평등이 실현되려면 남성들 역시 가사노동에 참여해야 한다.

이처럼 페미니즘 이론은 전통적인 핵가족과 같은 특정한 가족형태로 획일화하는 것을 반대한다. 그리고 구조기능론적 입장에서 역기능적이라고 보는 다양한 가족 형태(독신가족, 한부모가족, 동거가족 등)의 출현은 가족의 변화이지 해체라고 보지 않으며, 개인의 형편이나 선호에 따라 선택할 수 있어야 한다는 점이 건강가정과의 연관성을 부각시킨다고 본다.

Chapter

03

건강가정의 정책과 제도 및 사업

1. 건강가정 정책 및 한국의 건강가정 정책
2. 건강가정 사업

1. 건강가정 정책 및 한국의 건강가정 정책

1) 건강가정 정책

여성가족부장관은 관계 중앙행정기관의 장과 협의하여 건강가정기본계획을 5년마다 수립해야 한다. 이 계획에는 가족기능의 강화 및 가정의 잠재력개발을 통한 가정의 자립 증진 대책, 사회통합과 문화계승을 위한 가족공동체 문화의 조성, 다양한 가족의 욕구충족을 통한 건강가정 구현, 민주적인 가족관계와 양성평등적인 역할 분담, 가정친화적인 사회환경의 조성, 가족의 양육·부양 등의 부담완화와 가족해체 예방을 통한 사회비용 절감, 위기가족에 대한 긴급 지원책, 가족의 건강증진을 통한 건강사회 구현, 가족지원정책의 추진과 관련한 재정조달 방안, 1인가구의 복지 증진을 위한 대책 등의 내용이 포함되어야 한다. 이 기본계획은 국무회의의 심의를 거쳐 확정한다.

우리나라의 건강가정정책은 1990년대 무렵 다양한 가족문제가 사회적 현안으로 제기됨에 따라 가족단위의 정책적 접근의 필요성이 대두되면서 본격화되었다. 특히, 건강가정정책은 건강가정기본법이 제정되면서 그 모습이 구체화되었으며, 다양한 가족의 형태 및 문제를 고려한 법이 나타나기 시작하였다.

(1) 건강가정기본법

건강한 가정생활의 영위와 가족의 유지 및 발전을 위한 국민의 권리·의무와 국가 및 지방자치단체 등의 책임을 명백히 하고, 가정문제의 적절한 해결방안을 강구하며 가족구성원의 복지증진에 이바지할 수 있는 지원정책을 강화함으로써 건강가정 구현에 기여하는 것을 목적으로 하는 법안이다.

'건강가정기본법'은 건강한 가정생활의 영위와 가족의 유지 및 발전을 위한 국민의 권리·의무와 국가 및 지방자치단체 등의 책임을 명백히 하고, 가정문제의 적절한 해결방안을 강구하며 가족구성원의 복지증진에 이바지할 수 있는 지원정책을 강화함으로써 건강가정 구현에 기여하는 것을 목적으로 하는 법안이다. 이 법은 가정은 개인의 기본적인 욕구를 충족시키고, 사회통합을 위하여 기능할 수 있도록 유지·발전되어야 함을 기본이념으로 명시하고 있다.

(2) 발전방향

해당 법안에 명시된 '건강가정'은 가족구성원의 욕구가 충족되고 인간다운 삶이 보장되는 가정을 말하며, 국가 및 지방자치단체는 건강가정을 위하여 필요한 제도와 여건을 조성하고 이를 위한 시책을 강구하여 추진하여야 한다.

한국가족정책의 방향은 건강가정기본법을 넘어서는 것에서부터 출발해야 한다는 것이다. 정책대안이 무엇보다도 가족의 가치, 기능, 형태 등의 다양성을 인정하는 것과 보편주의에 근거해야 한다. 가족정책이 가족의 다양성과 보편주의에 근거한다면 다음 문제는 구체적 가족정책 내용의 원칙과 방향을 규정하는 것이다. 첫째, 서구의 대응을 되짚어 볼 때 재생산 노동의 사회화와 적극적 노동시장 정책을 통한 사회적 일자리 창출이라는 직장과 가정의 양립정책 없이 당면한 저출산과 빈곤문제는 완화될 수 없다는 것이다. 둘째, 개별 시민으로서 여성과 집단으로서 가족 이해의 모순을 어떻게 해소·완화할 것인가에 대한 대안을 내와야 한다는 점이다. 셋째, 외적으로는 가족정책을 둘러싼 한국가족과 구성원의 이해가 서구 유럽 가족과 구성원의 이해와 일치하는가의 문제와 내적으로는 계급적·계층적 차이에 관계없이 한국가족의 이해가 보편적 틀로 포괄될 수 있는가에 대한 물음에 답을 내오는 것이다. 끝으로 한국복지국가의 발전과정에서 가족정책이 가지는 지위와 역할을 규명해내는 것이다.

(3) 가족정책의 유형

① 가족의 책임에 대한 국가의 통제, 지원방식에 따른 유형화

가족의 책임에 대해 국가가 어떤 방식으로 통제, 지원하는지에 따라 권위주의 모델, 자유방임 모델, 중간개입 모델로 유형화한다(Harding, 1996).

a. 권위주의 모델

국가의 통제가 매우 강력하며, 국가가 원하는 행동의식과 가족 형태를 강화하기 위한 정책과 법적 조치를 지향한다. 또, 가족의 개별적 욕구나 선택은 고려되지 않으며, 국가가 제시하는 방향으로 가족정책을 수행함으로써 가족에 대한 국가 통제 수준이 높다. 예를 들면, 피임이나 낙태행위 금지, 사회복지수급권이나 투표권 상속제도 등이 있다.

b. 자유방임 모델

자유방임의 모델의 경우, 국가가 가족에 대한 간섭을 하지 않는다. 사적인 영역을 보호함으로써 특별한 가족정책을 제시하지 않으며, 가족에 대한 정책 목표 없으며, 가족에 대해 어떠한 영향력도 행사하지 않는다. 예를 들면, 개인별 분리과세, 개인단위로 급여되는 사회보장급여 등이 있다.

c. 중간개입 모델

가족에 대한 국가의 책임을 적절한 수준에서 인정하고 가족통제를 시도하면서도 가족의 자율적인 측면을 존중하는 모델이다. 가족기능을 보완하거나 대체하는 정책이며, 권위주의 모델과 자유방임 모델의 중간 유형이다. 중간개입 모델의 유형은 다음과 같다.

- 가족에 대한 국가의 통제 정도에 따라 가족의 책임을 강제하는 유형
- 긍정적 인센티브 활용을 통해 국가가 가족행동 촉진시키는 유형
- 묵시적인 가족 정책 활용하여 간접적 가족에게 영향을 미치는 유형
- 가족을 대체하거나 측면에서 지원하는 유형
- 명확한 정책방향을 정하지 않고 가족의 변화에 수요와 욕구에 대응하는 유형

② 카머만과 칸(Kamerman & Kahn)의 건강가정을 실현을 위한 가족정책 유형

a. 가족정책을 **사회문제를 해결하기 위한 정책의 한 분야로 보는 유형**, 즉 포괄적인 사회문제 해결 정책의 한 분야로 다루어지면서 다른 정책과의 연계성을 강조하는 유형이다.

b. 가족정책을 **다른 거시적인 정책적 목표를 달성하기 위한 수단으로 이해하는 유형**, 즉 국가의 전반적 정책을 보다 효율적으로 수행하기 위하여 가족정책을 하나의 매개체로 활용하는 것으로서 가족정책의 독립적 영역보다는 다른 정책을 보조하는 잔여적 성향이 강하다.

c. 가족정책을 **다른 사회정책의 선택 및 정책평가의 기준이나 관점으로 접근하는 유형**, 즉 사회구성원들의 전반적 복지를 증진시키기 위하여 가족이 가장 접근하기 용이하고 정책효과가 크다는 점을 강조하면서 다른 정책(예: 노동정책, 의료정책, 교통정책, 주거 정책 등)을 결정하는 데 있어서 기준을 제시하는 역할을 하는 경우이다.

③ 목표의 명료성에 따른 가족정책의 두 가지 유형

a. 명시적 가족정책

가족구성원 개인의 가족역할 혹은 전체로서의 가족 단위를 위한 특정 목적을 성취하기 위해 의도적으로 고안된 정책과 프로그램(인구정책, 유자녀 가족을 위한 소득보장정책 등), 즉 명시적 가족정책은 정부나 행정기관이 특정한 기획과 정책을 수행할 때, 그 대상이 가족이라는 사실을 분명하게 제시하는 경우를 말한다.

b. 묵시적 가족정책

가족과 관련되지는 않으나 다른 정책 영역에서 취해진 가족에게 영향 미치는 조치(소득세), 즉 묵시적 가족정책은 가족정책 이외의 다른 영역에서 행해진 정책들(조세정책, 이민정책 등)이 가족에게 영향을 주는 경우를 말한다(영국이나 미국의 가족정책이 이에 해당하며, 이들 국가에서는 다른 정책을 수행할 때 가족 영향 평가를 고려하거나 때로는 가족을 통한 사회통제로서의 가족정책이 이루어지고 있음).

이와 같은 내용들을 간단하게 정리하면 정부가 아동과 그 가족을 위해서 하는 것, 특히 자녀가 있는 가족에 영향을 미치기 위해서 고안된 공공정책 그리고 영향 주고자 하는 의도는 없었으나 뚜렷한 영향력을 가진 정책을 의미하고 있다.

④ 출산율 감소 대비 정책에 따른 유형화

a. 출산장려모델

저출산의 문제가 주요 정책 관심이며, 출산장려와 관련한 가족지원이 국가의 중요한 책임이라 주장하는 모델이다. 즉, 일과 가족이 양립이 가능하게 함으로써 출산 증가할 수 있도록 취업모들을 지원하기도 하는 이 모델은, 셋째 이상 자녀에 대한 현금지원, 모성휴가, 높은 수준의 보육서비스 등의 구체적인 정책을 제시한다.

b. 전통 지향적 모델

전통적 남성 부양가족 제도 유지가 주요 정책 관심에 있는데, 전통적 가족 유형을 지지하고, 전통적 성역할 구분을 선호하는 모델이다. 즉, 여성의 노동시장 참여 촉진을 위한 아동양육 정책보다는 여성의 아동양육을 지원하는 휴가급여를 선호한다.

c. 남녀 평등주의 모델

남녀 간 평등 증진이 주요 목표이며, 남녀 모두 양육과 노동시장 참여를 병행할 수 있도록 하는 공적 지원을 강조한다. 또한 모성휴가보다는 부모휴가를 주요 정책으로 정한다.

d. 가족주의 : 정부 비개입 모델

가족지원에 대한 국가책임을 인정하지만 요보호 가족으로 한정한다. 또한 전통적 가족 유형을 선호하며, 가족의 자립과 규제받지 않는 시장에 대한 신념이 강한 편이다. 즉, 일-가정 양립을 위한 국가 개입을 최소화하고 기업이나 민간의 역할을 강조한다.

⑤ 모성지원, 노동지원의 젠더적 차원의 유형화(김수정, 2004)

a. 강한 모성 주의 유형

양육자로서 여성의 역할을 강조하고, 모성역할을 지원한다.

b. 약한 모성주의 유형

가족수당을 제도화한다. 또한 보육 관련 부담은 가족이 스스로 해결하거나 시장을 통해 구매한다.

c. 제도적 노동시장 참여 지원 유형

국가의 가족지원에서 여성의 모성 역할보다는 노동자 역할 지원에 주력한다.

d. 잔여적 복지 유형

전반적으로 가족지원의 수준이 낮고, 모성을 지원하는 프로그램의 수준이 낮은 편이다.

⑥ 돌봄의 사회화와 가족화 관점에 따른 유형화(윤홍식 외, 2011)

a. **시장형** – 시장이 돌봄의 사회화의 주된 방식으로 자리한다.
b. **가족화 우선형** – 돌봄의 사회화보다는 돌봄의 가족화에 상대적 관대한 지원이다.
c. **가족화·탈가족화 병행형** – 돌봄의 가족화와 사회화 모두에서 국가의 지원이다.
d. **탈가족화 우선형** – 돌봄의 가족화 정책은 돌봄의 탈가족화 정책을 보완한다.
e. **미 발달형** – 돌봄의 사회화와 가족화를 위한 충분한 정책 확대가 이루어지지 않는 국가이다.

⑦ 돌봄의 과제를 중심으로 한 유형화(김정현, 2013)

a. **탈가족화형** – 돌봄의 사회화가 이루어진다.
b. **가족화·탈가족화 병행형** – 보수적 성향과 공적 돌봄 지원정책 확대가 공존한다.
c. **시장형** – 시장에서의 돌봄 문제를 해결한다.

(4) 건강가정 정책의 시각

건강가정에 대해 스스로 책임져야 한다고 보는 입장과 국가가 책임져야 한다고 보는 입장은 가치로부터 자유로울 수 없으며, 보다 폭넓은 정치적, 도덕적 논의, 이데올로기와 연관되어 있다(Harding, 1996). 이러한 맥락에서 가족에 대한 국가 개입의 정당성과 관련하여 가족복지정책은 보수적 시각, 진보적 시가, 여권론적 시각 등 상이한 관점이 존재한다(박민자, 1995).

① 보수적 시각(자유주의적 시각)

보수적 시각은 정부의 제반 정책 프로그램들이 국민을 빈곤하게 하는 원인이 되므로 국가의 개 입을 최소화할 것을 주장한다. 즉, 가족에 대한 정부의 족쇄를 제거해 가족이 마음대로 할 수 있도록 자유를 부여하여야 한다는 것이다. 예를 들면, 머레이(Murry, 1984)는 정부의 가족복지정책 프로그램이 수혜자들을 국가 원조에 의존하게 했다고 주장하면서, 그 증거로 1970년대 이전에 비해 이후에 빈곤율이 증가했음을 지적하였다.

보수적 입장은 구조기능 주의적 시각을 담고 전통적 가족유형이 붕괴되는 것을 우려한다. 가족이 붕괴되면 사회도 위협받는다고 보며, 가족이 담당하는 특정한 본분과 의무가 있다고 확신한다. 결국 건강가정정책은 최소한의 현상 유지를 위한 전략이어야 한다고 본다.

② 진보적 시각

진보적 시각은 가족구조의 변화에 대해 가족은 변화하고 있는 것이지 붕괴되고 있는 것은 아니라고 보는 입장이다. 가족은 여전히 일차적이고 친밀한 관계라는 것이다. 변화하는 가족의 욕구에 대응해서 다양한 형태의 가족을 인정하여 개인의 형편과 선호에 따라 가족이 선택될 수 있도록 국가의 정책적 배려가 있어야 한다고 본다. 여성의 경제적 자립을 위해 남성이 가사노동과 육아 책임을 공평하게 부담하는 등 권리와 책임을 공평하게 분배하는 정책이 필요하다는 주장이다.

③ 여권론적 시각

진보주의적 시각의 하나로 국가가 가족에 대해 당연히 개입해야 한다는 것을 전제로 기존의 건강가정책이 여성의 전통적 역할인 재생산 기능을 보호하는 데 중점을 둔다고 비판한다. 즉, 기혼여성이 남성으로부터 경제적 지원을 받을 것을 가정하여 여성에게 자녀보호의 책임이 있음을 전제하고 있다고 비판한다. 기존 건강가정정책은 출산 보호주의, 부계 중심의 온정주의, 가부장제 관념이 반영된 성차별적인 속성을 가지고 있는 것으로 본다.

남성 생계부양자 모델은 남성이 생계부양의 책임을 맡는 것에 대해 중요한 가치를 부여하고 여성은 가사를 돌보는 역할을 하는 것을 전제하는 성별 분업적 가족을 지지하는 복지정책을 추구한다. 성별 역할 분리 모델은 성별 역할 분리를 전제하기는 하나 여성의 역할과 남성의 역할이 그 자체로서 동등한 가치를 인정한다. 반면, '개인으로서 소득자-돌봄 노동자 모델'은 성별 역할의 분리 없이 남녀 모두 소득자이자 가사를 돌보는 사람으로서 전제되며 사회구성원은 특정한 고정 역할을 수행하는 가족원이 아닌 개인으로 가정된다.

(5) 건강가정 정책의 패러다임 변화

① 초기의 건강가정 정책

근대적 시민 가족모델을 지향하면서 가족 내에서 전통적 성 분업을 장려하고, 노동자의 재생산 영역에 대한 보호에 초점을 맞추면서 발달해 왔다. 가부장적이고 잔여적인 이념을 가지고 있다. 가족이 사회구성원을 지속적 공급하고 노동력의 재생산 기능에 충실하도록 지원하는 것이 특징이다.

② 현대의 건강가정 정책

사회와 경제 흐름에 신속히 대응하고 개인주의적 가치관과 확산에 적응하는 형태로 거듭났다. 다양화, 탈 제도화, 개인화로 '포스터 모던(post-modem) 가족' 개념이 탄생되었다. 이에 건강가정정책의 대상인 가족은 결혼, 출산, 입양에 의해 형성된 제도 가족과 더불어 이혼, 동거, 재혼, 한 부모, 계부모 가족을 포함한다. 프랑스, 네덜란드, 노르웨이, 핀란드, 스웨덴에서는 동성 가족도 합법적으로 인정하고 아동의 입양도 허용한다.

2) 한국의 건강가족 정책

건강가정기본법은 외환위기로 인한 사회경제적 위기 속에서 급격하게 변화하며 흔들리게 된 가족의 문제를 사회적으로 해결하고, 가족에 대해 국가적 지원의 토대를 마련하기 위한 목적으로 2004년 2월에 제정되었다. 사회정책이 다양하고도 빠른 속도로 발전을 이루어 왔으면서도 개별 단위의 수급자를 중심으로 서비스를 제공하는 관점에서 크게 벗어나지 못하고 있던 당시의 한국적 상황에서 건강가정기본법의 제정은 국민들에게 서비스 제공의 한 단위로서 가족의 의미를 전면에 부각시켰다는 점에서 근본적으로는 긍정적으로 평가될 만하다. 또한 이 법의 제정과정에서 확산된 사회적 논쟁은 기능주의적 관점과 정상가족신화에 익숙해 있던 한국사회에 다양하게 분화되어가는 가족의 형태를 가족해체라는 단순한 관점이 아니라 가족의 다양성을 반영하여 접근하여야 한다는 관점을 제공하였다. 그로 인해 건강가정기본법의 제정은 가족정책의 패러다임이 전환되는 촉매로서의 구실을 한 것이 사실이다. 그러나 이상과 같은 긍정적 평가에도 불구하고 건강가정기본법은 현실 속에서는 다양한 기능과 형태를 지닌 가족이 존재할 수밖에 없음에도 불구하고, 결혼하여 자녀를 낳거나, 입양하여 사는 가족만을 전형으로 전제하는 편향성을 내재하고, 가족의 경제적 욕구와 의료적 욕구 및 주거와 관련된 문제 등과 같이 타 사회정책들과의 연계 속에서 가족에 대해 광범위하게 접근해야 하는 정책적 영역에 대해서는 직접적으로 개입하는 데에 한계를 안고 있다. 그리고 법의 내용은 출산과 양육, 직장과 가족생활의 양립, 가족 대상의 상담과 교육 등을 지원함으로써 가족을 유지하는 것에 초점을 두고 있어서 1인 가구를 비롯한 가족의 다양성을 고려하여 다양한 가족들을 포괄적으로 지원하기에는 한계가 있다(고경환, 강지원, 김용민, 2008: 50-51). 물론 '전형적 핵가족' 이외의 가족들을 직접적으로 지원하기 위해 건강가정기본법 외에 「한부모가족지원법」이나 「다문화가족지원법」이 있으나 이 법들은 특정 형태의 가족만을 정책적 대상으로 한정하고 있을 뿐이다. 그리고 자녀양육을 지원하기 위한 「영유아보육법」은 가족생활주기의 초기에 지원을 집중하고 있으므로, 가족생활주기를 관통하는 포괄적이고 보편주의적인 지원의 근거가 되지는 못하는 실정이다. 이와 같은 가족정책 관련법 규정들의 한계는 가족들에게 실질적으로 서비스를 전달해주는 기능을 담당하고 있는 실천적 전달체계들도 파편화 또는 중복화 및 특정 가족 중심의 선별주의적 기능에 편중되는 문제들을 야기하고 있다. 그로 인해 가족정책이 가족문제를 미연에 예방하고, 문제 발생 시에도 즉각적으로 대응할 수 있는 효과는 전혀 나타나지 못하고 있다(이진숙, 2017b).

(1) 한국 건강가족정책의 필요성

해방과 6·25전쟁을 거치면서 신생 대한민국은 전 세계에서 가장 가난한 나라 중 하나였다. 당시 외국 원조를 받는 형편에 국가가 가족을 위한 정책과 서비스를 제공할 여력은 전무하였다. 그 후 경제개발에 박차를 가했지만 가족에 대한 지원은 우선순위에 들어 있지 않았다. 이런 맥락에서 우리 사회에서는 오랫동안 '선 가정, 후 사회'의 원칙에 의거하여 요보호가족에 대한 최소한의 지원만 이루어졌다.

2000년대에 들어서면서 체계적인 가족정책의 도입, 가족의 변화를 반영하고 가족의 다양성을 인정하는 가족정책, 일과 가정의 균형을 추구하는 가족정책 등 가족정책의 필요성과 새로운 방향에 대한 논의가 활발하게 진행되었다(이원숙, 2012: 135).

무엇보다도 2004년 '건강가정기본법'이 제정되고 2005년 여성가족부가 출범하면서, 우리사회에서 가족정책이 계획되고 실천되는 새로운 시기가 도래하였다.

'과연 가족정책은 필요한 것인가? 그렇다면 왜 필요한 것인가? 에 대한 답변은 가족정책에 대한 논의를 시작하는 좋은 출발점이다. 가족정책은 사회가 아동을 필요로 하고 그 아동이 건강하게 자라고, 교육을 받아 궁극적으로 생산적인 근로자, 시민 그리고 부모가 되도록 한다는 전제에서 출발한다. 아동을 출산하고 사회화하는 역할에 가족을 대체할만한 것이 없으며, 사회가 추구하는 목표에 도달하려면 애정이 담긴 양육과 돌봄이 필수적이라는 점이 더욱 분명해지고 있다.

유엔이 1994년 '세계가족의 해'를 맞이하여 건강가족정책의 필요성을 제기한 내용이다(이원숙, 2012: 135).

첫째, 가족은 보편적으로 사회의 기본적 단위로 인지도고 있다. 사회변화는 가족의 역학과 기능에 변화를 가져왔지만, 그럼에도 불구하고 가족은 그 구성원의 성장과 안녕에 본질적인 정서적 · 물질적 지지를 제공해 왔다.

둘째, 가족에 대한 주제는 광의의 사회정책과 발달 문제의 주축이다. 최근 핵심적인 사회적 안전망으로서의 가족의 위치에 대한 인식이 증대되고 있다.

셋째, 가족은 살아 있으며, 친화해 나가는 사회제도로써 인류 역사상 가장 어려운 시련을 맞이하고 있다. 오늘날 사회가 너무 급격하게 변화하고 있어서 변화 속도 자체만으로도 가족에게 커다란 스트레스가 되고 있다(UN, 1996: 9-10; 이형진 외, 2021 재인용).

가족정책에 대한 필요성과 이에 대한 관심은 오늘날에도 지속되고 있다. 최근 OECD 정부는 「가족을 위한 더 나은 정책」이라는 제목의 보고서를 발간하였다. 이 보고서는 부모들에게 일과 가족에 대한 선택의 기회를 주고 있으며, 정부의 가족지원정책에 관한 질문에 답하는 방식을 택하고 있다. 이

보고서는 '가족에게 지출하는 것이 가족의 이익을 증가시킬 것인가? 부모휴가 프로그램이므로 노동시장과 아동의 삶의 질에 어떤 영향을 미칠 것인가? 아동 양육에 대한 비용이 부모 고용에 장벽이 될 것인가? 여성이 출산 이후 직장에 복귀하는 가장 좋은 시기는 언제인가? 한부모가족의 빈곤을 줄이기 위한 가장 좋은 정책은 무엇인가? 등과 같은 가족 관련 질문에 답하고 있다(OECD, 2011; 여성가족부, 2011: 8 재인용).

(2) 한국 건강가정정책의 발달과정

① 1950~1960년대

이 시기의 한국은 6·25 전쟁으로 인한 폐허와 극심한 고통을 극복하면서 경제적 성장을 시작하는 시기였으며, 가족의 해체나 절대적인 빈곤 등의 사회경제적 혼란을 겪으면서 가족의 생존이 절대 목표인 시기였다. 왜냐하면 가족의 가장 큰 문제가 빈곤해결이었으며, 사회적으로도 전쟁으로 인한 과부나 고아들을 보살피기 위한 노력이 필요하였다. 또한 전쟁 이후의 재건과정에서 나타나는 경제적인 구호나 보호가 필요한 상황이었다. 따라서 가족정책은 빈곤층을 위한 구호사업이나 해체가정 등을 위한 보호와 경제적 지원이 중심이 될 수밖에 없었으므로 빈곤가정을 지원하기 위한 「생활보호법」이 제정되었다. 이 시기의 가족정책은 심각하게 훼손된 가족의 경제적 기능을 신속하게 회복하는 임시적인 방편이었다.

② 1950~1960년대

1958년 대한어머니회가 창립되면서 가족계획 계몽운동을 시작되었으며, 1961년 인구 조절을 통한 국가경제 발전과 모자보건의 증진, 국민생활 향상을 목적으로 한 가족계획사업이 범국가적으로 시작되었다. 그리고 1961년 아동복리법 제정으로 고아입양특례법이 시행되었다. 이는 전쟁고아 보호 중심의 요보호 아동 가족지원이었다. 1962년 제3공화국이 시작되면서 산업화의 진전 및 도시화로 인해 노동수요가 급증했으며, 경제활동에서 제외되었던 여성에게 노동의 기회를 제공하게 되었으며, 전후 시작된 높은 출산율로 인해 부담을 느끼게 되어 정부에서는 출산율을 낮추기 위한 가족계획사업(산아제한)을 실시하였다.

③ 1970~1980년대

1970년대는 경제 활성화로 인해 인구가 팽창되었으며, 경제개발 5개년 계획기간에 맞춰 가족계획사업이 실시되었다. 1973년 모자보건법이 제정(피임시술 무료보급, 인공임신중절의 법적 허용 한계 설정), 1974년 종합소득세 인적 공제를 세 자녀까지만 인정, 1977년 여성의 상속권을 인정하는 가족법이 개정되고, 1978년 두 자녀 불임수용가정에 공공주택 입주 우선권을 부여함을 통해 인구증가 억제를 위한 가족계획 사업이 실시되었다.

1970년대를 지나 1980년대 초까지 이어진 경제개발 5개년 계획 기간(1972~1976년: 3차 계획, 1977~1981년: 4차 계획) 동안 우리나라의 산업은 주로 섬유와 의복, 신발 등 경공업 중심으로 이루어졌으므로 여성의 노동력이 집중 투입되었다. 이때 사무직과 서비스 중심이기는 하였으나 여성의 경제활동 증가로 인해 과거의 남성중심적 가부장제 가족가치에 변화가 시작되었으며, 도시화로 인해 핵가족화가 확산되었다.

또한 1980년대 민주화 과정 및 경제 성장의 산출물을 최대로 누리게 되는 1980년대 후반을 통하여 가족의 가치 및 생활방식의 변화가 이루어졌으며, 여성들의 교육수준 향상으로 인한 의식의 변화가 나타나면서 서구적인 생활방식의 정착 및 이혼율이 증가되는 등 가족의 문제가 가시화되었다.

사회적으로는 연금제도와 건강보험, 고용보험 등 사회복지제도가 마련되면서 사무직과 극빈자를 위한 생활부조형식의 경제적 지원이 이루어지고, 시민을 위한 소득지원과 보장이 시작되었다. 게다가 세계적 추세에 따라 1987년 「남녀고용평등법」 제정을 통하여 모성보호에 대한 기본규정과 권리를 보장하게 되었다.

④ 1990~2003년

1994년 UN "세계 가정의 해" 선정으로 인해 가족분야에 대한 관심도가 증가하다가 점차 사라졌지만 이 시기에 경제적 발전으로 인해 사회적으로 가족의 문제가 드러나지는 않았다.

1990년대 이후의 우리나라는 경제적 성장이 가속화되는 동시에 여성의 교육수준 향상, 취업률 향상, 의식의 변화 등으로 인해 남녀의 혼인연령 증가와 낮은 출산율을 경험하게 되었으며, 1980년대 : 2.83명 > 1990년대 : 1.59명 > 2000년 1.47명으로 떨어지면서 저출산과 고령화 현상이 가장 큰 사회문제로 대두되었다.

1997년 국가부도로 인해 IMF에 자금을 신청하는 총체적 위기 상황이 발생되어 가족의 위기를 초래하는 중요한 계기가 되었다. 즉, 기업 도산 및 대규모 구조조정으로 수많은 노동자가 해고되었고, 비정규직 급증하였으며, 청년실업률이 급증하였다.

이혼율의 증가, 기타 가족의 문제들이 가시화가 되면서 잠재되어 있던 가족의 문제가 더 이상 개인적인 문제가 아닌 사회문제로 인식되기 시작하였다.

또한 저출산 및 고령화로 인해 다양한 문제들이 나타나기 시작하였다. 즉, 생산인구가 감소하게 되어 그동안 유지되었던 경제성장률이 떨어지게 되었고, 고급 인력의 확보가 어려워지게 되었다. 게다가 여성의 취업으로 인한 가정 내 돌봄의 공백이 사회적 문제로 대두되었는데, 이는 많은 선진국에서 경험하였던 저출산 및 고령화의 문제였지만 우리나라에서는 더욱 급속하게 진행되었다. 즉, 가부장적 가치관을 가진 가족 내에서 여성이 취업함으로써 겪게 되는 가사의 부담으로 인해 결혼이나 출산의 연기가 가속화된 영향을 배제할 수 없다.

⑤ 2004년 이후

2004년 가족정책의 근거법인 「건강가정기본법」이 제정되면서 한국의 가족정책은 기존 암묵적 가족정책에서 명시적 가족정책으로 전환을 이루게 되었다. 즉, 사회에 나타나기 시작한 가족의 문제와 변화가 사회적으로 공론화되었으며, 이는 가족의 역량을 강화하고 기능을 지원하는 정책 수립이 필요하게 됨을 의미한다.

「건강가정기본법」은 2004년 12월에 국회를 통과하여 2005년부터 시행되었으며, 사회경제적 변화 속에서 급격하게 증가하는 가족의 문제를 가족과 사회가 함께 해결하고 예방하여 가족을 보다 건강하게 만들기 위한 정책의 토대가 되었다.

- **1차 건강가정기본계획** : 2006~2010년에 걸쳐 이루어지는 정책들을 포함하며, 2011년~2015년까지
- **2차 건강가정기본계획** : 2016~2020년까지
- **3차 건강가정기본계획** : 2021년부터 2025년까지
- **4차 건강가정기본계획** : 수립되었음

1 · 2차 건강가정기본계획의 목표와 정채과제에서 나타나는 특징은 저출산 문제해결을 위한 내용과 깊은 관련이 있으며, 3차 건강가정기본계획에서는 다양한 가족이 차별 없는 사회, 남녀 모두 일 가정 양립이 가능한 사회를 정책 목표로 설정하고, 4차 건강가정기본계획에서는 가족 다양성 인정, 평등하게 돌보는 사회를 지향하는 모든 가족, 모든 가족구성원을 존중하는 사회의 비전을 담고 있다.

2005년 저출산 · 고령사회기본법이 제정되었다. 한국의 합계 출산율이 1.07명 2021년 0.81로 OECD 국가 중 가장 낮은 수준으로 1961년부터 추진되어온 인구조절 관련 산아제한정책의 방향이 급선회하여 출산장려정책으로 바뀌고, 가족의 돌봄을 적극 지원하는 가족정책이 지속적으로 등장하고 있다.

2008년 남녀고용평등법(1988)의 개정(고용 과정에서의 불평등을 위한 법이었지만 일-가족 양립지원 등을 위해 개정)으로 남녀고용평등과 일-가족 양립지원에 관한 법률로 명시적 가족정책이 시작되었다.

이처럼 한국의 가족정책은 비교적 근간에 도입이 되었지만 급속하게 확대되어 짧은 기간 내에 많은 정책이 생겨났다. 즉, 1970년대에서 출발했지만 현재의 가족정책은 2000년대에 만들어진 정책들로써 저출산 현상으로 인한 인구정책의 일환으로 바뀌고 있다. 이러한 변화는 저출산·고령화 등 한국 사회의 주요 당면과제를 해결하기 위해 보편적 정책으로의 전환을 이끌며, 가족에 부과된 재생산의 부담을 사회적으로 분담하기 위한 방안 확보의 중요성을 강조하는 정책으로 확대되고 있다. 이를 통해 전국에 건강가정지원센터 및 다문화가족지원센터의 설치를 통한 체계적인 가족정책의 기반을 다졌으며, 한부모가족 외에 다문화가족, 조손가족 등 가족단위에 대한 새로운 정책적 접근이 이루어지게 되었다.

(3) 한국건강가족정책의 접근방법

가족정책은 일반적인 복지정책과는 달리 대상이나 주제별로 구분할 수 없다는 점에서 가족정책을 대상별로 논의하기도 어렵기도 하다. 그렇지만 가족이라는 통합성으로 인해 가족정책이 다른 복지정책과 구분되는 독자성이 있다. 따라서 건강가정사업의 접근방법에 있어 정책적 접근방법은 국가 또는 공공기관, 행정기관 등을 통하여 접근함으로써 가족 문제의 원인이 개인에게 있다고 보지 않고, 국가나 사회 전체의 책임이므로 다양한 정책을 통하여 문제를 해결해야 한다고 보고 있다.

① 사회보장제도

사회보장기본법의 이념은 "사회보장은 모든 국민이 인간다운 생활을 할 수 있도록 최저생활을 보장하고 국민 개개인이 생활의 수준을 향상시킬 수 있도록 제도와 여건을 조성하여 그 시행에 있어 형평성과 효율의 조화를 기함으로써 복지사회를 실현하는 것을 기본이념으로 한다."(제1조 제2항) 따라서 사회보장제도는 사회구성원이 생활의 곤궁에 처하게 될 경우 삶의 질 향상을 위해 공공의 재원으로 그 최저생활을 보장해 주는 제도로써 건강가정이 경제적으로 유지되어야 할 최소한의 소득보장으로 사회보험과 공공부조, 사회복지서비스 등을 통하여 국민들에게 최저한도의 소득보장을 해주는 제도이다.

a. 구체적인 사회보장제도의 특성

- 국가를 구성하는 전 국민을 대상으로 하는 제도이다. 즉, 국가는 국민들이 최소한 인간다운 삶을 누릴 수 있도록 기본적인 권리를 지켜줘야 한다.
- 국민의 최저 생활을 보장하는 제도이다. 즉, 국가의 정치, 경제, 사회, 문화의 모든 영역에 있어서 국민의 최저생활이라 함은 여러 가지 위험과 사고로부터 보호하는 것을 목적으로 하는 것을 의미한다.
- 공공시설로서 서비스를 실시한다.
- 질병이나 장애, 사고로 인한 사망 등 각종 사회적 위험으로부터 보호받을 수 있다(헌법 제34조).
- 대부분의 국가들은 가족복지정책을 사회보장 정책의 일환으로 추진하고 있으며, 우리나라도 어느 정도 차이는 있지만 이에 준하고 있다.

b. 현행 운용되고 있는 사회보장 제도의 종류

- **국민연금**

  노후에 경제적인 안정을 제공하기 위해 정부가 운영하는 제도로 근로자와 사업주가 납부한 보험료를 토대로 노후에 안정적으로 연금을 받을 수 있다.

- **건강보험**

  개인의 의료비를 일부나 전부를 보장하는 제도로 국가나 사회단체가 건강보험에 기여하고, 개인도 일정한 보험료를 납부하여 다양한 의료 서비스를 받을 수 있다. 이 건강보험은 가입되어 있지 않다면 질병 진료 시 더 큰 금액의 의료비를 납부하게 된다.

• **고용보험**

실직한 근로자의 생활안정과 재취업을 대비하기 위한 사회보험으로, 국민건강보험 · 국민연금 · 산업재해보상보험 · 노인장기요양보험과 함께 5대 사회보험에 속한다.

고용보험의 목적은 실업예방, 고용 촉진, 근로자의 직업능력 개발 및 향상, 국가의 직업지도와 직업소개 기능을 강화하고, 근로자가 실직한 경우 생활에 필요한 자금을 지급하여 구직 활동을 촉진하여 경제와 사회를 발전시키는 것에 있다. 고용보험에 가입한 사업장에 재직하고 있는 모든 근로자는 고용보험의 혜택을 받는데, 2004년부터는 60세 넘어 채용된 근로자와 국내 파견 외국인 근로자, 일용근로자도 고용보험 혜택을 받고 있다. 단, 65세 이상인 근로자는 적용 제외 대상이다.

한편, 우리나라의 고용보험제도는 실직자에게 실업급여를 제공하는 실업보험사업뿐만 아니라 적극적으로 취업을 알선하여 재취업을 촉진하고, 근로자의 고용안정을 위해 고용안정사업과 근로자 직업능력개발사업을 벌이는 등 적극적인 노동시장정책이 통합되어 있다는 특징이 있다.

• **사회복지**

경제적으로 취약한 개인이나 가정에게 지원을 제공하는 제도로 이는 주로 저소득층, 노인, 장애인, 어린이 등에게 다양한 형태로 제공된다.

• **실업급여**

일시적으로 실직한 사람들에게 일정 기간 동안 생활비를 지원하는 제도로 이를 통해 실업자들이 일자리를 찾는 동안 경제적인 어려움을 해결할 수 있다(실업급여로 꼼수를 부리는 사람들이 많아져서 최근에 일정 부분 법 개정이 있기도 하였음).

이와 같이 사회보장제도는 현대사회에서 구조적인 문제와 불평등을 완화하기 위한 중요한 수단이 된다. 경제적으로 어려운 이들을 지원함으로써 사회적 안정과 평등성을 증진시킬 수 있을 뿐 아니라 보험 형태의 사회보장제도를 통해 개인의 경제적 위기를 최소화하고 사회적 공동체의 유대감을 형성할 수도 있다. 이러한 제도는 사회의 안정을 유지하고 발전시키는 데에 큰 기여를 하고 있다. 또한 사회보장제도는 다양한 혜택을 제공하며 사회의 구성원들을 보호하고 안정성을 제공한다. 이를 통해 국민들은 생활의 기반이 되는 안정과 보안을 누릴 수 있고, 사회적 불평등을 완화하여 사회의 안정을 증진시킬 수 있다. 따라서 사회 보장 제도는 현대 사회의 균형과 안정을 위한 매우 중요한 구성 요소로서 지속적으로 발전되고 개선되어야 합니다.

② 건강가정 관련 법규

a. 건강가정 기본법

건강한 가정생활의 영위와 가족의 유지 및 발전을 위한 국민의 권리 · 의무와 국가 및 지방자치단체 등의 책임을 명백히 하고, 가정문제의 적절한 해결방안을 강구하며 지원정책을 강화함으로써 건강가정 구현에 기여하기 위해 제정한 법(2004.2.9, 법률 제7166호)

건강한 가정생활의 영위와 가족의 유지 및 발전을 위한 국민의 권리 및 의무와 국가 및 지방자치단체 등의 책임을 명백히 하고, 가정문제의 적절한 해결방안을 강구하며, 가족 구성원의 복지증진에 이바지할 수 있는 지원정책을 강화함으로써 건강가정 구현에 기여하는 것을 목적으로 한다. 이 법은 우리 사회가 변화함에 따라 급속도로 증가하고 있는 가족해체 현상인 이혼, 가족의 부양기능 약화 등의 가족문제에 대처하며, 가정을 단위로 한 통합적이고 예방적인 복지서비스를 구현하기 위해 제정되었다.

b. 아동복지법

아동의 복지를 보장하기 위한 법률(일부 개정 2008.06.13 법률 제9122호)

1961년 12월 '아동복리법'으로 제정 · 공포되었다가 1981년 4월 전문 개정되면서 '아동복지법'으로 개칭되었다. 18세 미만의 아동이 건강하게 출생하여 행복하고 안전하게 자라나도록 그 복지를 보장함을 목적으로 한다.

아동은 자신 또는 부모의 성별과 연령, 종교, 사회적 신분, 재산, 장애유무, 출생 지역, 인종 등에 따른 어떠한 종류의 차별도 받지 않고 자라나야 하며, 안정된 가정환경에서 행복하게 자라나야 한다. 또한 아동에 관한 모든 활동에서 아동의 이익이 최우선적으로 고려되어야 한다.

c. 영유아보육법

보호자의 보호를 받기 어려운 영·유아의 보호·교육에 관하여 규정한 법률(법률 제11858호, 2013.06.04. 일부 개정).

영유아의 심신을 보호하고 건전하게 교육하여 건강한 사회구성원으로 육성함과 아울러 보호자의 경제적·사회적 활동이 원활하게 이루어지도록 함으로써 영유아 및 가정의 복지를 증진하기 위하여 제정되었다(제1조).

d. 한부모가족지원법

한부모가족의 생활안정과 복지증진에 관한 법률(법률 제19340호, 2023.4.11. 일부 개정)

이 법은 한부모가족이 안정적인 가족 기능을 유지하고 자립할 수 있도록 지원함으로써 한부모가족의 생활안정과 복지 증진에 이바지함을 목적으로 한다(개정 2018.1.16.).

한부모 가정이란 부모 중 한 사람과 자녀로 구성된 가족의 형태다. 한부모 가정은 국가와 지방자치단체로부터 복지와 권익 증진을 위한 복지 급여, 한부모가족복지시설 등 여러 형태의 지원을 받을 수 있다.

e. 양성평등기본법

정치·경제·사회·문화의 모든 영역에서 양성평등 이념을 실현하기 위한 법(2014.11.19, 법률 제12844호)

1995년 제정된 여성발전기본법이 2014년 전부 개정되어 변경된 법으로, 개정된 배경은 다음과 같다.

'여성발전기본법'은 헌법의 양성평등 이념을 구현하기 위한 국가와 지방자치단체의 책무 등에 관한 기본적인 사항을 규정함으로써, 1995년 제정 이후 중앙과 지방정부의 여성정책 및 예산 수립의 근거로 작용하며 양성평등과 여성의 사회참여 확대 및 권익 증진에 큰 영향을 미쳐 왔다. 그러나 제정된 지 20여 년이 지나, 여성 정책을 둘러싼 사회 환경과 관련 법제도가 크게 변화하고 여성정책의 패러다임이 '여성발전'에서 '실질적 양성평등 실현'으로 전환되고 있음에도, 현행법은 제정 당시의 기본적인 내용과 구성이 유지되고 있어 기본법으로서의 그 기능을 다하지 못하고 있었다.

이에 따라 현행 「여성발전기본법」을 전부개정하고 법제 명을 입법취지에 맞게 「양성평등기본법」으로 변경하여 양성평등과 관련된 권리 보장과 정부의 책임성을 강화하고, 양성평등 정책 추진체계의 내실화, 양성평등 촉진을 위한 시책 강화, 정책의 양성평등 효과를 강화하기 위한 성 주류화 조치의 체계화 등을 통하여 여성과 남성이 동등한 참여와 대우를 받고 모든 영역에서 평등한 책임과 권리를 공유하는 질적 양성평등 사회를 실현하려는 취지에서 법명을 포함한 전반적 내용이 개정된 바 있다.

f. 모자보건법

모성의 보호와 자녀의 건강에 관하여 필요한 사항을 규정한 법률(전문개정 1986.5.10, 법률 제3824호)

모성의 생명과 건강을 보호하고 건전한 자녀의 출산과 양육을 도모함으로써 국민보건향상에 이바지함을 목적으로 한다. 국가와 지방자치단체는 모성과 영유아의 건강을 유지·증진하기 위하여 필요한 조치를 하고, 모자보건사업 및 가족계획사업에 관한 시책을 강구하여 국민보건향상에 이바지하도록 노력하여야 한다. 모성은 임신·분만·수유 등에 있어서 자신의 건강에 대한 올바른 이해와 관심을 가지고 건강관리에 노력하여야 한다. 영유아의 친권자·후견인 기타 보호자는 육아에 대한 올바른 이해를 가지고 영유아의 건강 유지·증진에 적극적으로 노력하여야 한다.

따라서 모자보건사업 및 가족계획사업에 관한 업무를 행하기 위하여 대한가족보건복지협회를 둔다. 협회는 법인으로 한다. 모자보건사업 및 가족계획사업에 종사하는 자는 특별한 규정이 있는 경우를 제외하고는 그 업무 수행상 알게 된 타인의 비밀을 누설하거나 공표하여서는 안 된다. 제29조와 부칙으로 되어 있다.

g. 보호소년 등의 처우에 관한 법률

보호소년 등의 처우에 관한 법률은 1958년 제정된 뒤, 1988년 법률 제4058호로 전면개정을 거쳐 소년원법으로 시행되어 오다 2007년 12월 21일 법률 제8723호로 현재의 법률명으로 개정되었고, 6장으로 나누어진 전문 53조와 부칙으로 이루어져 있다.

보호소년 등의 처우 및 교정교육과 소년원과 소년분류심사원의 조직, 기능 및 운영에 관한 규정을 담고 있다. 보호소년 등에 대한 처우는 심신 발달에 알맞은 환경을 조성하고 안정과 규율 있는 생활 속에서 성장 가능성을 최대한으로 신장시킴으로써 사회 적응력을 길러 건전한 청소년으로서 사회에 복귀할 수 있도록 해야 한다. 남자와 여자, 16세 미만과 16세 이상의 자는 분리 수용한다. 보호소년 등이 처우에 대해 불복할 때에는 법무부 장관에게 문서로써 청원할 수 있다.

h. 청소년기본법

청소년의 권리 및 책임과 가정 · 사회 · 국가 · 지방자치단체의 청소년에 대한 책임을 정하고 청소년정책에 관한 기본적인 사항을 규정하기 위한 법(2017.7.6. 법률 제14839호)

1991년 청소년육성법을 대체하여 제정된 뒤 수차례 개정을 거쳐 2017년 7월 6일(법률 제14839호) 개정되었다. 9세 이상 24세 이하를 청소년으로 규정하고, 청소년이 사회구성원으로서 정당한 대우와 권익을 보장받음과 아울러 스스로 생각하고 자유롭게 활동할 수 있도록 하며 보다 나은 삶을 누리고 유해한 환경으로부터 보호될 수 있도록 함으로써 국가와 사회가 필요로 하는 건전한 민주시민으로 자랄 수 있도록 하는 것을 기본이념으로 한다.

i. 국민기초생활보장법

생활이 어려운 자에게 필요한 급여를 행하여 이들의 최저생활을 보장하고 자활을 조성하는 것을 목적으로 제정된 법률(1999.9.7, 법률 제6024호)

빈곤선 이하의 저소득 국민에게 국가가 생계 · 교육 · 의료 · 주거 · 자활 등에 필요한 경비를 주어 최소한의 기초생활을 제도적으로 보장해 줄 목적으로 제정된 법으로, 헌법 제34조에 근거하여 생활보호법을 폐지하고 새로 제정하였다.

3) 한국의 건강가족정책의 과제

한국의 건강가족정책의 과제로는 가족 역할의 방향성, 가족관점과 젠더 관점의 강화, 정책영역의 포괄성 확립으로 나누어 본다.

첫째, **가족역할의 방향성**이다.

현재 가족은 더 이상 그 기능과 역할 수행하기에 어려운 사회환경에 직면해 있다. 따라서 가족이 처한 기능과 역할 수행 어려움을 국가가 해결해야 한다. 즉, 건강가족정책에 있어서의 가족책임주의의 극복과 돌봄 부담의 사회화 강화 그리고 가족을 위한 사회 정책적 연대가 필요하다. 세계화가 가져온 고용의 불안정화와 개인화가 심화되는 상황 속에서 이제 가족은 복지를 책임질 능력이 없고, 따라서 복지를 사적 책임으로 방치하는 일은 더 이상 당위성을 확보하기 어려워졌으므로, 건강가족에 대한 사회적 연대의 가치를 확보하는 방향으로의 변화가 필요하다. 이를 통해 누구나 가족권을 시민권적 권리로 향유할 수 있도록 해야 할 것이다.

둘째, **가족관점과 젠더관점의 강화**이다.

평등주의적 가치의 지향 속에서 가족관점과 젠더관점의 결합은 더욱 강화되어야 한다. 가족문제의 발생 원인이 가족 내의 취약한 구성원들에 대한 몰이해와 무배려에 기인하는 바가 큼을 볼 때, 현실에 기반하는 가족정책의 발전전략에는 젠더관점에서 여성(더 나아가 아동과 노인을 비롯한 가족 내 취약한 구성원들)의 위치와 역할에 대한 고려가 포함되어야 한다.

셋째, **정책영역의 포괄성 확립**이다.

정책적 대상의 보편주의적 확대와 정책영역의 포괄성을 확립하는 것이 필요하다. 젊은 부모들의 일-가족 양립문제가 증대되고, 인구의 고령화가 가져온 가족 돌봄 기능의 약화는 이제 보편적인 가족문제로 부상되고 있다. 이러한 상황에서 노인부부, 한부모가족이나 다문화가족 및 장애인가족들은 더욱 큰 어려움에 방치되고 있다. 따라서 가족정책의 대상은 보편주의적으로 확대되는 것이 요구되고, 정책적 영역은 아동 돌봄이나 전통적인 가족기능과 관련된 영역으로 제한되어서는 안 된다. 그리고 가족정책은 주거, 노동시장, 문화 등 삶의 영역 전반에서 발생되는 가족문제를 조정할 수 있도록 확장되어야 한다.

2. 건강가정 사업

건강가정사업은 건강가정을 저해하는 문제의 발생을 예방하고 해결하기 위한 여러 가지 조치와 가족의 부양·양육·보호·교육 등의 가정기능을 강화하기 위한 사업을 말한다. 국가 및 지방자치단체는 가정이 원활한 기능을 수행하도록 지원한다. 또한 국가와 지방자치단체는 위기가족 긴급지원에 필요한 비용의 전부 또는 일부를 지원할 수 있으며, 자녀를 양육하는 가정에 대해 보육, 방과 후 서비스, 양성이 평등한 육아휴직제 등의 정책을 적극적으로 확대 시행해야 한다. 아울러 다양한 가족형태를 고려하여 아동양육지원사업을 수립·시행하여야 하며, 아동양육지원사업을 예산의 범위에서 지원할 수 있다.

1) 건강가정사업의 개념

건강가정사업은 국민이 건강한 가정생활을 영위할 수 있도록 하기 위해 필요로 하는 제도와 여건을 국가와 지방자치단체가 시책을 강구하고 추진하는 방법으로 볼 수 있다. 이는 건강가정기본법」에서 정의하고 있는 '건강가정'은 '가족구성원의 욕구가 충족되고 인간다운 삶이 보장되는 가정'을 말한다. 또한 「건강가정기본법」에서는 모든 국민은 이러한 건강가정을 영위할 권리를 지닌 존재이며, 국가와 지방자치단체는 국민들이 건강가정을 위한 제도와 여건을 조성하고 이를 위한 시책을 강구하며 추진하도록 되어 있다.

「건강가정기본법」에서는 국가 및 지방자치단체가 추진해야 하는 건강가정사업을 크게 두 가지 측면으로 설명하고 있다.

첫째, 건강가정을 저해하는 문제의 발생을 예방하고 해결하기 위한 여러 가지 조치이다.

둘째, 가족의 부양, 양육, 보호, 교육 등의 가정기능을 강화하기 위한 사업들을 말한다.

따라서 「건강가정기본법」에서 의미하는 건강가정사업은 가정문제의 해결이라는 사후처리뿐만 아니라 사전예방의 성격을 지니고 있으며, 나아가 적극적으로 가정의 기능을 강화하는 다양한 사업들을 포함하고 있으며 이 사업들은 궁극적으로 건강가정을 지향한다고 볼 수 있다.

「건강가정기본법」에 근거한 건강가정사업의 대상은 다음과 같다.

첫째, 가족의 형태에 따라 구분하기보다는 최근 급변하고 있는 가족의 다양성을 고려하여 다양한 형태의 가정을 포괄하고 있다. 이는 최근 건강가정, 다문화가족지원통합센터의 확대가 말해주듯이 건강가정의 사업의 대상은 가족의 유형과 관계없이 가족이 담당하는 기능을 수행하는 생활단위에 초점을 맞추고 있다고 볼 수 있다. 특, 혼인, 혈연, 입양으로 이루어진 사회의 기본단위로서의 '가족'뿐만 아니라 '가족구성원이 생계 또는 주거를 함께하는 생활공동체로서의 구성원의 일상적인 부양, 양육, 보호, 교육 등의 이루어지는 생활단위'도 포함된다. 이러한 생활단위는 한부모가정, 다문화가정, 미혼부모가정, 조손가정 등 부양, 양육, 보호, 교육 등을 수행하는 다양한 가정까지도 건강가정사업의 대상이 됨을 의미한다.

둘째, 건강가정사업은 가정이 원활한 기능을 수행하도록 지원하는 사업이라는 점에서 건강가정사업의 대상은 가족구성원별 대상에 초점을 맞추기보다는 '가족구성원이 모여 이룬 하나의 단위로서의 가정'을 사업의 대상으로 본다. 건강가정사업의 대상으로 위기가족긴급지원, 자녀양육지원강화, 가족단위복지증진 등 사업의 대상이 개별 가족 구성원이라기보다는 '하나의 단위로서의 가정'에 초점을 맞추고, '가족의 건강증진'을 위하여 지원하는 사업이라고 볼 수 있다.

특히 2017년부터는 건강가정사업에 있어서 추가된 사항으로 가족지원서비스 시 우선적으로 서비스 제공 대상을 명시하고 있는데, 프로그램 제공시 한부모, 조손, 이혼위기 가족 등 가족기능이 약화된 가족 및 저소득 취약계층 가족을 우선 지원하도록 되어 있다.

2) 건강가정사업의 목적과 방향

(1) 건강가정사업의 목적

건강가정사업의 목적은 수요자 중심의 서비스 전달체계를 갖추고 지역주민의 특성을 고려한 맞춤형 가족지원서비스를 제공함으로써 가족의 안정성 강화 및 가족관계를 증진하는 데 기여하는 것이다. 한편, 현대사회는 가족에 대한 통합적 서비스 접근이라는 측면에서 건강가정, 다문화가족지원센터 통합센터가 확대되면서 통합서비스 사업이 활발하게 시행되고 있다. 따라서 통합서비스 사업의 목적은 보다 구체적이고, 가족의 다양성을 지원하는 데 있다. 통합서비스 사업의 목적을 살펴보면 다음과 같다.

첫째, 가족의 유형별로 이원화되어 있는 가족지원서비스를 가족의 유형에 상관없이 한곳에서 다양한 가족에 대한 보편적이고 포괄적 서비스 제공

둘째, 수혜자 중심의 서비스 확대 및 접근성 제고, 지역 여건 및 정책 수요자 특성에 맞는 맞춤형 서비스 강화

셋째, 모든 가족에 대한 가족의 안정성 강화 및 가족관계 증진에 기여

이를 위해 건강가정사업은 어떤 기능을 수행해야 하는가에 대한 문제로 먼저 산업화에 따른 가정의 변화를 살펴본다.

첫째, 부양체계의 와해이다. 가족의 공동생활은 부양관계를 기초로 한다. 부양이란 '혼자 살아갈 능력이 없는 사람을 돌봄'을 뜻하지만 가정생활은 서로를 필요한 존재로 여기면서 서로가 서로를 돕는 가운데 영위된다. 즉 육체적, 정신적 그리고 경제적 요건의 교환관계가 그것이다. 가족부양은 부부간 E는 부모·자식 간에 서로가 서로를 위한 육체적, 정신적 그리고 물질적 지원에서 이루어진다. 따라서 부부나 부모-자식도 애정관계나 양육관계만으로 유지되지 않고, 공생관계의 성격을 지닌다. 부부가 서로를 사랑하고, 자식을 낳아 키우는 것은 사랑 때문만이 아닌 정신적 안위, 역할 보완, 그리고 노후 의존과 같은 보상심리를 내포한다. 그러나 출산율의 저하와 평균수명의 연장은 부양구조를 변화시키면서 일부 가족에서는 부양관계가 단절되는 경우가 늘어나고 있다.

둘째, 의도적 또는 비의도적 가정파괴현상의 급격한 증가이다. 여기서 의도적 가정파되는 이혼을 비롯한 인신매매, 자녀 유괴, 성폭행, 낙태, 가정일탈 및 인명살해 등을 뜻하고, 비인도적 가정파괴는 각종 산업사고, 재해사고 및 교통사고 등을 의미한다. 이러한 가족병리나 사회병리는 그 자체로만 한정되지 않고, 그 피해는 가족해체 및 가족결손으로 이어진다는 데 문제의 심각성이 있다.

셋째, 가족생활에서 가치 혹은 문화의 변화현상이다. 전환기 사회에서의 가족주의는 또다시 변형된 형태로 나타나서 가족이기주의를 표면화시켰다. 즉, 우리 사회의 가족주의는 사회경제적으로 기여한 바가 크다는 점에서 긍정적인 평가를 내리게 하나, 가족이기주의가 강화되면서 사회 전체에 대한 역기능성이 증가된 측면도 있다. 이러한 가족의 변화는 개인적 합리성은 증대시킨 반면 집단적 합리성이 무너진 과정으로 설명되기도 한다(Kim, 1990). 최근에는 가족 이기주의의 강화로 인해 가족의 지위 재생산에 대한 강조 및

다른 가족과의 경쟁을 부추기는 양상을 띠고 있다. 이러한 가족이기주의로 인해 가족의 역기능적 측면이 증대되어 가족의 반사회적인 성격이 강화된다는 지적이 일고 있다. 사회적이고 민주적인 시민을 길러내야 할 가족이 지나치게 자신의 가족만을 중요시할 때 반사회적인 이기적 집단으로 전락하게 되는 것이다.

이러한 가정의 변화와 문제에 대응하여 건강가정사업이 실시되어야 하므로, 구체적으로 그 목적과 기능을 살펴보면 다음과 같다.

① 가정기능의 강화와 자원 개발

가정은 사회의 유지와 발전을 위해 필수불가결한 제도이며, 건강한 가정생활을 보장하는 것이 사회의 주요한 의무가 되고 있다. 특히 도시가족의 급격한 핵가족화, 맞벌이가족의 증가, 농촌가정의 해체 현상, 여성 취업인구의 증대 등 산업화 과정에서 가정은 사상 유래가 없는 중대한 변동을 겪고 있기에 사회의 가정보호 기능은 더욱 중시되고 있다.

특히 현대 복지제도의 역사는 비인격적인 상품시장과 대립되는 전통적인 가족 기능의 보완과 대체, 강화의 역사라 할 수 있다. 인간의 상품화를 전제하는 시장 영역이 커질수록 개개인의 지원과 만족감을 얻을 수 있는 안식처로서의 가정의 중요성은 더해갔으나, 가족구성원을 보호하는 가정의 전통적인 기능, 즉 안식처로서의 기능은 점차 사라지고 있다. 이러한 상품시장의 왜곡을 해독하는 사회적 기제로서 다양한 복지제도의 필요성이 증대되어 왔다고 할 수 있다. 따라서 근대적인 복지제도는 과거에 가정이 맡았던 상부상조의 복지기능이 약화됨으로써 이를 보완하기 위해 태동한 것이라 할 수 있다. 20세기를 통하여 선진국의 복지제도는 본질적으로 가정의 전통적인 보호기능을 대행해주는 대체물로서 성장하여 왔다.

이런 의미에서 한 국가의 복지정책과 가족 혹은 가정정책은 동전의 양면이라 할 수 있다. 국가가 실제적인 가정의 변화를 인정하고 새로운 변화의 방향을 적극적으로 주도했느냐, 아니면 낭만적인 가족 개념을 포기하지 못하고 가족구조의 변화를 병리적인 것으로 인식하여 그 변화를 저지하고 역기능가족을 원조하는 데 주력하였느냐, 하는 기본적인 태도 차이가 20세기 복지국가 유형의 차이를 설명하는 가정 중요한 변수 중의 하나로 자리 잡고 있다(이혜경, 1995).

특히 최근 들어 나타나는 개인주의적 가치관의 만연, 핵가족화, 여성의 사회참여 증가 등으로 인한 저출산 문제, 가족부양기능의 약화 등 제반 사회적 문제에 대한 접근은 기존의 가족책임주의로부터의 탈피를 요구하면서 동시에 국가, 사회의 공동책임주의 의식으로의 전환을 필요로 하고 있다. 이러한 변화는 개인의 생애주기에 걸친 다양한 복지 욕구의 증폭과 함께 새로운 형태로 국가, 사회적 부담을 증가시킬 전망이다. 즉 가족해체와 가족문제 심화를 해결·치료하기 위한 국가의 비용부담이 더욱 늘어날 것으로 예측되며, 이러한 방대한 국가의 비용부담을 감소하는 목적에서라도 제반 가정문제의 예방은 더욱 중요한 의미를 갖게 된다.

② 가정문제의 감소와 위기치료

오늘날 개인들은 가족을 위해서 무엇을 어떻게 해야 하는지 일정한 지침 없이 살고 있고, 개인주의의 확산으로 인한 가족부양의 기피 내지는 가족해체가 지속적으로 증가하고 있다. 따라서 오늘날의 가장 큰 사회적 부담은 급속한 산업화 과정에서 가족해체가 증가됨으로써 사회보호가 필요한 대상이 늘어가고 있다는 점이다.

현재의 가정은 단순히 가족관계의 차원을 넘어서 사회와의 관계에 의한 구조, 기능적 차원에서의 와해 및 해체가 문제시되고 있다. 따라서 가족문제는 단순히 개인이나 가족에게만 영향을 미치는 것이 아니라 사회 전체에 광범위하게 영향을 미치고 순환된다. 따라서 가정문제의 감소는 우리사회의 가정기본적인 과제가 되고 있으며, 정책이나 사회서비스 측면에서도 이를 위한 노력이 있어야만 한다.

사실 가족과 관련된 제반 문제들은 개인, 가족, 사회에 미치는 영향으로 금을 그어 따로 분리시킬 수 있는 것이 아니다. 인간은 개인, 가족, 사회가 연결된 상태에서 살아가기 때문에, 가정문제가 개인에게 영향을 주고 그것이

다시 사회에까지 영향을 미치는 순환작용을 하기 마련이다. 아동, 노인 등 취약계층을 보호하고 부양하는 일차적 터전이 가정이라는 점에서 학대나 유기 등 심각한 가정문제의 발생은 단기적으로 개인의 신체적, 정신적 손상은 물론 장기적으로는 그 영향이 세대를 거쳐 지속되는 등, 사회의 지속적인 불안요소가 되므로 이를 위해서는 보다 신속한 개입과 위기치료가 필요하다. 그러한 의미에서 사회문제 역시 다시 개인이나 가족에게 영향을 주게 되는데, 특히 폭력이나 비인간성이 두드러지게 증가하고 있는 오늘날의 사회현실은 가정 내 위기적 상황의 발생가능성을 날로 증가시키고 있다.

건강가정사업은 이러한 가정문제에 대한 실천적 대안 제시와 서비스를 제공해야 한다는 측면에서 구체적인 사업을 얼마나 창의적이고 효과적으로 이뤄내고 실천하느냐 가 핵심이라 할 수 있다. 따라서 가정문제의 예방과 해결을 위한 대안 제시가 중요시되고 있다. 그러한 의미에서 상담과 교육, 정보제공이라는 사업영역들이 통합적으로 가정문제의 감소와 위기치료에 기능을 발휘할 수 있어야 한다. 즉, 가정문제의 예방과 치료를 위한 상담서비스뿐만 아니라 가족의 기능조정과 역할개발을 위한 관련 서비스 및 기술교육, 가족생활의 역할대행 및 역할지원, 가치관 정립을 위한 가정교육 및 사회교육, 결손가족의 사회보호 및 자활지원, 그리고 가족생활의 보장과 보호를 위한 규범적 또는 제도적 지원 등이 필요하다.

③ 지역사회에 적합한 지역사회 중심의 서비스 제공

건강가정사업을 통하여 가정생활의 유용성을 얼마나 높여줄 수 있으며, 가족의 역량강화에 어떻게 기여하느냐가 중요하다. 이를 위해서 먼저 다양한 가족이 갖는 특성과 복지 요구가 파악되어야 한다. 가족의 구조, 기능 및 가치의 측면에서 어떤 문제를 안고 있으며, 그러한 문제가 나타난 이유와 문제와 관련하여 무엇이 요구되는지를 파악해야 하는 것이다, 따라서 가족의 인구학적 특성과 가족의 복지 요구는 상호 밀접한 관련이 있다. 그것은 가족에서 결혼과 출산, 이동과 출가 그리고 이혼과 사망이 인구현상인 동시에 가족의 변화와 복지요건이 되기 때문이다. 말하자면 가족의 구조적 결손은 인구

현상에 의한 것이고, 기능적 결손은 구조적 결과에 의한 것이라면 복지수요는 이러한 점을 모두 포괄해야 한다.

이와 같은 복지수요는 일차적으로 개별 가정을 단위로 파악되어야 하지만, 건강가정정책 및 사업의 효율성을 위해 지역사회를 단위로 하여 지역사회 내 가족구성의 특성과 이에 근거한 복지욕구를 파악하는 것이 필요하다. 그러한 의미에서 건강가정사업은 영역의 광범위성, 내용의 다양성에 비추어 일정한 중앙 중심 조직만으로 접근하기 어렵다. 따라서 관련 민간조직은 물론 지역사회를 중심으로 하는 자원조직의 구축이 요구된다. 여기서 가장 중요한 점은 지역사회를 중심으로 한 복지체계를 구축하는 것이다. 그것은 가족정책이 정부가 지향하는 특정 목표를 위한 것이 아니라 개별가족의 안정과 생활의 질을 높이기 위한 것이고, 가정복지가 가난하고 문제가 있는 가정만을 대상으로 하는 것이 아니라 모든 가정을 대상으로 가족의 건강관리, 생활개선, 역할지원, 자활지원 및 문제의 예방과 치료 등 다양한 내용을 포괄하기 때문이다.

지역중심의 건강가정사업은 지역사회가 중심이 되어 자체의 여건하에서 복지체제를 구축하고 복지자원을 개발하여 복지기반을 조성하는 것을 의미한다. 즉, 지역사회 내 가족의 독자적 생활을 위한 여건 조성과 가족문제의 예방과 해결을 위한 도움은 물론 보다 나은 생활을 위한 여건 조성 및 지식과 기술을 제공하는 것이다. 즉 복지는 먼 곳에서 추구되는 것이 아니라 일차적으로 개인의 노력과 가족의 협력에 의해서 이룩되며, 이차적으로는 이웃과 지역사회의 협력이 요구된다는 점을 강조하는 것이다.

이러한 지역 중심 복지제도는 정부 주도적 복지제도의 지역화만을 의미하지 않는다.

지역사회가 중심이 되어 지역 특성을 고려한 체제구축과 기반조성을 통한 복지실현이 중요하다. 또한 복지체제는 일정한 모형에 의한 것이 아니라 지역 특성에 알맞도록 구축되어야 한다. 왜냐하면 인구구성, 산업특화 모형, 도농 특성 등에 따라서 가족의 기능, 문제, 문화 등이 큰 차이를 보일 수 있기 때문이다.

(2) 건강가정사업의 방향

건강가정사업의 방향은 요보호가족뿐 아니라 모든 가족구성원을 위한 서비스제공 및 평등하고 민주적인 가족관계를 지향. 가족 전체를 고려한 통합적 서비스, 가족문제 예방, 돌봄 및 가족기능강화를 위한 포괄적 서비스, 그리고, 건강가정 서비스의 전문화를 위한 유관기관과 긴밀한 네트워크를 형성하여 효과적인 서비스 제공에 노력해야 한다. 즉 가족의 안정성 강화 및 가족관계 증진을 목적으로 하는 건강가정사업은 2017년도의 방향성으로 추진되고 있다.

첫째, 평등성하고 민주적인 가족관계를 향상한다. 이는 권위적 가족관계에서 가족 간 평등하고 민주적인 가족관계로 향상시키는 것이다.

둘째, 통합적인 기획·조정기능을 강화한다. 이는 대상이나 문제별로 단편적이고, 개별적인 정책을 시행하는 것에서 통합적으로 정책을 기획하고 조정기능을 강화하는 것이다.

셋째, 가족에 대한 사회적 책임성을 강화한다. 이는 가족문제를 개별가족이 부담하는 것에서 나아가 가족에 대한 사회적 책임성을 강화하는 것을 지향한다.

넷째, 보편성을 지향한다. 이는 요보호 가족 중심의 지원에서 모든 가족에 대한 지원을 지향하는 것이다.

다섯째, 포괄성이다. 이는 가정을 건강하게 하려면 문제 예방, 가정 지원, 문제 치료 서비스가 모두 필요하다. 따라서 건강가정사업에는 예방, 돌봄 및 치료를 포괄하는 서비스를 제공한다.

여섯째, 전문성이다. 건강가정 지원서비스는 고도의 전문성을 요하는 전문적인 일이다. 그러므로 건강가정사업은 전문가가 전문기관에서 수행한다.

일곱째, 예방이다. 건강가정사업은 가족문제를 예방 기능을 강조하는 사전적·예방적 차원의 가족복지 서비스이다.

여덟째, 연계이다. 건강가정사업의 효과성, 효율성, 대외적 신뢰성 증대가정부와 지자체, 그리고 중상센터와 시·군·구 센터의 체계적 업무를 관리 및 운영하는 것이다.

아홉째, 조정이다. 가족과 가정생활과 관련된 지역사회 서비스를 연계하고 조정하는 역할이 필요하다.

3) 건강가정사업의 내용과 영역

(1) 건강가정사업의 내용

① 기본법에 근거한 사업 내용 및 운영

2005년 1월 1일 시행된 건강가정기본법에서는 건강한 가정을 위해 필요한 제도 및 여건의 조성과 이를 위한 각종 시책, 이의 심의 및 추진을 위한 전달체계 등이 제시되어 있다. 또한 국가와 지방자치단체의 책무도 명확히 규정하고 있으며, 무엇보다도 문제 발생의 예방을 강조함으로써 사후 치료적 성격이 강한 한국사회에서 사회정책의 획기적인 변화를 꾀하고 있는 것이 특징이 있다.

a. 공동육아나눔사업

「아이돌봄지원법」 제19조(공동육아나눔터), 「건강가정기본법」 제22조 제1항(자녀양육지원의 강화)

핵가족화로 인해 약화된 가족돌봄 기능을 보완하기 위해 부모들이 모여 육아경험과 정보를 공유하고 소통할 수 있는 공간을 조성하며, 나아가 부모의 육아부담 경감을 위해 지역사회가 참여하는 돌봄공동체를 조성하여 양육 친화적인 사회환경을 구축한다. 아이들 입장에서는 장난감과 도서를 마음껏 이용할 수 있는 놀이공간이 된다.

이 사업의 목적은 지역중심의 양육 친화적 사회환경 조성을 통해 핵가족화로 인한 가족돌봄기능을 보완하고 이웃 간 돌봄 품앗이를 연계하는 것이다.

이 사업은 2016년 말부터 전국 120개 공동육아나눔터가 운영되고 있으며,

여기에는 군 관사 공동육아나눔터 12개소가 포함되어 있다. 주된 이용대상은 18세 미만의 아동과 부모가 해당되며, 이용시간은 월~금요일 오전 10시부터 오후 6시까지로 국한된다. 다만, 취업부모 등을 위한 평일 저녁 및 주말 연장 육아 나눔의 경우는 탄력적으로 운용되기도 한다. 서비스 내용은 아동들의 안정한 돌봄 활동을 위한 장소를 제공해 주거나 부모 및 양육자 · 자녀에게 육아정보를 제공하며, 정보 나눔의 기회를 제공한다.

b. 가족상담사업

가족상담사업은 2017년도 가족상담업무가 가족상담을 원칙으로 하며, 이때 가족상담은 가족체계론적 관점에서 상담을 하는 것을 의미한다. 가족상담의 목적은 가족문제에 대한 해결 및 가족구성원들의 성장과 발달을 통한 가족관계를 향상 및 가족기능의 강화에 있다.

가족상담의 유형은 접근방법에 따라 개인상담, 가족상담, 가족집단상담으로 구분하여 수행하며, 상담내용에 따라 이혼전 · 후상담, 부부상담, 부모 · 자녀상담(부모의 질환문제, 자녀양육문제, 자녀성격문제, 국적 및 문화, 언어차이에서 오는 문제), 그 외 가족상담(사별, 본가와 처가의 갈등, 형제자매의 갈등, 원가족 갈등 등) 가족문제를 상담한다.

상담 방법은 면접상담, 전화 및 사이버상담, 방문상담으로 구분하여 수행하며, 위급상황의 경우에는 상담의 접수순서가 아닌 우선적으로 배치하여 상담하도록 되어 있다. 위급상황은 사회적 재난, 자살시도자의 가족원, 법원 연계 이혼상담, 취약위기가족사례 위기사례로 상담을 연계할 경우, 다문화 사례관리 시 위기사례로 상담을 연계한 경우, 기타 관련 공무원이 위기사례로 연계한 경우 등이다.

상담연계 업무는 가정폭력, 성폭력과 관련된 내담자의 도움 요청 시, 이혼 전후 상담이나 부부상담 시 상담가가 직접적으로 가정폭력을 목격한 경우 1366 등의 전문기관에 연계하고, 상담자가 내담자의 정신건강 등의 문제가 인지될 때에는 반드시 지역 정신건강증진센터 및 정신과와 연계하도록 되어 있다.

c. 워킹맘-워킹대디 지원사업

이 사업은 전국 시 · 군 · 구 건강가정지원센터에서 수행하고 있으며, 전담기관은 6개소이며, 건강가정지원센터 · 다문화가정지원센터 통합서비스 운영기관에서 수행한다.

서비스 대상은 맞벌이가정 중심의 일하는 엄마, 아빠 및 그 가족을 대상으로 하며 사업내용은 맞벌이 가정의 직장생활 지원, 맞벌이 가정의 가정생활을 지원한다.

d. 가족역량강화지원사업

「건강가정기본법」 제21조(가정에 대한 지원) 및 제31조(이혼예방 및 이혼가정지원), 「한부모가족지원법」 제17조(가족지원서비스)

이 사업의 목적은 취약 · 위기가족이 가진 복합적인 문제를 해결 및 욕구해소를 위해 지속적인 사례관리를 통해 가족기능 회복과 정서 · 경제적 자립역량에 대한 강화를 도모하는 데 있다. 2017년 기준 사업수행기관은 전국 17개 시 · 도 47개소이며, 각 사업수행기관은 취약위기가족, 긴급위기가족 지원사업을 모두 수행하고 있다.

주요 지원대상은 2017년도 기준 중위소득 72% 이하(손) 자녀를 둔 취약 · 위기가족(한부모가족, 조손가족, 미혼부자가족, 다문화가족, 북한이탈가족 등 가족기능 및 역량강화를 위해 지원이 필요한 가족), 긴급위기가족, 이혼신청 중인 가족이 해당된다.

지원내용은 심리 · 경제적 자립, 역량강화를 위한 지속적인 사례관리, 정보제공 및 지역사회 지원 활용 · 연계, 부모교육, 가족관계, 자녀양육교육 등 프로그램 및 자조모임, 자녀 학습 · 정서지원, 생활도움 서비스, 긴급 위기지원, 이혼위기가족 특화지원사업이 있다.

서비스 지원과정은 초기상담 ⇒ 사례관리 등록 ⇒ 욕구 및 강점사정 ⇒ 서비스 계획 ⇒ 서비스 제공 ⇒ 서비스 점검 ⇒ 평가 및 종결 ⇒ 사후관리로 이루어진다.

e. 찾아가는 부모교육사업

「건강가정기본법」 제26조(민주적이고 양성평등한 가족관계의 증진), 「건강가정기본법」 제323조(건강가정교육)

이 사업은 부모교육 사각지대를 최소화하기 위해 중소기업, 군부대 등 부모교육 접근이 취약한 지역 및 계층으로 대상을 찾아가서 부모교육을 실시하는 것이다. 이 사업은 2017년 기준으로 전국의 건강가정지원센터 64개소와 건강가정 · 다문화가족 통합운영기관 101개소에서 운영하고 있다.

이 사업의 수행방법은 찾아가는 부모교육을 안내하고 홍보하며, 부모교육 희망기관에서 각 지역 사업수행기관으로 교육을 신청하거나 사업 수행기관에서 부모교육 대상자에 적합한 전문강사를 선정하여 해당기관을 방문, 교육을 실시한다. 주된 프로그램의 내용으로는 가족갈등 예방 및 해소방법, 부모의 역할, 자녀의 이해 및 양육방법 등을 다루고 있다.

f. 가족행복드림사업

「건강가정기본법」 제26조(민주적이고 양성평등한 가족관계의 증진), 「건강가정기본법」 제323조(건강가정교육), 관계부처합동 '부모교육 활성화 방안'(2016.3.29)

이 사업의 목적은 취약가정 부모를 대상으로 1:1 맞춤형 교육 · 상담 등 서비스 제공으로 자녀 양육에 대한 역량 및 부모 역을 강화하는 데 있다. 센터 1개소당 연 20~30가정을 담당하고 있으며, 전국 건강가정지원센터 17개소에서 사업을 수행하고 있다.

주요 지원대상은 만 18세 미만 또는 고등학교 재학 이하의 자녀를 둔 가족 중 가족해체, 가족관계 단절, 가정폭력 및 아동학대의 우려가 있는 취약가족으로 자녀 양육에 복합적인 어려움을 가지고 있어 집중적인 부모교육과 상담이 필요하다고 판단되는 가구는 우선적으로 지원한다.

지원 내용으로는 부모교육 및 가족상담, 생활지원, 정보제공 및 지역사회 연계 등으로 이루어진다. 지원 기간은 1년 이내의 사례관리 기간 동안 전문상담사를 파견하여 부모교육을 하거나 가족 상담을 한다.

② 건강가정사업의 가족주기 접근방법별 사업 내용 및 운영

가정은 확대, 축소 등의 단계를 거쳐 장기적으로 유지 발전되어야 한다는 측면에서 주기별 특성에 따른 적응과 문제해결이 요구된다. 따라서 건강가정사업 역시 가족생활주기별 접근방식이 필요하다.

a. 예비부부 및 결혼 초기 부부를 위한 위기 예방 및 적응관리 사업

- 예비부부를 위한 결혼 및 적응교육, 건강한 혼례 문화 교육
- 신혼기 부부를 위한 위기 예방교육, 초기 갈등 상담 및 치료(온라인 및 오프라인)
- 맞벌이 부부 및 영아기 부모를 위한 결혼상담 요원의 파견 및 지도
- 자조조직 결성 및 네트워킹

b. 지역 특화된 출산 및 양육지원 사업

- 건강한 출산문화 조성사업
- 출산지원사업: 지역별 인구 특성 분석을 통한 가정 기반 인구구조 유지 지원사업
- 일-가정 양립을 위한 보육지원사업
- 출산과 양육을 도와주기 위한 가족친화문화의 조성과 지원(가족친화지원센터, 가족친화마을조성 등)

c. 학령기가정 관리 및 지원사업

- 맞벌이가정 자녀의 학업, 정신건강, 부모-자녀 관계 지원사업
- 사춘기를 앞둔 자녀와의 바람직한 관계 형성을 위한 부모교육
- 건강한 교육열 확산들을 위한 가정공동체 인식개선 사업

d. 수험생 가정 관리 및 지원사업

- 수험생가정의 스트레스 관리 프로그램
- 수험생가정의 정보 지원 및 상담
- 수험생 가족의 부부관계 강화를 위한 교육 및 상담

e. 중년기가정 안정화 지원사업

- 중년기 적응을 위한 부부교육
- 실업 및 지출 증가 대비 가족자원 극대화 프로그램
- 중년기 가족 사회동참 프로그램(지역 문화 창출 등에 기여)

f. 고령화사회 대비 노년기가정 관리 및 지원사업

- 노년기가정 생활설계 지원사업 : 은퇴, 사별 적응 전략 모색
- 세대 간 연결 프로그램 등 개인, 가족 단위 노인여가활동 지원사업
- 노인가족 경제 안정화 프로그램 개발 및 지원(관련 기관과 연계)
- 노인가족 자원봉사 역량개발 및 사회환원 지원사업

② 건강가정사업의 생태학적 접근방법별 사업 내용 및 운영

가족은 개인과 사회의 연결 고리로서, 개인 구성원의 복지와 안녕을 통하여 사회안정화를 달성하도록 하는 중요한 기능을 한다. 따라서 가족을 둘러싼 다양한 환경과 그 환경 간의 상호작용이 요구되므로 건강가정사업 역시 생태학적 접근방식이 필요하다.

a. 개인단위 사업

- 생애주기별, 연령별 가족구성원 적응교육 및 상담
- 위기 구성원에 대한 문제해결 지원 프로그램

b. 가정단위 사업

- **가정생활관리 프로그램의 제도적 정착 및 효율화 사업**
  - 성공적 부부생활을 위한 장기결혼 계획수립 지원 및 상담(건강가정지수 등 표준화 프로그램 개발 포함)
  - 건강가정 등록제 실시(평생관리, 토털 관리제도 지향)
  - 결혼상담 요원 육성 및 활용
  - 자녀의 성장 주기별 자녀양육 및 지원 프로그램

- **위기가정 지원프로그램**
  - 가족위기에 대한 대응 교육
  - 위기가정 유형별 상담 전문화 및 지원(가족회복센터 등 포함)
  - 위기 재현 방지를 위한 지원 프로그램 개발 실시
  - 위기가정의 지지집단(옹호집단) 구축
  - 위기가정 자조모임이나 결연사업 활성화
- **예비가족교육 및 결혼 형성기 부부 적응 교육**
- **가족 단위 여가문화 확산 지원**
- **의식주 생활문화교육**

c. 사회단위 사업

- **가족문화 강화를 통한 사회 안정화 사업**
  - 가족가치 강화를 위한 캠페인
  - 가족 위해요소 제거를 위한 매스컴 감시 및 지원 프로그램
- **가족 친화사회로의 전환**: 가족친화기업 우대, 가족친화마을 형성 등

d. 개인-가족 연계사업

- 맞벌이가정의 보육지원 프로그램: 아이돌보미 질적 수준 강화, 공동육아 확산, 보육전문가 파견사업 등
- 가사노동 가치제고 프로그램
- 치매노인가족, 장애아가족 등을 위한 가족간호 지원 프로그램
- 세대통합 프로그램

e. 가족-사회연계사업

- 도농 가정 교류 및 협동 프로그램
- 사이버 공동체 가족운동
- 합리적인 의례생활 추진운동
- 가족 단위 자원봉사문화 확대
- 한부모 등 요보호 대상 가정 지원 프로그램(차상위계층 지원 포함)

- 위기가정 및 기능 결핍가정에 대한 가정봉사원 지원
- 가족친화 인증제 확대 가족친화기관 지원정책

f. 개인-가족-사회연계사업

- 자녀양육, 노인부양 등 가정의 부담을 완화시키기 위한 범 자원 발굴, 정책개발, 연계, 네트워킹
- 건강가정 관련 정보 제공 및 DB구축
- 상담기관 one-stop 연계 시스템 구축
- 건강가정 관련 민간단체 지원, 민관 네트워킹
- 가족생활 실태조사, 가족변화 및 다양성 대응방안 조사연구
- 합리적인 가족 관련 제도 및 법규 제, 개정 운동

(2) 건강가정사업의 영역

전국의 가족센터는 가족문제의 예방과 해결을 위한 가족돌봄나눔사업, 생애주기별 가족교육사업, 가족상담사업, 가족친화문화조성사업, 정보제공 및 지역사회 네트워크 사업을 추진하고 있다. 일반가족은 물론 한부모가족, 조손가족, 다문화가족, 일탈청소년가족, 군인가족, 수용자가족, 맞벌이가족, 이혼 전·후 가족 등의 다양한 가족지원을 위한 상담, 교육 및 문화 프로그램이 결합된 맞춤형 통합서비스를 제공한다. 또한 아이돌보미 지원, 공동육아나눔터사업 등의 돌봄지원사업, 취약가족과 위기가족을 위한 취약·위기가족지원사업, 미혼모·부자 가족지원사업, 기타 타 부처와 유관기관과의 협력사업 등을 통해 다양한 가족 사업을 수행하고 있다. 이를 사업주체별로 분류하면 아래와 같다.

① 가족돌봄나눔

- 모두가족봉사단
- 모두가족품앗이
- 아버지-자녀가 함께하는 토요일프로그램

- 아이돌봄서비스
- 공동육아나눔터

② 가족교육(생애주기별 조·부모교육)

- 예비/신혼기 부부
- 결혼준비교육
- 학년전/학년기, 청소년 자녀를 둔 부모교육
- 중년기, 노년기 교육

▌남성대상교육

- 아버지교육, 찾아가는 아버지교육
- 남성대상 돌봄참여 및 자기돌봄교육

③ 가족(집단)상담

- 이혼전 · 후 가족상담
- 부모자녀 상담
- 부부상담
- 재혼가족 상담
- 고부갈등 상담
- 가족관계에 의한 갈등 상담 등

④ 가족문화

- 가족사랑의 날 프로그램
- 가족여가 프로그램
- 지역참여 및 나눔 행사
- 건강가정 관련 캠페인 등

⑤ 다양한 가족 통합지원

- 한부모가족
- 조손가족
- 다문화가족
- 맞벌이가족
- 장애아를 둔 가족
- 북한이탈주민가족
- 군인가족
- 1인가구
- 재혼가족

⑥ 지역사회연계

- 지역사회 협의체 연계
- 센터사업 유관관계 연계

4) 건강가정 사업의 평가

여성가족부는 3년마다 평가계획을 수립하여 건강가정지원센터 운영 및 사업에 대하여 평가를 실시하고 있다.

평가 추진체계는 여성가족부에서 건강가정지원센터 평가를 총괄하고 있으며, 시 · 도 지방자치단체는 시 · 도 공무원 평가위원 추천 및 평가 관련 협력을 담당한다. 평가 수행기관은 평가 전반에 관한 평가실무를 총관하고 현장평가단, 포코스 그룹, 평가지원단 등으로 구성된 평가위원회를 운영한다.

평가과정은 센터에서 자체적으로 평가를 실시한 후 자체평가보고서를 제출하고, 평가기준에 대한 평가위원 워크숍, 사전평가 실시, 현장방문 평가 실시, 확인 평가 실시, 평가점수 개별 고지 및 이의신청 그리고 평가결과가 분석 및 평가보고서 발간, 우수센터 포상 및 사후관리의 과정으로 이루어진다.

Chapter

04

건강가정사업의 전달체계와 프로그램

1. 건강가정사업의 전달체계
2. 건강가정사업 프로그램

1. 건강가정사업의 전달체계

1) 전달체계의 개념

건강가정사업 및 서비스 전달체계는 정책이 구체적인 서비스로 전환되어 이용자들에게 효과적으로 전달하기 위한 공적·사적 조직으로(조희금 외, 2013), 서비스 전달체계가 잘 구축되어 있을 때 서비스의 효율성 및 효과성을 높일 수 있고, 대상자의 욕구에 맞는 적절한 서비스가 제공될 수 있다. 이에 건강가정사업 및 서비스를 실제적이고도 잠재적인 이용자와 수요자에게 전달하기 위한 모든 공·사의 조직적 장치로 이해할 수 있으며, 건강가정기본법에 근거한 건강가정 전달체계는 '건강가정지원센터'로 대표될 수 있다. 건강가정지원센터는 건강가정기본법에 따라 전국에 설치되는데, 건강가정 기본법에 제시된 내용은 아래와 같다.

제34조(건강가정사업의 전담수행) 여성가족부 및 지방자치단체는 건강가정사업에 관한 업무를 전담하여 수행할 수 있도록 하여야 한다. <개정 2005.3.24., 2008.2.29., 2010.1.18., 2011.9.15.>

제35조(건강가정지원센터의 설치) ①국가 및 지방자치단체는 가정문제의 예방·상담 및 치료, 건강가정의 유지를 위한 프로그램의 개발, 가족문화운동의 전개, 가정 관련 정보 및 자료제공 등을 위하여 건강가정지원센터(이하 "센터"라 한다)를 설치·운영하여야 한다. <개정 2011.9.15.>

이와 같은 여성가족부와 지방자치단체는 건강가정사업을 전담하여 수행할 수 있는 행정조직 및 건강가정지원센터를 마련해야 하고, 건강가정지원센터는 건강가정사업을 직접 수행하게 된다.

건강가정정책 추진을 위한 사업 주체별 역할은 중앙정부 조직인 여성가족부는 건강가정지원센터의 기본운영에 대한 계획을 수립하고, 사업비 교부 및 정산, 평가, 건강가정지원센터에 대한 관리감독 및 지도를 수행한다. 시 · 도 및 시 · 군 · 구 등의 지방자치단체는 중앙정부인 여성가족부와 시 · 군 · 구간의 연계 역할, 시 · 도 및 시 · 군 · 구 건강가정지원센터 설치 및 운영지원, 관리 · 감독 등의 역할을 수행한다.

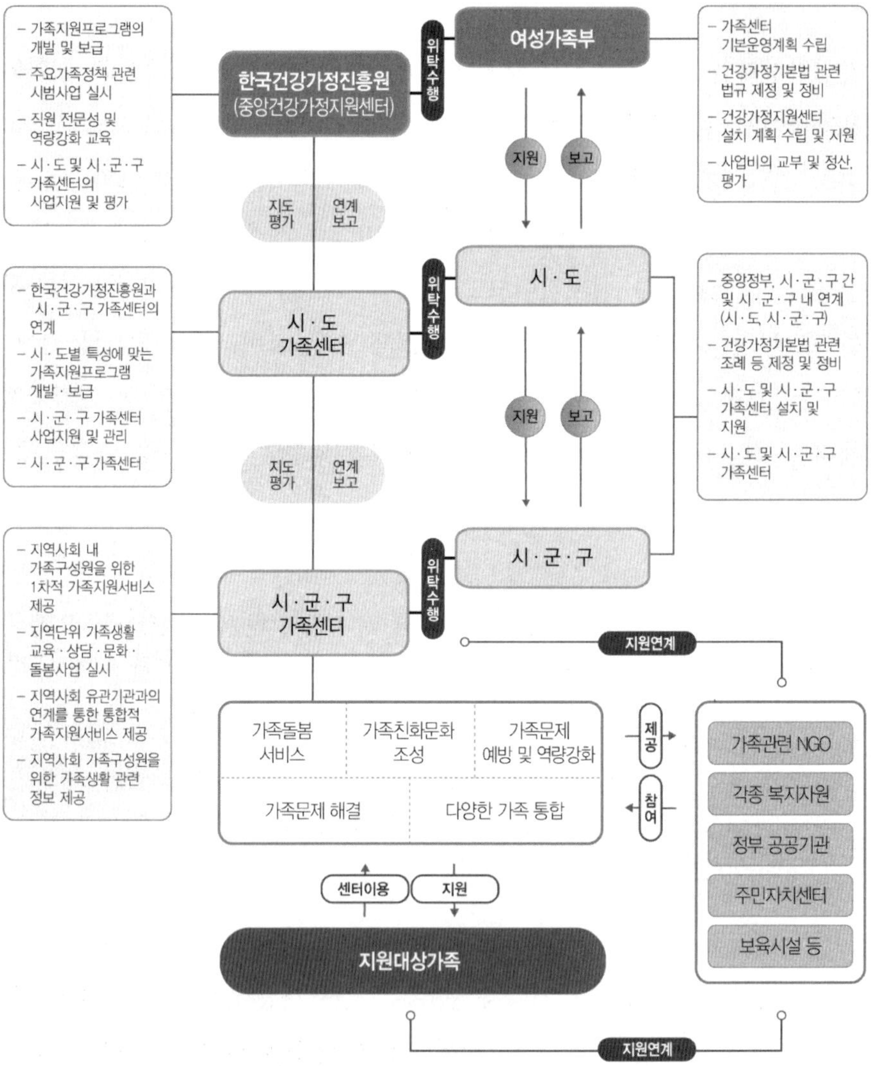

출처: 여성가족부(2020b). 가족사업안내 Ⅱ.

[그림 4-1] 건강가정지원센터 추진체계

건강가정사업을 직접 수행하는 건강가정지원센터는 한국건강가정진흥원, 시도(광역) 건강가정지원센터, 시군구 건강가정지원센터의 세 계층으로 설치 운영되고 있으며, 운영되고 있으며, 사업 주체별 역할은 [그림 4-1]과 같다.

2) 건강가정지원센터 네트워크 구축의 개념 및 필요성

네트워크란 어떠한 일이나 문제점을 처리하는 데 있어서 각 기관들끼리 긴밀하게 연결되어 조직적·효율적으로 움직일 수 있도록 만든 체계를 말한다. 즉, 조직 간의 사회적 관계를 구축 및 유지하도록 상호작용하는 활동과 공동의 목적을 달성하기 위해 참여하는 부분들 간의 협력이나 상호작용을 의미한다.

건강가정사업적 의미에서 네트워크는 연결의 한 형태로서, 건강가정 서비스를 제공하는 관련 기관 및 시설에 대상자를 의뢰하거나 협조를 요청하여 지속적으로 서비스를 받을 수 있도록 연결하는 것으로 서비스 연결이라는 점을 보다 구체적으로 부각시키고 있다. 건강가정지원센터의 네트워크 구축사업은 건강가정기본법 제10조에는 국가 및 지방자치단체는 건강한 가정 구현에 기여할 수 있도록 지역사회 자원을 최대한 개발하고 활용하여야 한다고 명시되어 있다(박현식, 2006). 또한 건강가정지원센터의 사업영역은 가족 돌봄·나눔, 가족상담, 가족교육, 가족문화, 다양한 가족통합서비스, 지역사회연계로 구분하고 있다. 이러한 영역별 사업을 효과적으로 수행하기 위해서는 지역 유관기관과 연계가 필요하며 이러한 연계를 통한 조직성과의 제고를 위한 사업이 바로 네트워크이다. 따라서 건강가정지원센터의 네트워크 구축은 생활과학에서 활발히 적용되는 체계적 관점에서 접근함으로써 그 의미와 필요성을 강조할 수 있다. 이는 하나의 체계로서 건강가정지원센터, 그리고 다른 유관기관, 나아가 건강가정지원센터를 둘러싸고 있는 지역사회 환경과의 맥락에서, 상호 의존적이면서도 각 기관과 환경이 따로 기능하는 것이 아니라 상호 관련을 맺으면서 공동의 목표를 달성해 가는 과정의 중요성을 강조할 수 있다(조희금 외, 2002). 이때 자원을 중심으로 한 상호의존성과 공유, 체계와

체계 간 그리고 체계와 환경 간의 연계, 통합과 협력에 대한 요구의 조정과 같은 체계적 접근의 중요 개념들이 건강가정지원센터와 다른 유관기관 간 네트워크 구축, 자원 공유와 활용 등에 적용될 수 있다. 이와 같이 체계적 관점에서 건강가정지원센터의 네트워크 구축은 다양한 욕구와 문제 개입을 위해 자원을 공유함으로써 서비스의 중복을 피하고 그 범위가 확장될 수 있다는 효과를 동시에 실현할 수 있다. 이를 바탕으로 건강가정지원센터 구축의 필요성을 간략하게 요약하며 아래와 같다.

▌ 건강가정지원센터 네트워크 구축의 필요성

- 지역사회 내에서 건강가정지원센터의 역할과 기능을 확고히 하고, 계획한 사업을 성공적으로 수행하기 위해서는 지역사회 내 유관기관과의 네트워크 구축이 필요하다.
- 지역 클라이언트들의 다양한 욕구들을 효과적으로 충족시키기 위해서는 건강가정 서비스의 다양성이 필요하다.
- 편성된 예산과 인력을 고려해 볼 때, 건강가정사업의 원활한 진행과 효과성을 높이기 위해서는 각 분야의 전문인력 확보가 보장되어야 한다.
- 건강가정사업의 중복과 누락의 한계를 보완하기 위해서는 사업 간 연계와 기관 간 연계 등을 통하여 통합적인 건강가정 서비스를 체계적으로 제공해야 한다.

3) 건강가정사업 전달체계의 조직

건강가정사업 전달체계의 대표 조직인 건강가정지원센터는 여성가족부가 시행하는 가족정책의 주요 전달체계로서 다양한 가족지원정책을 제안 및 실행하기 위해 설립된 기관이다(「건강가정기본법」 제35조). 한국건강가정 진흥원의 조직표는 그림과 같다.

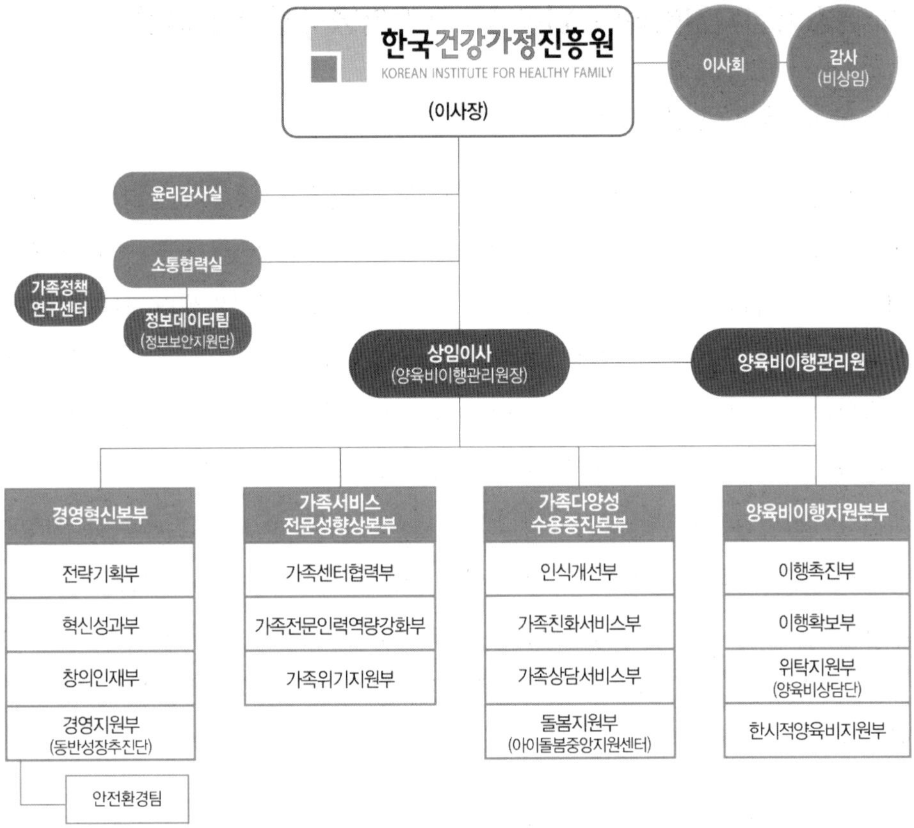

출처 : 한국건강가정진흥원 홈페이지

[그림 4-2] 한국건강가정 진흥원 조직도

2005년부터 시행된 「건강가정기본법」에 따라 가족정책의 전달체계로서 정부의 가족정책 추진방향에 부응하여 건강가정 사업을 실시하도록 설립되었다. 국가 및 지자체는 가정문제의 예방 · 상담 및 치료, 건강가정 유지를 위한 프로그램의 개발, 자족문화운동의 전개, 가정 관련 정보 및 자료 제공을 위하여 중앙, 시 · 도 및 시 · 군 · 구에 건강가정지원센터의 설치 및 운영을 의무적으로 해야 한다.

4) 건강가정지원센터의 업무 및 건강가정사업 프로그램

(1) 한국건강가정진흥원의 업무

건강가정지원센터의 사업지원 및 평가를 담당하는 한국건강가정진흥원은 여성가족부 산하 특수법인으로 가족지원프로그램 개발 및 보급, 직원의 전문성 및 역량강화 교육, 시 · 도 및 시 · 군 · 구 건강가정지원센터 사업을 총괄하는 업무를 담당하고 있다. 주요사업으로는 아이돌봄 지원사업, 법원연계 이혼위기가족 회복지원사업, 권역별 미혼모 · 부자 지원 기관 운영지원 사업, 공동육아 나눔터 사업, 워킹맘 · 워킹대디 지원사업 등이 있다.

건강가정사업 전달체계의 조직 및 인력을 살펴보면, 여성가족부의 여성가족정책실은 여성가족정책실장 아래 양성평등담당관, 영유아 담당관, 아이돌봄 담당과, 아동담당과, 가족다문화담당관, 1인가구 담당과, 아동복지센터 등의 6 담당관, 1사업소, 1출연기관으로 조직되어 있다. 부서별 주요업무는 아래 표와 같다.

| 표 4-1 | 건강가정사업 부서별 주요업무

부서	주요업무
양성평등 담당관	• 엄마아빠행복 프로젝트 추진 총괄 관리(정책네트워크 구축 및 운영, 방송 등 홍보 총괄) • 양성평등정책 계획 수립 및 시행 • 경력보유여성 등 경제활동촉진 • 성폭력 · 성매매 · 스토킹 · 디지털성범죄 피해자 보호 및 지원 • 서울시 직장 내 성희롱 · 성폭력 예방 및 사건조사 · 처리
양육행복 추진반	• 엄마아빠행복 프로젝트 사업 추진 및 신규사업 발굴 • 서울엄마아빠 만능양육포털(만능키) 구축 및 서울키즈 오케이존 추진 • 서울엄마아빠VIP존 및 가족화장실 가이드라인 수립 등 조성 지원
영유아 담당관	• 보육정책 개발 및 보육 인프라 확충, 공공성 강화(서울형어린이집/모아어린이집 등) • 틈새보육, 장애아, 다문화어린이집 등 수요자 맞춤형 보육서비스 강화 • 서울형 전임교사, 보육교사 근무 여건 개선 등 보육교직원 권익 증진사업 • 어린이집 아동학대 예방, 감염병 대응 등 안심보육 환경조성
아이돌봄 담당관	• 아이돌봄 정책개발, 서울형 아이돌봄비 지원사업 • 유형별 우리동네키움센터 설치 · 운영, 아이돌봄 협력사업 추진 • 서울형 키즈카페 설치 · 운영, 권역별 서울상상나라 확충 및 운영

부서	주요업무
	• 아이돌보미 등 지원사업
아동담당관	• 아동친화도시 계획 수립 및 시행 등 아동정책 수립 · 지원 • 아동학대 예방 및 대응, 입양 및 가정위탁아동 지원 • 자립준비청년(보호종료아동) 자립 지원, 아동복지시설 등 운영 · 관리 • 지역아동센터 운영 지원 및 공공성 강화
가족다문화 담당관	• 건강가정시행계획 수립 및 지원사업 운영, 가족센터 운영 • 저출생 대응 정책개발 및 계획 수립, 결혼 · 임신 · 출산 가정 지원 • 한부모 지원시설 운영 및 저소득 한부모가정 지원 • 다문화가족 정책 계획 수립 및 지원사업 운영 • 가정폭력 피해자 및 폭력피해 이주여성 보호 및 지원 • 외국인주민 지원사업 및 시설 운영
1인가구 담당관	• 서울시 1인가구 정책 총괄, 정책 자문위원회 및 서포터즈 운영 • 자치구 1인가구 지원센터 등 사회관계망 형성 및 맞춤형 프로그램 지원 • 병원안심동행, 단기돌봄, 행복한 밥상 등 생활밀착 서비스 제공 • 안심마을보안관, 안심장비 지원, 불법촬영 대책 등 범죄 안심환경 구축 • 전 · 월세 안심계약도움서비스 등 주거불안 해소

① 아이돌봄 지원사업

아이돌봄 지원사업은 만 12세 이하 아동을 둔 맞벌이가정 등에 지원하는 서비스로 취업 부모들의 양육부담을 경감하고 가정에서의 개별양육을 희망하는 수요에 탄력적으로 부응하기 위해 가정으로 아이돌보미를 파견하여 가정 내 개별 돌봄 서비스를 제공하는 사업이다(「아이돌봄 지원법」, 2022.1.1. 시행, 법률 제19129호, 2022.12.27. 일부 개정).

a. 사업 목적

아이돌봄 지원사업의 목적은 가정의 아이돌봄을 지원하여 아이의 복지증진 및 보호자의 일 · 가정 양립을 통한 가족구성원의 삶의 질 향상과 양육친화적인 사회환경을 조성하는 것이다(아이돌봄지원법 제1조).

이는 가족구성원의 삶의 질을 향상하기 위해 영유아의 안전한 보호와 방과 후 아동돌봄 실시, 개별 가정 특성 및 아동발달을 고려한 방문 아동돌봄 서비스, 부모의 일 · 가정 양립취업 부모, 야간 · 주말 등 틈새 시간 '일시 돌봄' 및 '영아종일돌봄' 등 수요자가 원하는 서비스를 확충하고, 돌봄 자원 창출아이돌보미, 육아 · 돌봄에 대한 의사가 있는 여성들을 대상으로 교육지원과 능력개발을 제공하여 사회서비스 수요와 연계를 활성화한다.

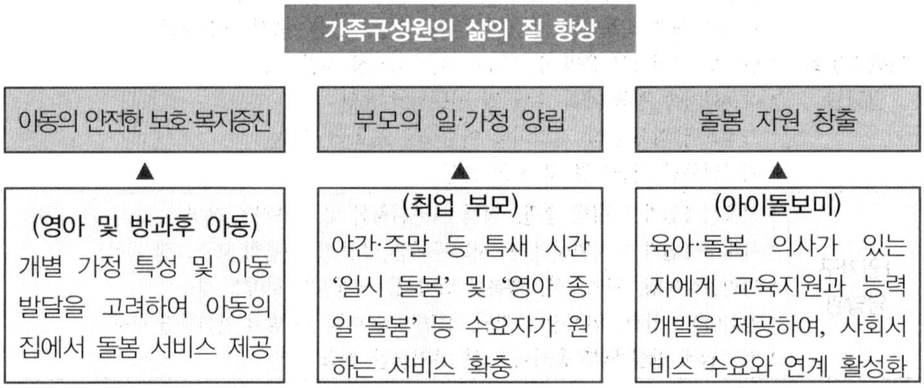

출처 : 여성가족부.

[그림 4-3] 가족구성원의 삶의 질 향상

b. 사업 내용

- **아이돌봄서비스 종류 및 돌봄 대상**
  - 영아종일제서비스 : 생후 3개월 이상 ~ 만 36개월 이하 영아
  - 시간제서비스 : 생후 3개월 이상 ~ 만 12세 이하 아동
- **기본형 및 종합 형으로 구분**
  - 질병감염아동지원서비스 : 법정 전염성 및 유행성 질병에 감염된 만 12세 이하의 시설 이용 아동
  - 기관연계서비스 : 사회복지시설, 학교, 유치원, 보육시설 등의 만 0세~12세 아동

- **아이돌보미 현황** (단위: 명)

2018	2019	2020	2021	2022
23,675	24,677	24,469	25,917	26,675

• **서비스 제공기관 현황** (2022년 12월 기준, 단위: 개소)

계	건가·다가 통합센터	건강가정 지원센터	다문화가족 지원센터	여성단체 여성인력	지자체 직영	사회 복지관	자활 센터	기타
227	150	13	3	7	16	5	4	29

• **이용자 현황**

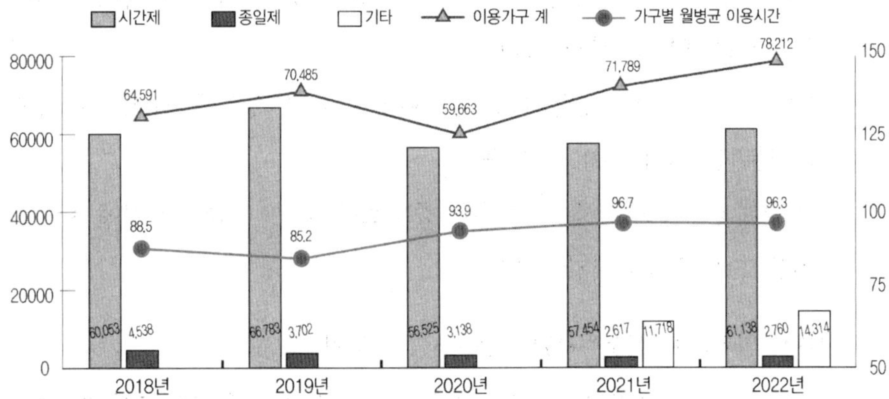

구분	2018	2019	2020	2021	2022
시간제	60,053	60,783	56,525	57,454	61,138
종일제	4,538	3,702	3,138	2,617	2,760
이용가구 계	64,591	70,485	59,663	71,789	78,212

c. 서비스 신청

• **정부 지원 가구** : 읍·면사무소, 동 주민센터에 정부지원 신청 및 소득유형 결정 후 지역 서비스 제공기관에 서비스 연계 신청

단, 복지로(www.bokjiro.go.kr)를 통한 신청은 맞벌이가정(직장건강보험 가입자) 및 한부모가족지원법에 의해 등록된 취업 한부모가정(직장건강보험가입자)만 공인인증서를 통해 신청 가능

• **정부 미지원 가구**(본인부담): 지원유형 결정(소득판정) 없이, 아이돌봄 홈페이지 가입 후 서비스 신청 및 이용 가능

• **서비스 신청** : 아이돌봄 홈페이지(idolbom.go.kr) 이용, 대표전화 1577-2514

- 공통사항 : 아이돌봄서비스 이용을 위해서는 서비스 신청인 명의의 국민행복카드 필요

• **서비스 내용**

• (시간제 서비스) 만 3개월 이상~만 12세 이하 아동을 대상으로 필요한 만큼 시간단위로 보육, 놀이, 등·하원 등 돌봄 제공('07~)
  - 지원대상 및 지원시간 : 기준 중위소득 150% 이하 가정에 이용요금 차등지원, 연 960시간 이내

• (영아종일제 서비스) 만 3개월 이상~만 36개월 이하 영아를 대상으로 영아돌봄과 관련된 돌봄 서비스 제공
  - 지원대상 및 지원시간 : 기준 중위소득 150% 이하 가정에 이용요금 차등지원, 월 200시간 이내

d. 취약, 위기가족 돌봄 지원(가족역량강화지원)사업

• **지원대상** : 기준중위소득 72% 이하 취약·위기가족, 가족기능이 취약한 한부모가족, 조손가족, 미혼모·부자가족, 북한이탈가족 등 포함, 가족기능 및 역량강화를 위해 지원이 필요한 저소득 취약가족, 긴급 위기가족(가정폭력, 이혼, 자살, 사망, 사고, 경제적 및 사회적 위기사건을 직면한 위기가족)

• **지원내용**: 심리·경제적 자립, 역량강화를 위한 지속적인 사례관리, 부모교육, 가족관계, 자녀양육교육 등 프로그램 및 자조모임, 정보제공 및 지역사회 자원활용·연계, 자녀학습· 정서지원(배움지도사 파견 지원), 생활가사지원(키움 보듬이 파견 지원), 1:1 부모교육 및 가족상담(전문상담사 파견 지원), 긴급위기지원(긴급 심리· 정서지원-지지리더 파견지원, 긴급가족돌봄지원, 가족역량증진지원)

③ 법원연계 이혼위기가족 회복지원

법원과 연계하여 이혼신청 가정에 대한 이혼상담, 교육문화서비스를 제공함으로써 부부의 신중한 이혼의사결정 지원 및 이혼의 과정에서 미성년 자녀가 겪는 심리·정서적 불안과 고통을 최소화하고 가정 및 학교생활의 적응력 제고한다.

④ 권력별 미혼모 · 부자 지원기관 운영지원사업

미혼모 · 부가 자녀를 스스로 양육하고자 할 경우 초기위기에 대처할 수 있도록 상담, 출산비 등 병원비, 교육문화프로그램 및 자조모임 등 서비스를 제공함으로써 양육 및 자립 지원한다.

⑤ 공동육아나눔터사업

지역의 육아를 담당하는 부모들이 함께 자녀를 양육할 수 있는 공동육아나눔터, 가족이 가진 자원을 나누는 가족품앗이 활동을 지원하는 가족친화문화 형성에 기여하는 사업이다.

⑥ 워킹맘 · 워킹대디 지원사업

- 직장 내 고충 및 가정 생활정보 등 맞벌이가정에서 느끼는 일 · 가정 양립의 어려움 해소를 위한 원스톱 지원서비스 제공한다.
- 직장 고충상담 및 컨설팅, 가족상담 및 정보제공, 생애주기별 자녀교육, 워킹맘 소통 커뮤니티 지원이 있다.

(2) 시 · 도 건강가정지원센터의 업무

시 · 도(광역) 건강가정지원센터는 시 · 도별 특성에 맞는 가족지원프로그램 개발 및 보급을 한다. 시 · 군 · 구 건강가정지원센터 사업지원 및 관리 등을 담당하고 있으며, 시 · 도 건강가정지원센터가 속한 지방자치단체와 연계하여 운영된다. 예를 들면, 서울특별시 가족담당관 가족정책팀은 서울시 건강가정지원센터와 연계하여 서울시 특성에 맞는 건강가정사업을 추진하게 된다. 시 · 도 건강가정지원센터는 시 · 도와 협의하여 센터장 외 교육지원팀, 사업지원팀, 홍보협력팀, 행정 지원팀 등 필요에 따라 조직을 구성할 수 있다(여성가족부, 2015).

(3) 시 · 군 · 구 건강가정지원센터의 업무

시 · 군 · 구 건강가정지원센터는 지역사회 내 가족 구성원을 위한 직접적인 가족지원서비스를 제공하며, 시청, 군청, 구청에 구축되어 있는 가정복지관, 여성가족과 등의 조직과 연계하여 운영된다. 시 · 군 · 구 건강가정지원센터는 센터장, 가족상담팀, 가족교육팀, 가족문화팀, 가족돌봄팀 등 사업수행을 위해 필요한 팀을 둘 수 있다(여성가족부, 2020b). 시 · 군 · 구 건강가정지원센터 조직 및 업무 구성의 예는 다음과 같다(서울시건강가정지원센터).

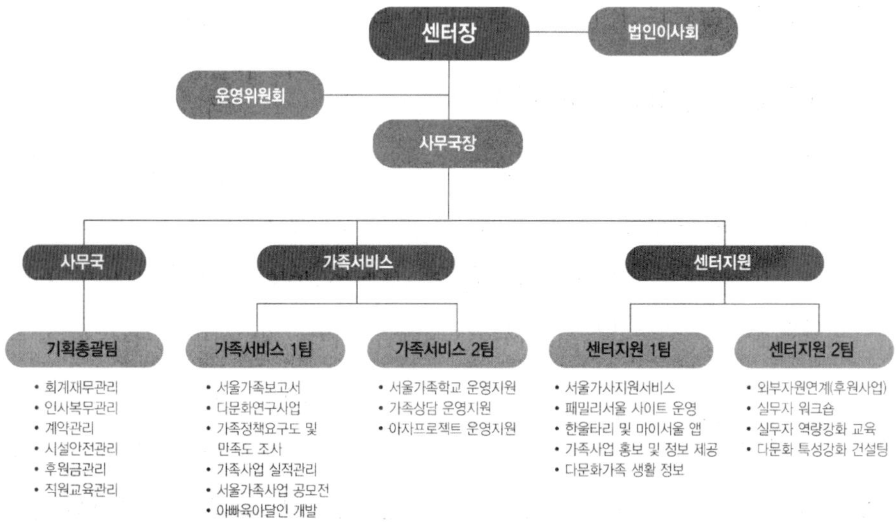

출처 : 서울시 건강가정지원센터

[그림 4-4] 서울시 건강가정지원센터 조직도

(4) 시 · 군 · 구 건강가정 · 다문화가족지원센터의 업무

현재 상당수의 건강가정지원센터가 건강가정 · 다문화가족지원센터로 전환하여 통합서비스를 제공하고 있다. 통합서비스 운영기관인 건강가정 · 다문화가족지원센터의 업무는 다음과 같다(여성가족부, 2020b).

① 통합서비스 운영기관의 사업 방향

통합서비스 운영기관의 사업은 지역사회 가족지원 서비스 대상자를 확대하고 가족문제에 대응할 수 있는 능력을 강화하는 방향으로 추진된다. 또한 다양한 가족의 특성과 생애주기별로 맞춤형 서비스를 강화하고, 일 가정생활의 이중고에 지친 워킹맘과 워킹대디의 고충해소, 자녀육아 등 가정에서의 부모역할 강화 및 역할 갈등해소를 위한 가족지원사업을 수행한다. 이와 함께 다문화가족의 학령기 자녀에 대한 부모, 자녀관계 향상, 사회성 발달 및 미래설계 지원 등 다문화가족 자녀의 특성을 반영한 프로그램과 다문화가족, 한부모(미혼모 등)가족, 조손가족 등에도 특성화된 서비스를 제공하여 가족구성원 역량강화 및 안정적인 가족생활과 사회통합을 지원하는 프로그램을 수행하는 방향으로 운영되기를 기대한다.

그리고 가족단위 여가 프로그램 제공 등을 통한 이용자 참여 확대 및 가족친화지역 문화 조성과 다양한 가족지원, 이용자 참여 확대를 통한 가족기능 지원 강화 및 지역사회 가용자원과 연계한 종합 서비스가 가능하도록 지역사회 다양한 유관기관과 연계 및 협력 지원을 강화하고, 문화사업 영역에서 유사사업 통합을 통한 가족융합 및 사회 인식개선, 수요자의 특성 및 수요에 적합한 프로그램 운영, 아빠의 육아참여 지원프로그램 강화 및 찾아가는 교육 활성화 등 가족관계 개선을 도모하고 다문화/비다문화 통합 시 비언어적 프로그램 확대 등으로 다양한 참여자의 진입 장벽을 개선되어야 한다고 본다.

그리고 다문화가족, 한부모가족, 워킹맘들의 적극적인 참여와 활동가로 유도하여 시민의식 고취, 가족편견 해소를 위한 가족친화문화사업을 강화하고 가족기능강화를 위한 별도 집단상담 프로그램을 활성화되기를 기대한다.

② 통합서비스 운영기관의 사업내용

통합서비스 운영기관의 사업내용은 기본사업 외에 지역특성화 사업을 운영할 수 있으며, 영역에 맞는 기본사업은 지역의 여건과 수요 등에 따라 운영할 수 있다.

a. **가족관계사업**

가족관계사업은 임신이나 출산과 관련된 지원, 영유아기 부모지원, 학부모지원, 혼례가치교육, 아버지 역할 지원 등 부모역할 지원과 부부 갈등예방 및 해결지원, 노년기 부부지원 등의 부부역할 지원, 이혼 전 및 후 가족지원, 다문화가족관계 향상지원, 다문화 가족이중언어환경 조성, 다문화가족 자녀성장지원, 가족상담을 지원하는 것이다.

b. **가족돌봄사업**

가족돌봄사업은 일시적이거나 장기적인 가족구성원의 부재로 인해 가족기능이 약화된 가족을 대상으로 돌봄 서비스를 지원하는 것이다. 가족유형의 특성에 따른 가족기능강화 서비스를 운영한다. 가족돌봄과 관련된 사업으로는 가족역량강화, 긴급돌봄, 자녀돌봄, 다문화가족 방문 서비스 등이 있으며, 교육과 상담을 통해 전문상담이 필요한 경우 의뢰를 할 수 있다. 또한, 돌보미 파견사업이나 사례관리를 통해 가족돌봄 사업을 진행할 수 있다. 가족역량사업은 취약 및 위기 가족을 대상으로 하며, 한부모가족이나 조손가족, 미혼모부자가족, 북한이탈가족 등을 대상으로 할 수 있다. 이와 함께 긴급돌봄지원은 가정폭력이나 자살, 사망, 사고, 경제적 위기 등에 처한 가족들에게 심리 및 정시지원 서비스 및 돌봄 서비스를 제공한다.

c. **가족생활사업**

가족생활사업은 맞벌이가정의 일 가정 양립지원, 다문화가족 초기 정착지원, 결혼이민자 통 번역지원, 결혼이민자 취업지원 등이 있다. 특히, 가족생활사업은 일과 가정을 양립하는 과정에서 발생할 수 있는 고충을 상담하고, 필요한 경우 생활 정보를 제공하거나 초기 정착지원들을 제공한다. 결혼이민자 통 번역지원은 입국 초기 결혼이민자의 초기 정착단계에서 의사소통 문제를 해결하기 위해 지원하는 사업이다.

d. 가족과 함께하는 지역공동체 사업

가족과 함께하는 지역공동체 사업으로는 가족봉사단(다문화가족나눔봉사단), 공동육아나눔터(가족품앗이) 다문화가족 교류 소통공간 운영, 가족사랑의 날, 결혼이민자 정착단계별 지원 패키지, 인식개선 및 공동체 의식, 가족친화문화프로그램, 찾아가는 결혼이주여성 다이음사업 등이 있다. 이 사업은 양성평등한 가족문화, 지역사회 공동체 문화, 가족친화 사회환경조성, 다문화인식개선 등 가족과 지역사회공동체 문화, 가족친화 사화환경 조성, 다문화인식개선 등 가족과 지역사회연계프로그램을 운영하고자 한다. 인식개선 및 공동체 의식을 위해서는 다문화, 한부모, 조손, 북한이탈 가족 등 다양한가족의 특성 이해 및 편견해소를 지원하고, 가족친화문화 프로그램으로는 가족캠프, 가족축제, 가족체험활동 등 가족구성원전체가 참여하는 프로그램을 운영하고자 한다. 그리고 가족봉사단으로는 가족단위 자원봉사활동, 다문화가족자조모임을 운영하며 '자녀 함께 키우기' 가족품앗이 및 공동육아나눔터를 운영하고, 다문화가족 교류 및 소통을 위한 공간 지원과 매주 수요일 가족이 함께 참여하는 프로그램 및 지역사회연계 가족친화 프로그램 운영을 통한 가족사랑의 날 사업과 결혼이민자의 정착단계별 지원을 위한 패키지 사업, 결혼이주여성들이 지역사회다문화활동가로 참여하여 다양한 지역공동체를 '찾아가는 다문화 친화활동'을 지원하는 다이음사업을 운영한다.

③ 건강가정 · 다문화가족지원센터의 주요업무

- 가족의 유형별로 이원화되어 있는 가족지원서비스를 가족의 유형에 상관없이 한 곳에서 다양한 가족에 대한 보편적이고 포괄적 서비스 제공
- 수혜자 중심의 서비스 확대 및 접근성 제고
- 지역여건 및 정책 수요자 특성에 맞는 맞춤형 서비스 강화
- 모든 가족에 대한 가족을 안정성 강화 및 가족관계 증진에 기여
- 다문화가족의 안정적인 정착과 가족생활을 지원하기 위해 가족 및 자녀교육 · 상담, 통 · 번역 및 정보제공, 역량강화지원 등 종합적인 서비스를 제공하여 다문화가족의 한국사회조기적응 및 사회 · 경제적 자립지원 조력

- 다문화가족의 정책 단계 및 생애주기에 따를 맞춤형 서비스 제공
- 다문화가족 대상 통합교육 및 부모교육, 사회참여 지원 확대
- 다문화가족 자녀의 건강한 성장지원 및 글로벌 인재 육성
- 결혼이민자 맞춤형 일자리 참여 확대 등 사회경제적 자립 지원

현재 건강가정·다문화가족지원센터의 사업영역은 가족관계, 가족돌봄, 가족생활, 가족과 함께하는 지역공동체로 분류된다. 아래에는 양주시에서 운영하는 건강가정·다문화가족지원센터 사업영역을 그림으로 소개한다.

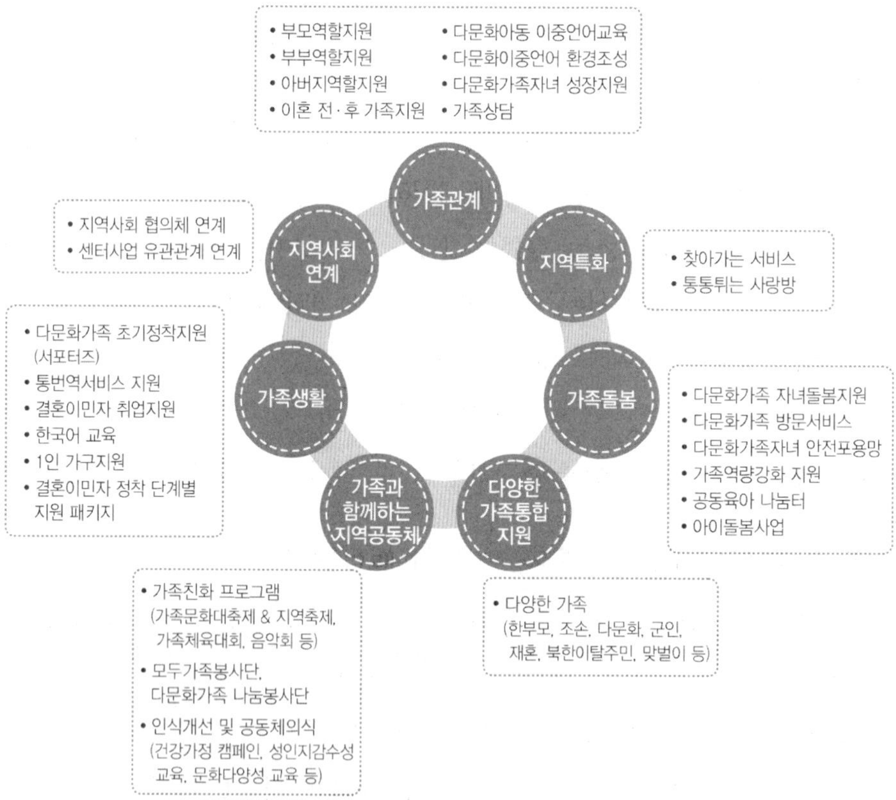

출처: 양주시건강가정·다문화가족지원센터

[그림 4-5] 양주시 건강가정·다문화가족지원센터 사업영역

2. 건강가정사업 프로그램

전국의 건강가정지원센터는 가족문제의 예방과 해결을 위한 가족돌봄나눔사업, 생애주기별 가족교육사업, 가족상담사업, 가족친화문화조성사업, 가족통합지원사업, 정보제공 및 지역사회 네트워크사업 등을 추진하고 있다. 일반가족은 물론 한부모가족, 조손가족, 다문화가족, 일탈청소년가족, 군인가족, 수용자가족, 맞벌이가족, 이혼 전후 가족 등 다양한 가족을 지원하기 위한 상담, 교육 및 문화 프로그램이 결합된 맞춤형 통합서비스를 제공하고 있다. 아이돌보미지원, 공동육아나눔터사업 등의 돌봄지원, 취약가족과 위기가족을 위한 취약위기가족지원, 미혼모 부자가족지원, 기타 타 부처와 유관기관과의 협력사업 등을 통해 다양한 가족사업도 수행하고 있다. 이러한 프로그램들은 「건강가정기본법」의 기본 방향과 철학에 근거하여 개발된다. 즉, 가정의 잠재력을 개발하고, 가정기능을 강화하며, 가족공동체 문화를 조성하고, 다양한 형태의 가족욕구를 충족시키고, 가정과 사회의 통합을 추구하는 것 등이 목적이다.

1) 건강가정지원프로그램의 종류

(1) 인간발달의 연속성에 근거한 프로그램

건강가정지원센터는 다양한 연령, 다양한 가족발달단계의 주민들을 대상으로 프로그램을 제공한다. 개인적 관점에서 사람들은 한 생애 동안 두 개의 다른 가정을 경험한다. 자신이 태어나고 자란 가정인 '원가족'과 성인기 이후 새로이 생성한 '자신의 가족'이 그것이다. 원가족에서의 경험이 개인 발달에 미친 영향도 중요하지만 건강가정교육 프로그램은 예방적 관점에서 현재 직면하고 있는 발달단계에 주목한다. 일반적으로 가정은 적응기(부부만이 있는, 자녀 출생 이전 단계) – 확대기(자녀출생과 성장단계) – 소멸기(자녀가 없는, 중노년 부부만의 시기)로 전개되며, 비규범적 사건(자발적 비출산, 이혼, 재혼, 조기 사망 등)으로 발달단계는 변화되기도 한다. 따라서 건강가정교육은 다양한 발달단계의 개인들을 대상으로 프로그램을 계획해야 한다.

▮표 4-2▮ 생애단계별 건강가정교육 주요 내용

생애단계	일반 영역 중심 주제 내용	특수 영역 중심 주제 내용
미혼기	-결혼준비교육 -의사소통교육	-독신자교육 -미혼모교육/미혼부교육
신혼기	-신혼생활적응교육 -부부교육 -성교육 -결혼과 직업 -친족관계교육	-폭력 및 확대가족 -중독자 가족 -결혼이민자 가족 -불임부부교육
자녀 아동기	-부부교육 -아동기 부모교육 -아동기 자녀교육 -가족놀이교육	-배우자 외도 -조부모의 양육 -장애아동 지원 -맞벌이 가정
자녀 청소년기	-부부교육 -청소년 부모교육 -청소년기 자녀교육 -청소년기 성교육	-이혼가족 -사별가족 -일탈청소년 가족 -특수학습 지도자녀 가족
중년기	-중년기 부부교육 -중년기 부부성교육 -은퇴준비교육	-재혼가족 부부교육 -재혼가족 친족관계교육 -실직자 가족
노년기	-은퇴생활 적응교육 -치매교육 -죽음준비교육	-노인학대가족 -노인부양가족 -노인단독가족

(2) 가정상담 영역 프로그램

가정상담은 개인상담, 개별가족상담, 집단상담 형태로 수행된다. 집단상담에는 부부관계 집단상담, 부모자녀관계 집단상담, 가족상담, 아동청소년 집단상담, 이혼 전후 집단상담, 자조집단 활동 등이 포함된다(김경신, 이승미, 2004; 장진경 외, 2006). 가정상담 집단활동에서 사용되는 프로그램들은 아래 표와 같다.

▎표 4-3 ▎ 가정상담 영역(집단상담)의 프로그램

구분	프로그램
부부관계	-결혼이민자 대상 부부관계 향상 집단상담 -중년기부부 대상 관계향상 프로그램 -부부사랑 집단상담 프로그램, 부부 성격 진단 집단상담 등
부모-자녀 관계	-부모역할강화 집단상담, 한부모가정 정서지원 프로그램 -성격검사를 통한 부모-자녀 궁합 맞추기 등
가족집단상담	-가족성장 집단상담, 우리가족 성격검사와 이해 -가족사랑 집단상담 프로그램
이혼 전·후 상담	-이혼 후 가정의 정서지원 프로그램 등
아동청소년 집단상담	-한부모가정 정서지원 프로그램, 초등학교 어린이 미술치료 집단상담 -공부방 어린이 정서지원 프로그램, 진로 및 심성계발 프로그램 -청소년 자아성장 집단상담, 심리검사와 진로 탐색 집단상담
자조집단 활동	-소년의 장애우 이해증진 집단상담 등

(3) 가정교육 영역 프로그램

가정교육 영역에 속하는 프로그램들은 결혼준비교육, 부부교육, 부모자녀교육, 자녀교육, 중년기교육, 노년기 교육으로 구분된다. 프로그램의 구분은 비교적 가정준비기 - 가정형성기 - 확대기 - 가정수축기 등으로 나누어 분류되고 있다. 이는 규범적 생애주기 발달에 따른 교육의 예방적 효과를 기대하기 때문이고, 비규범적인 생활사건을 경험한 가정들은 가정상담 영역에 참여한다. 가정교육 사업은 건강가정지원센터가 주력하여야 할 영역이고 생애주기, 가족형태 등에 따른 다양한 프로그램의 개발은 용이하다. 따라서 건강가정지원센터는 그 지역의 가족 특성 등을 파악하고 또 지역민들의 요구도 조사 결과 등을 참조하여 보다 다양한 프로그램을 운영할 수 있어야 한다.

▌표 4-4▐ 가정교육 영역의 프로그램

구분	프로그램
결혼준비교육	– 준비된 결혼 건강한 가족, 예비부부 및 신혼기 부부교육 프로그램
부부교육	– 부부행복지수 높이기, 부부관계향상 프로그램 – 건강한 부부 건강한 가정 등
부모자녀교육	– 나는야! 1학년 부모, 자녀행복과 성공을 위한 부모교육 – 사춘기 자녀와 잘 통하는 부모되기, 부모자녀대화법 교육 – 유아부모교육, 태아기 예비부모교육, 찾아가는 아버지 교육 – 아버지가 행복해야지요, 신나는 아버지 교실, 아버지로 살아남는 법 – 한부모가족교육 프로그램 가족과 함께하는 토요일
자녀교육	– 나만의 학습전략, 청소년 심성계발 프로그램, 건강한 사이버리더 되기 – 온라인게임과 건강, 몸도 마음도 쑥쑥, 건강한 꿈나무 우리 청소년
중년기 교육	– 행복한 중년기교육, 아름다운 시어머니, 골드에이지 역할 교육
노년기 교육	– 아름다운 생애를 위하여, 웃음과 노화, 노년기가족 교육, 노후준비와 재테크
소비자교육	– 청소년경제교육, 어머니와 함께 듣는 소비자교육, 노인 대상 소비교육

(4) 가정문화 영역 프로그램

가정문화 영역의 사업에는 가정봉사단 활동, 다양한 가정의례를 주제로 하는 민주적이고 온 가족이 다 즐거운 명절 만들기 사업, 가족자원활동 사업, 그 외 다양한 가족행사(가족 걷기대회, 가족캠프, 가족페스티벌 등) 등이 포함된다. 단일 프로그램에 많은 사람들을 참여시킬 수 있고 흥겹고 즐거운 가족동반 활동이 가능하므로 대단히 유용한 영역이다. 그리고 이런 캠페인성 활동에 한 번이라도 참여해 봄으로써 가정상담이나 가정교육 프로그램에도 관심을 가지고 참여하고 싶다는 동기가 형성될 기회도 된다. 가정문화 영역은 가족여가, 소비문화활동, 가정의례, 가족단위자원봉사, 양성평등 가정문화, 기타로 나누어진다. 구체적인 프로그램들은 다음 표와 같다.

| 표 4-5 | 가정문화 영역의 프로그램

구분	프로그램
가족여가	- 가족놀이축제, 이민자가족한마당, 어르신노래교실, 가족걷기대회, 가족영화제, 가족도예교실, 가족풍선아트교실, 가족과 함께 역사 속으로, 책 읽는 우리 가족, 비누축제, 차 문화체험하기, 가족캠프
소비문화운동	- 어린이 나눔 장터 등
가정의례	- 청소년예절교실, 부모님과 함께 우리 옷 입기
자원봉사	- 가족봉사단 되기, 청소년자원봉사 프로그램
양성평등(세대통합, 가정윤리사업 포함)	- 가정의 날 행사, 평등가족 주제 가족 글짓기, - 사랑의 엽서 쓰기, 어르신 위한 잔치
기타	- 골드에이지 축제, 어르신 몸 사랑, 책으로 이웃사랑을, 맛있는 밥상교육

2) 시 · 도 센터사업 프로그램

시 · 도센터는 2017년 기준 서울시, 부산시, 대전시(대전시센터는 시 · 군 · 구센터사업을 전적으로 수행), 경기도, 경상남도 등 총 5개소가 운영 중이다.

시 · 도센터 사업의 기본방향은 시 · 군 · 구센터 지원에 중점을 두되, 대민서비스는 지역상황에 맞게 실시하도록 하고 있다. 또한 센터의 직원 및 활동가의 역량을 강화하며 유관기관과의 연계사업에도 중점을 두도록 하고 있다.

영역별 공통사업으로는 a. 인지적 자원 역량강화 영역, b. 특성화사업 및 정책지원 영역, c. 네트워크 활성화 영역 d. 홍보지원 영역으로 구분되어 있다.

(1) 인지적 자원 역량강화 영역

시 · 군 · 구 건강가정지원센터의 직원 보수교육으로 직원의 전문성 강화를 위한 사업 관련 교육을 실시한다. 그리고 광역단위 상담직원교육, 직원 워크숍 등, 연간 5과목 또는 30시간 이상이다. 또한 활동가 교육은 센터에서 활동하는 인력교육으로 연간 5과목 또는 30시간 이상 실시한다.

(2) 특성화사업 및 정책지원 영역

시 · 도별 특성에 맞는 프로그램 개발과 보급으로 광역단위의 특성에 맞는 시범사업 운영과 매뉴얼 개발, 모니터링이나 컨설팅 등의 지원 활동, 시 · 군 · 구 센터가 실시하는 특성화 사업의 지원 활동, 사업운영환경 개선을 위한 제안, 광역단위 특성에 맞는 시범사업 운영 및 매뉴얼 개발이다.

(3) 네트워크 활성화 영역

중앙과 시 · 군 · 구 센터의 연계 역할로서 시 · 군 · 구센터 지원방문과 모니터링 등이다.

이것에는 해당 시 · 군 · 구 센터의 현황공유 및 의견수렴을 위한 회의 운영, 중앙과 시 · 군 · 구 센터를 연계하는 다양한 지원 활동, 광역단위 사업수행을 위한 담당자 업무 협의 등이다.

(4) 홍보지원 영역

캠페인성 홍보사업 등이다. 이것에는 광역단위 홍보와 시 · 군 · 구 센터 홍보 지원으로 분류된다. 광역단위 홍보로는 건강가정사업, 시 · 군 · 구 센터 및 광역센터를 알랄 수 있는 캠페인, 홍보물 제작 및 보급을 통한 광역단위 대국민 홍보 수행이다. 시 · 군 · 구 센터 홍보 지원으로는 시 · 군 · 구 센터에서 요청하는 홍보지원, 홍보매체 개발 및 보급, 시 · 군 · 구 센터 연계 캠페인 등이다.

3) 시 · 군 · 구 센터사업 프로그램

2018년 건강가정지원센터 사업안내에 따르면 시 · 군 · 구센터의 사업방향 첫째, 다양한 가족을 지원하고, 이용자의 참여확대를 통한 가족기능 지원을 강화하는 것으로 '가족이 함께'하는 가족단위 프로그램을 활성화하여 한부모가족, 조손가족 등 다양한 가족이 참여할 수 있도록 강화하는 것이며, 둘째 생애주기별 부모교육 등 '가족교육'을 활성화하는 것인데, 이를 위해 관공서, 공공기관, 학교, 기업, 군부대 등 찾아가는 가족교육을 활성화하고, 아버지교육 중 일부를 직장맘 남편을 위한 특화프로그램으로 운영하며, 아빠의 육아 참여를 확대할 수 있는 프로그램(예: 육아정보 공유를 위해 아빠자조모임 운영, 지원) 등을 중점적으로 추진하도록 하고 있다.

영역별 공통으로 수행하여야 할 사업은 a, 가족돌봄나눔 영역에서 3가지 사업인 '모두 가족 봉사단', '모두 가족 품앗이', '아버지-자녀가 함께하는 돌봄 프로그램' 중 2가지를 선택하도록 하고, b, 가족교육 영역에서는 '생애주기별 가족교육', '남성 대상 교육' c, 가족상담 영역에서는 생애주기에 발생되는 가족 내 다양한 갈등과 문제의 해결을 위한 상담사업으로 가족단위의 면접상담을 포함하고 있으며 d, 가족문화 영역으로는 '가족사랑의 날 실시', '가족캠프, 가족축제, 가족체험활동' 등이 있으며, 마지막으로 e, 지역사회 연계사업(지역사회 협의체, 유관기관네트워크 활용 및 참여)이 있다.

Chapter

05

건강가정사의 정의와 역할 및 직업윤리

1. 건강가정사의 정의
2. 건강가정사의 자격 및 역할
3. 건강가정사의 직업윤리
4. 건강가정사가 협력해야 하는 주요 관련자

1. 건강가정사의 정의

건강가정사는 건강한 가정을 유지할 수 있도록 가정의 문제를 예방하고 개선할 수 있는 프로그램을 개발하고 연구하며 조직하는 국가 자격을 가진 전문가이다. 즉, 「건강가정기본법」 35조에 의거하여, 건강가정사업을 수행할 수 있도록 가족 문제를 예방하고 개선할 수 있는 프로그램을 개발하고 조직하는 일을 하는 전문가이다.

1) 건강가정사의 직무

건강가정사는 건강가정기본법에 따라 건강가정사업을 수행하기 위해 관련 분야에 대한 학식과 경험을 가진 전문가를 말한다. 국가 및 지자체는 가정문제의 예방 · 상담 및 치료, 건강가정의 유지를 위한 프로그램의 개발, 가족문화운동의 전개, 가정 관련 정보 및 자료제공 등을 위해 건강가정지원센터를 설치 · 운영해야 하는데, 센터에는 건강가정사를 배속시켜야 한다. 따라서 건강가정사는 건강가정지원센터를 비롯하여 청소년 관련 단체나 상담센터, 학교 내 가정문제 상담센터 등의 관련 시설, 심리상담 센터 등에서 근무할 수 있다. 건강가정사는 가족 상담, 건강가정 실현을 위한 교육, 가정생활 문화운동의 전개, 가정 관련 정보 및 자료 제공, 가정 방문 및 실태 파악 등의 업무를 수행한다.

2) 건강가정사의 직급에 따른 직무

(1) 관리자급

관리자급은 건강가정사업의 운영 및 관리, 기획 및 홍보, 예산집행, 조직 및 인사, 조사연구 기획, 프로그램개발, 인력개발 및 보급, 마케팅, 네트워크 구축 등의 직무를 담당한다.

(2) 중간 실무자급

중간 실무자급은 건강가정 관련 상담 및 교육, 사업 홍보 및 코디네이터, 프로그램 집행 및 활동, 건강가정 사업 요구도 분석 및 사업 개발, 네트워크 구축 등의 직무를 담당한다.

(3) 일선 실무자급

일선 실무자급은 실제 건강가정사업의 터미널로서 건강가정사업 프로그램 집행 및 활동, 실태조사, 관련 사무, 대상자 초기 면접 및 상담, 홍보 및 캠페인 등의 직무를 담당한다.

현행법에서는 건강사정사의 자격을 등급화하지 않고 있으나 향후 자격을 강화하여 일선 실무자급, 중간실무자급, 관리자급 등 직무의 수준에 따른 분류가 이루어질 전망이다.

3) 건강가정사의 직무영역

(1) **총괄책임 영역**(센터장, 사무국장, 총괄팀장 등 중간 관리자급 종사자의 수행영역)

- **센터 사업 총괄책문** : 장기 사업목표 및 방향설정과 조정, 센터 연간계획 수립 및 조정, 센터 월간계획 수립 및 조정 등
- **센터운영 총괄 책무** : 예산 계획 수립, 편성, 조정, 센터 제반 규정 제정 및 관리 총괄, 인사위원회, 자문위원회 등 운영, 센터 내부회의 주관 등
- **인사 관리 및 인력개발 책무** : 직원 인사관리, 직원 복지후생에 대한 총괄, 직원 인력개발 및 보상 관련 업무 총괄 등
- **대외협력활동 책무** : 센터 협력기관 업무 총괄, 지역사회 네트워크 구축, 각종 외부회의 참석 등 대외적 활동, 센터 및 사업 홍보 등

(2) 상담사업영역(팀장 및 팀원이 수행하는 영역)

- **기획책무** : 상담접수, 초기사정, 집단상담 프로그램 기획, 집단상담 프로그램 강사 섭외, 집단상담 프로그램 참여자 모집, 상담 자원봉사자 모집 등
- **수행책무** : 전화상담, 사이버상담, 개별상담, 가족상담, 심리검사, 내담자 의뢰 등
- **평가책무** : 사례회의, 슈퍼비전, 사례관리, 기관연계, 사후관리 등
- **기타책무** : 홍보, 정보, 제공활동, 환경 조성, 센터 내부회의 참석, 센터 외부회의 참석, 건강가정 현장실습생 지도, 자기계발, 외부지원사업, 지역사회 네트워크 구축 등

(3) 교육사업 영역(팀장 및 팀원이 수행하는 영역)

- **기획책무** : 교육프로그램 기획, 참여자 모집, 강사 섭외, 교육장소섭외, 교육교재 및 자료제작, 프로그램 제반사항 준비
- **수행책무** : 강사활동, 프로그램 진행, 회기별 참여자 관리, 프로그램일지 등 수행에 따른 문서 작성, 사업비 지출 과업
- **평가책무** : 프로그램 평가, 참여자 관리
- **기타책무** : 홍보, 정보 제공활동, 환경조성, 센터 내부회의 참석, 센터 외부회의 참석, 건강가정 현장실습생 지도, 자기계발, 외부지원사업, 지역사회 네트워크 구축 등

(4) 문화사업 영역(팀장 및 팀원이 수행하는 영역)

- **기획책무** : 문화프로그램 기획, 참여자 모집, 강사 섭외, 장소 섭외, 프로그램 제반 사항 준비, 수행책무 프로그램 진행
- **가족자원봉사** : 프로그램 운영, 프로그램일지 등 수행에 따른 문서 작성, 사업비 지출 과업
- **평가책무** : 프로그램 평가, 참여자 관리, 가족자원봉사단 관리, 사업결과

홈페이지 게시, 프로그램 실적 보고서 등 서류 작성

- **기타책무** : 홍보, 정보 제공활동, 환경 조성, 센터 내부회의 참석, 센터 외부회의 참석, 건강가정 현장실습생 지도, 자기계발, 외부지원사업, 지역사회 네트워크 구축 등

(5) 행정지원사업 영역

- 문서관리 책무
- 예산회계 책무
- 센터운영 책무
- 기타책무

(6) 아이돌보미사업 영역

- **기획책무** : 아이돌보미 전화상담, 아이돌보미 면접상담, 아이돌보미 모집, 이용자 가정 전화상담 등
- **수행책무** : 아이돌보미 양성교육, 이용자 가정과 아이돌보미 연계, 이용자가정방문, 활동일지 관리, 모니터 요원 활동관리, 육아휴게소 운영, 월례회의 과업 등
- **평가책무** : 사례관리, 아이돌보미 보수교육, 아이돌보미 DB 관리
- **기타책무** : 홍보, 정보 제공활동, 환경 조성, 센터 내부회의참석, 센터 회부회의참석, 건강가정 현장실습생 지도, 자기계발, 외부지원사업, 지역사회 네트워크 구축 등

(7) 장애가족 아동 양육지원사업 영역

- **기획책무** : 장애아돌봄도우미 전화상담, 장애아 돌봄도우미 면접상담, 장애아돌봄도우미 모집, 이용자 가정 전화상담 등
- **수행책무** : 장애아돌봄도우미 양성교육, 이용자 가정과 장애아돌봄도우미

연계, 이용자 가정 방문, 활동일지 관리

- **평가책무** : 장애아돌봄도우미 보수교육, 장애아동돌봄도우미 DB 관리, 장애아돌봄도우미 급여정산 및 지급, 예산관리, 실적 보고서 등 서류 작성 과업
- **기타책무** : 동일

건강 가정사가 되려면 「건강가정기본법」에 따라 대학 또는 이와 동등 이상의 학교에서 사회복지학·가정학·여성학 등 여성가족부령이 정하는 관련 교과목을 이수하고 졸업하여야 한다. 총 12과목의 36학점 이상을 이수해야 하며, 핵심과목에는 건강가정론, 가정정책론, 가족상담 및 치료, 가족생활교육, 가족복지론, 여성과 사회 등이 있다. 별도의 공인 자격증은 없으며 자격증명이 필요한 경우 성적증명서와 졸업증명서를 해당 기관에 제출하면 된다.

2. 건강가정사의 자격 및 역할

1) 자격의 특징

건강가정사 자격은 대학에서 일정한 과목을 이수한 자에게 부여하는 자격으로, 별도의 자격 신청절차가 없으며, 자격증 및 인증서는 발급되지 않는다. 그러므로 취업이나 기타 사유로 건강가정사 자격 요건에 대한 확인이 필요할 경우 일정한 과목 이수증명서(성적증명서)를 취업처에 제출하면 건강가정사 자격을 취득한 것으로 간주된다.

(1) 건강가정사가 되기 위해 이수하여야 할 관련 과목

건강가정사는 대학 또는 이와 동등 이상의 학교에서 사회복지학 · 가정학 · 여성학 등 여성가족부령이 정하는 관련 교과목을 이수하고 졸업한 자이어야 한다(건강가정기본법 제35조 제3항).

• **건강가정사 이수 교과목**(총 12과목, 36학점)

<table>
<tr><th colspan="2">구분</th><th>교과목</th><th>대학 졸업</th></tr>
<tr><td colspan="2">핵심과목</td><td>건강가정론, (건강)가정(족)정책론, 가족상담(및 치료), 가정(족)생활교육, 가족복지론, 가족과 젠더, 가족(정)과 문화, 건강가정현장실습, 여성과 (현대)사회, 비영리기관 운영관리</td><td>4과목 이상</td></tr>
<tr><td rowspan="2">관련 과목</td><td>기초 이론</td><td>가족학, 가족관계(학), 가족법, 아동학, 보육학, 아동(청소년)복지론, 노년학, 노인복지론, 인간발달, 인간행동과 사회환경, 가계경제, 가족(정)(자원)관리, 가사노동론, 여가관리론, 주거학, 생애주기 영양학, 여성복지론, 여성주의이론, 정신건강(정신보건사회복지)론, 장애인복지론, 가정생활복지론, 상담이론, 자원봉사론, 사회복지(개)론, 성과 사랑, 법여성학, 여성과 문화, 일과 가족(정)</td><td>2과목 이상</td></tr>
<tr><td>상담· 교육 등 실제</td><td>생활설계상담, 아동상담, 영양상담 및 교육, 소비자상담, 주거상담, 부모교육, 부부교육, 소비자교육, 가정생활과 정보, 가계재무관리, 주택관리, 의생활관리, 지역사회 영양학, 프로그램 개발과 평가, 사회복지실천기술론, 지역사회복지론, 연구(조사)방법론, 부부상담, 집단상담, 사회복지실천론, 가족(정)과 지역사회, 여성과 교육, 여성과 리더십, 여성주의 상담, 위기개입론, 사례관리론</td><td>2과목 이상</td></tr>
</table>

(2) 핵심과목

핵심과목은 건강가정에 대한 기초적인 이해를 위한 원론 성격의 교과목과 기초실습 교과목으로 건강가정의 이념과 가치를 이해하며, 거시적 · 미시적 관계에서 건강가정의 프레임을 파악하고 가정의 건강성을 향상시키는 기초이론 및 실습을 경험하도록 한다.

(3) 관련 과목

관련 과목은 기초이론과목과 상담·교육 등 실제 과목이다. 기초이론과목은 가정을 구성하는 인적 토대 및 물적 토대를 이해할 수 있는 기초내용이 담겨 있으며, 가정의 건강성을 향상시키는 것과 관련되는 인적·물적 토대에 대하여 통합적인 시각을 가질 수 있으며, 실제 인적·물적 토대를 경영하고 가정 내 문제를 해결할 수 있는 능력을 기를 수 있도록 한다.

상담·교육 등 실제과목은 건강가정사업을 수행함에 있어서 필요한 전문지식을 담고 있는 교과목으로 구성되어 있다. 건강가정 사업의 일환인 가정생활의 여러 영역에 대한 이해를 기초로 개발된 만큼 건강가정사는 가족, 아동, 노인, 의생활, 식생활, 주거생활, 여가생활, 가사노동, 가계관리 등 가정생활 전반에 대해 전문가적 시각과 역량을 기를 수 있다.

2) 건강가정사의 역할

건강가정사는 현대 사회에서 매우 중요한 역할을 수행하는 전문가이다. 즉, 가정 내에서 건강과 행복을 총괄적으로 관리·개선하는 역할을 맡고 있다. 가정은 인간 삶의 구심점이므로 건강가정사는 가정의 건강을 책임지고 가족들의 건강한 삶을 돕는 전문가적 역할을 수행한다(건강가정기본법 35조). 따라서 건강가정사는 건강가정사업을 수행할 수 있는 프로그램 개발, 가족문제 예방 및 개선을 조직하는 전문가로서의 역할을 수행한다. 가정 문제, 아동학대의 예방 및 개선은 물론 건강가정 유지를 위한 프로그램 개발부터, 가정생활 문화운동의 전개나 자료 제공, 그 밖에도 건강가정사업과 관련 보건복지부 장관이 정하는 활동을 행하는 역할이 주어진다.

가정은 우리의 안전지대이자 휴식처이나, 현대 사회에서는 가정 내에서 발생하는 건강 문제가 증가하고 있다. 스트레스, 식이 패턴의 변화, 운동 부족 등으로 인해 가정 내 건강 문제가 증가하고 있다. 이러한 문제들은 가정의 안정과 행복을 위협하며, 가족 구성원들의 건강과 행복을 해치는 결과를 초래할 수 있다. 따라서 건강가정지원센터가 '건강가정기본법'의 목적을 실현하는 하드웨어이고, 건강가정사업은 이를 채우는 소프트웨어라면 건강가정사는 최종적으로 가정의 건강성을 향상시키는 하드웨어와 소프트웨어 모두를 운영하는 주체라 할 수 있다. 그러므로 건강가정사의 역량에 따라 '건강가정기본법'의 기본이념과 목표의 실현이 좌우된다고 할 수 있다(조희금 외, 2013). 이러한 점에서 건강가정사의 역할을 구체적으로 살펴보면 다음과 같다.

※ '건강가정기본법' 제35조 건강가정지원센터의 설치

제1항. 국가 및 지방자치단체는 가정문제의 예방, 상담 및 치료, 건강가정의 유지를 위한 프로그램의 개발, 가족문화운동의 전개, 가정 관련 정보 및 자료 제공 등을 위하여 건강가정지원센터를 설치, 운영하여야 한다.

제2항. 센터에는 건강가정사업을 수행하기 위하여 관련 분야에 대한 학식과 경험을 가진 전문가(건강가정사)를 두어야 한다.

제3항. 건강가정사는 대학 또는 이와 동등 이상의 학교에서 사회복지학, 가정학, 여성학 등 여성가족부령이 정하는 관련 교과목을 이수하고 졸업한 자이어야 한다.

제4항. 센터의 조직, 운영 및 건강가정사의 자격, 직무에 관하여 필요한 사항은 대통령령으로 정한다.

(1) 건강가정사의 역량중심의 역할

첫째, 건강가정사는 건강가정 이념의 실천자로서 '건강가정기본법'의 기본이념과 철학에 대한 명확한 이해를 바탕으로 건강가정사업을 수행할 수 있어야 한다.

즉, 생활공동체로서의 가정을 기본으로 하여 가정 내 양성평등을 실현하고 구성원 개개인의 인격을 존중하는 가정이 건강가정이라는 것을 이해하고, 전달해야 한다. 또한 가정이 사적 공간으로서 의미를 넘어서 시민사회의 토대가 된다는 공동체적 입장에서 가정과 사회를 이해하고 '건강가정'의 이념과 철학을 실천할 수 있는 전문가적 자질을 발휘해야 한다.

둘째, 건강가정사는 건강가정사업의 전달자로서 그 역할에 충실하여야 한다. 건강가정기본법에 명시된 건강가정사업은 가정에 대한 지원, 위기가족 긴급지원, 자녀양육지원의 강화, 가족 단위 복지증진, 가족의 건강증진, 가족부양의 지원, 민주적이고 양성평등적인 가족관계 증진, 가족단위의 시민적 역할증진, 가정생활문화발전, 가정의례, 가정봉사원 양성, 이혼예방 및 이혼가정지원, 건강가정교육, 자원봉사활동지원 등이다. 또한 건강가정사업의 요구도 조사에서부터 프로그램의 개발, 수행, 평가 전 과정에 대한 지식과 함께 대인관계상담기술, 의사소통기술, 의사결정 등 사업수행을 위한 기술이 요구된다. 물론 인간에 대한 존엄성과 공동체적 태도 등은 건강가정사업의 전달자이자 실행전문가로서 건강가정사가 갖추어야 할 가장 중요한 태도라 하겠다.

셋째, 건강가정사는 건강가정지원센터를 체계적으로 운영하는 운영자로서의 역할을 수행해야 한다.

건강가정지원센터는 건강가정사업의 공급자와 이용자가 서비스를 중심으로 연결되는 통로이자 건강가정사업의 총괄기획과 활성화, 프로그램 운영을 위한 인력관리, 프로그램 개발과 제공, 관련 기관과의 네트워크 구축 등의 기능을 수행하는 중추기관이다. 따라서 건강가정사는 건강가정지원센터의 전국조직체계를 유기적인 맥락 속에서 이해하고, 센터의 역할과 기능을 세부적으로 파악하여 자신의 역할을 자리매김해야 한다. 한국건강가정진흥원은 건강가정정책의 핵심 허브기관으로서 가정의 건강성을 증진하고 다양한 가족의 역량을 강화하며 가족친화적인 지역과 일터를 조성하는 것을 목표로 건강가정정책 및 다문화가족정책, 가족친화지원정책을 총괄적으로 지원하고 있다. 즉, 건강가정정책 및 다문화가족정책, 가족친화지원정책에 대한 연구, 개발, 조사 및 분석, 홍보 및 대외협력 등 전반적인 정책 방향을 제시하고, 건강가정사업 및 다문화가족사업, 가족친화지원사업을 총괄적으로 기획, 관리, 평가하는 역할을 한다. 또한 시, 도 건강가정지원센터는 각 시, 도 단위로 건강가정사업을 수행하는 조직으로 시, 도의 건강가정지원사업을 기획하고 조정하며 프로그램을 개발하고 인력을 개발, 보급하며 예산을 배정하고 건강가정 프로그램을 홍보하고 마케팅하는 역할을 한다. 또한 가정봉사원이나 아이돌보미 등 관련 인력을 교육 및 재교육하여 인력풀을 구성, 관리하는 역할을 하고 있다. 시·군·구 건강가정지원센터는 시, 군, 구 단위로 건강가정사업을 집행하며, 가정의 건강성 향상을 위해 필요한 상담 및 교육을 실기하고 관련 사업기관 간의 네트워크를 구축하며, 필요한 곳에 가정봉사원이나 아이돌보미 등을 파견하고 건강가정사업을 위한 예산을 집행, 배분하며 시, 군, 구 단위의 가족실태조사를 수행하고 가정단위 자원봉사 네트워크를 구축하는 등 대민서비스를 직접적으로 제공하는 역할을 담당하고 있다.

현재 우리사회도 다문화사회가 되면서 다문화가족에 대한 지원 또한 건강가정사의 중요한 역할이 되었다. 다문화가족의 삶의 질 향상과 사회통합을 목적으로 2008년 다문화가족지원법이 제정되었고, 그에 따라 전국에 다문화가족지원센터가 설치되어 운영되고 있다. 다문화가족지원센터에 종사할 수 있는 전문가로 건강가정사가 지정(다문화가족지원법 시행규칙 제3조 제1항)되어 있는 만큼, 건강가정사는 다문화사회에 대한 이해 및 다문화가족의 특수성을 파악하고, 사회적 통합을 실천할 수 있는 역량을 갖추어야 한다.

(2) 가정 내 건강 문제를 예방·개선하기 위한 다양한 역할

첫째, 건강가정사는 가정 내 건강 상태를 평가하고 문제를 파악하는 역할을 한다. 가정 내 건강 상태를 평가하기 위해 건강 검진, 식단 분석, 생활습관 조사 등 다양한 방법을 사용한다. 이를 통해 가정 내 건강 문제의 원인을 파악하고 개선 방안을 제시할 수 있다.

둘째, 건강가정사는 가정 내 건강관리 계획을 수립하고 이행하는 역할을 한다. 가정 내 건강 문제를 해결하기 위해서는 체계적인 건강관리 계획이 필요하다. 건강가정사는 가정구성원들의 건강 상태와 목표를 고려하여 개인 맞춤형 건강관리 계획을 수립한다. 이를 통해 가정구성원들의 건강을 개선하고 유지할 수 있다.

셋째, 건강가정사는 건강 교육과 상담을 제공하는 역할을 수행한다. 건강가정사는 가정 구성원들에게 건강에 대한 지식과 정보를 제공하고 건강한 생활 습관을 실천할 수 있도록 돕는다. 또한, 가정 구성원들의 건강 관련 문제에 대한 상담을 제공하여 문제를 해결하고 건강한 삶을 지원한다.

넷째, 건강가정사는 가정 내 건강 관련 자원을 연결해주는 역할을 한다. 건강가정사는 가정구성원들이 필요로 하는 건강 관련 서비스와 자원을 찾아 연결해주는 역할을 수행한다. 이를 통해 가정구성원들은 필요한 서비스와 자원을 쉽게 이용할 수 있으며, 건강한 삶을 유지할 수 있다.

최근 사회적 문제로 대두되는 가정문제 중 아동학대, 노인학대, 가족폭력 등의 예방과 재발 방지를 위해 건강가정사의 역할이 점점 부각되고 있는 실정이다. 그러므로 건강가정사의 역할은 현대 사회에서 매우 중요하며, 가정의 건강과 행복을 위해 필수적인 존재이다.

▌ 건강가정사의 역할을 정하는 세 가지 기준

- 건강가정기본법에서 제시하는 기본 이념과 철학 기준: 철학과 이념의 실천자
- 건강가정기본법에서 제시하는 건강가정사업을 기준: 건강가정사업의 전달자
- 건강가정지원센터라는 조직운영의 주체라는 관점 기준: 조직의 운영자

3. 건강가정사의 직업윤리

직업윤리란 직업인으로서의 맡은 바 지켜야 할 도리를 의미하며, 자신의 직업에 대한 애정과 기대 및 소명의식을 갖고서 맡은 일에 최선을 다하는 것이다. 그러므로 직업윤리는 어느 직업이든지 중요하다. 특히 건강가정사는 직무특성상 이용자의 사생활 부분이 사업의 주된 초점이 되며, 가족관계뿐만 아니라 가정의 인적, 물적 토대를 모두 다루어야 하기 때문에 이용자의 사생활 보호 측면에서의 직업적 윤리강령이 강조되어야 한다.

윤리강령과 지침은 강제력을 지닌 법적 의미보다는 교육적 의미를 확장시킨다는 전제로 활용되며, 시대적 관심사가 반영되어야 하는 만큼 언제든지 합의에 의해 수정 가능하다. 그러므로 윤리강령과 지침의 제정목적은 건강가정사들이 좀 더 전문적으로 활동할 수 있도록 격려하는 데 활용될 수 있으며, 복잡하고 결정을 내리기 어려운 상황에서 건강가정사들이 대처할 수 있는 지침을 제공하고 이를 통해 직업 이미지와 전문성을 높일 수 있다(도미향 외, 2013). 또한 가족생활교육, 가족문화활동과 함께 가족상담과 같은 상담업무도 담당하기 때문에 교육자로서의 윤리와 상담자로서의 윤리 또한 적용될 필요가 있다. 이러한 건강가정사의 직무 특성을 고려하여 위의 내용과 같은 직업윤리를 설정해 볼 수 있다.

첫째, 건강가정사는 전문가로서 책임감을 갖고 직무에 임해야 하는 자로 무엇보다 이용자에게 성실하여야 한다.

둘째, 전문가로서의 자질을 유지하기 위해 직업윤리뿐 아니라, 직무 관련 전문지식과 전문기술을 향상시키는 데 최선을 다하는 노력을 해야 한다.

셋째, 건강가정사는 직무상 취득한 이용자들의 개인정보를 활용하여 부당한 영리를 취하지 행위를 하지 않아야 한다.

넷째, 이용자의 사생활을 최대한 존중하고 직무상 취득한 정보를 업무 이외의 목적으로 이용하거나 공개하지 않아야 한다.

다섯째, 건강가정사는 소속집단을 해치는 행동을 하지 않아야 하며, 동료간에도 존중과 신뢰로 대한다.

여섯째, 건강가정사는 동료나 건강가정지원센터 또는 단체의 비윤리적 행동에 대해서는 공식적인 절차를 통하여 대처해야 한다.

일곱째, 소속 기관의 권익 보호에 힘쓰고, 기타 유관기관과의 협조 관계를 유지한다.

여덟째, 가족복지 전문가로서 인간의 존엄성에 민감하여야 하고, 대상자를 위해하는 모든 행동을 피해야 한다.

▌ 직업 활동이 윤리적인 정당성을 갖기 위한 조건

- 직업인은 누구나 확실한 직업의식을 가져야 한다.
- 자발적 · 자율적 정신을 가져야 한다.
- 직업 활동에 수반되는 결과가 이웃의 행복과 인류사회의 번영에 기여해야 한다.
- 직업은 인간의 상호관계 및 사회적 관계의 창조와 그 확장에 기여하는 공공기능을 수행해야 한다.

4. 건강가정사가 협력해야 하는 주요 관련자

1) 건강가정사업 정책 가 및 행정가

건강가정지원센터가 다른 유관기관과 유기적인 연계를 맺으면서 능동적으로 사업을 수행하기 위해서는 정책적인 협조와 지원이 필수적이다. 게다가 건강가정 문화사업을 통해 범국민적으로 가정과 사회의 건강성을 진작시키려고 하는 만큼 대국민홍보에서부터 범문화적인 실천운동을 위해서는 지방자치단체 및 중앙정부조직의 협조를 받아야 한다.

2) 건강가정 연구자 및 교육자

건강가정사업은 가정생활에 대한 통합적 지식과 비전을 근거로 실천력 있게 진행되어야 한다. 그러므로 가정생활에 관련된 연구결과나 가정생활과 지역사회를 연결하는 거시적인 시각에서 진행된 연구결과와 그것을 응용해서 만든 교육 및 상담 프로그램의 개발, 건강가정 사업을 실천할 수 있는 전달체계, 건강가정정책에 관한 연구가 지속되어야 한다. 이러한 일을 담당하는 사람은 가정학, 사회복지학, 여성학 관련 연구원 및 교수 등의 연구인력과 건강가정 관련 기관의 전문가들이다. 이들은 건강가정사들이 현장에서 이론과 실천능력을 겸비한 전문가로 활동할 수 있도록 교육 콘텐츠를 비롯한 재교육을 위한 다양한 교육자료들을 제공하게 된다.

3) 아이돌보미

(1) 아이돌보미 사업

부모의 맞벌이 등으로 양육공백이 발생한 가정의 만 12세 이하 아동을 대상으로 아이돌보미가 찾아가는 돌봄 서비스를 제공하여 부모의 양육부담을 경감하고 저출산 해소에 기여하고자 만들어졌다. 즉, 건강가정지원센터에서는 무급 또는 유급의 육아도우미를 파견하여 자녀의 보호 및 놀이지도 등을 제공한다(법률 제17283호, 2020.5.19. 일부 개정, 시행 2020.11.20.).

- **아이돌봄 지원법**
  법률 제19338호 공포일 2023.04.11 시행일 2023.10.12. 일부 개정
- **아이돌봄 지원법 시행령**
  대통령령 제32304호 공포일 2021.12.31 시행일 2022.01.01. 일부 개정
- **아이돌봄 지원법 시행규칙**
  여성가족부령 제190호 공포일 2023.06.30 시행일 2023.06.28. 일부 개정

(2) 아이돌보미 자격요건

아이돌보미 자격요건은 아이돌보미 활동을 지원하기 위해 아동돌봄지원법에서 규정하는 결격사유가 없어야 한다.

▌ 아이돌보미 결격사유(「아이돌봄 지원법」 제6조)

- 미성년자, 피 성년후견인, 피한지 후견인
- 정신질환자
- 마약 대마 또는 향정신성의약품 중독자
- 파산선고를 받고 복권되지 아니한 사람
- 금고 이상의 실형을 받고 집행 종료나 집행 면제된 날부터 3년이 경과되지 아니한 사람 또는 금고 이상의 형의 집행 유예를 선고받고 그 유예기간 중에 있는 사람
- 성폭력 범죄자, 아동학대 관련 범죄자
- 자격 취소된 후 2년이 경과되지 않은 자
- 자격 정지 중인 자

(3) 아이돌보미 주요업무

아동의 안전한 보호 및 돌봄업무, 아동의 건강관리 및 응급조치 등 안정배려, 아동학대 예방 및 신고의무를 수행해야 한다.

▌ 돌봄 업무

- **영아종일제서비스** : 이유식 먹이기, 젖병소독, 기저귀 갈기 등 돌봄 활동
- **시간제서비스 기본형** : 부모가 올 때까지 임시보육, 놀이활동, 식사 및 간식 챙겨주기 등 (종합형은 아동과 관련한 가사도 병행해야 함)
- **질병감염아동지원서비스** : 질병아동 병원동행, 돌봄 서비스 등
- **기관연계 서비스** : 기관 내 설치된 보육시설 아동 돌봄 보조

▌ 아이돌봄사 급여 + 수당

- 시간제 기본형 / 영아 종일제 : 9,630원 (2023년 기준)
- 시간제 종합형 : 12,950원 + 수당 3,320원
- 질병 감염 아동 지원 : 12,520원 + 수당 2,890원
- 기관 연계 : 16,850원 + 수당 7,220원
- 야간, 휴일, 연장근로 시 시간당 기본 시급의 50% 증액
- 동일 시간대에 한 가정에서 2명을 돌보면 4,815원, 3명을 돌보면 9,630원의 추가 수당이 지급

▌ 아이돌봄사 수당

- 기타 수당 (활동수당 이외에 법정 제수당을 지급)
- 명절 상여금 : 명절날로부터 7일 전까지 근로계약을 유지하고, 1회 이상 연계활동을 제공하면 추석 설날 등 각각 10만 원씩 지급, 연 20만 원 지급함
- 상여금은 3년 이상 5년 미만은 연 40만 원, 5년 이상은 연 60만 원을 지급
- 교통비 : 거리에 따라 1일 1회에 한 해 지원

(4) 건강가정사와의 관계

건강가정사는 지역 내 가정에 아이돌보미 활동에 대해 홍보 및 연결을 원활하게 하는 작업을 하며, 아이돌보미 활동에 대한 지원과 관리 및 교육에 대한 책임을 가진다.

4) 가정봉사원

가정봉사원은 심신의 장애로 일상생활에 지장이 있는 노인이나 장애자들의 집을 방문하여 가사와 개인활동을 돕고, 정서적인 지원과 간호·간병 등을 하는 이들을 의미한다. 즉, 일상적인 생활을 보조하고, 말벗이 되거나 상담 역할도 하며, 재활훈련과 간병, 그리고 여성장애인의 육아와 산후조리를 돕는 등의 일을 한다.

지방자치단체의 건강가정지원센터에서는 이론 및 실습교육을 제공하며, 교육을 이수한 이들은 건강가정지원센터 혹은 노인·장애인 복지기관에서 파견되는 형태로 일을 하게 되며, 자원봉사 또는 유급 가정봉사원으로 구분된다.

(1) 가정봉사원

가정봉사원은 사회 일반 심신장애인이나 보호가 필요한 노인이 있는 저소득층 가정과 건강한 가정을 유지하기 위하여 도움이 필요한 가정을 방문하여 가사, 육아, 산후조리, 간병 등의 일을 하며 파견 횟수는 한 세대에 주 2회 이상이다.

(2) 가정봉사원 자격요건

자격요건은 건강가정지원센터에서 업무와 관련된 이론·실습교육을 매년 16시간 이상 이수한 자이다.

(3) 건강가정사와의 관계

건강가정사는 가정봉사원의 업무를 수행하도록 교육함과 동시에 조력이 필요한 가정이나 기관에 가정봉사원을 연결하는 연계자 역할을 수행한다. 또한 가정봉사원이 업무와 관련된 이론·실습교육을 받아 자격을 유지할 수 있도록 긴밀한 연계를 지속한다.

5) 가정폭력상담원

가정폭력은 가족구성원 사이의 신체적, 정신적 또는 재산상 피해를 수반하는 행위를 말하며(가정폭력범죄의 처벌 등에 관한 특례법 제2조), 구성원의 범위는 아래와 같다.

- 배우자 또는 배우자였던 사람(사실상 혼인관계에 있는 사람을 포함)
- 자기 또는 배우자와 직계존 · 비속 관계에 있거나 있었던 사람(사실상 양친자 관계를 포함)
- 계부모와 자녀, 적모와 서자의 관계에 있거나 있었던 사람
- 동거하는 친족

(1) 근거

「가정폭력방지 및 피해자보호 등에 관한 법률」

(2) 가정폭력상담원의 역할

가정폭력을 신고받거나 이에 관한 상담을 하며 가정폭력으로 인해 정상적인 생활이 어렵거나 보호를 필요로 하는 피해자를 임시 보호하거나 의료기관 또는 가정폭력 피해자 보호시설로 인도하는 업무를 한다. 또한 가정폭력을 예방하고 방지하는 일을 홍보하고, 가정폭력 피해에 관한 조사연구를 수행한다.

(3) 건강가정사와의 관계

건강가정사는 가정폭력상담소 및 상담원과 긴밀한 연계를 갖고 피해자를 가정폭력으로부터 보호하고 궁극적으로 이 사회에서 가정폭력이 근절될 수 있도록 조력한다.

6) 성폭력 상담원

성폭력 상담원은 성폭력 피해 여성들의 심리적 · 법적 · 의료적 상담을 통해 인간 중심적인 성문화 정착과 여성 인권의 회복 등을 목적으로 활동하는 전문가이다.

(1) 근거

- **근거** : 「성폭력 범죄의 처벌 및 피해자 보호 등에 관한 법률」

(2) 성폭력 상담원의 역할 및 활동

- 성폭력 피해자에 대한 지원 활동을 한다. 즉, 성폭력 피해자들을 위한 전문상담 등 종합적인 지원, 심리적 · 언어적 · 의료적 지원 및 성폭력 피해자 보호활동을 한다.
- 성문화 운동을 한다. 즉, 성폭력 전문 상담원 교육, 여성 미디어 운동, 성평등 문화를 위한 정보 제공과 사이버 성폭력 추방운동, 성폭력 예방 비디오 제작 배포, 여성 인권운동, 성교육 프로그램 개발 등이 있다.
- 성폭력 실태와 예방, 청소년 성폭력 예방 및 성교육, 어린이 성폭력, 직장 내 성희롱, 학내 성폭력 예방 및 성문화, 성교육 지도자 교육, 자녀 성교육 지도 등을 주제로 한 외부 강연 활동이다.

(3) 건강가정사와의 관계

건강가정사는 성폭력상담소 및 상담원과 긴밀한 연계를 모색하고 성폭력 피해자를 보호하며 궁극적으로 이 사회에서 성폭력이 근절될 수 있도록 조력한다.

7) 사회복지사

(1) 사회복지사의 역할

사회복지란 사회구성원들이 인간다운 생활을 영위하도록 돕는 일 또는 시스템을 말한다. 이때, 사회복지 서비스를 제공하거나 각종 사회복지 관련 업무를 수행하거나, 사회복지 실천을 전문적으로 다루는 사람을 통틀어서 사회복지사라고 한다.

현대 사회에 사회복지가 요구되는 분야가 매우 다양한 만큼 사회복지사가 수행하는 업무 역시 다양할 수밖에 없다. 즉, 아동, 청소년, 노인, 장애인 등 다양한 사회적 보호가 필요한 이들에게 사회복지제도를 활용하여 사회에 잘 적응할 수 있도록 조력하며 사회복지 기획, 상담, 사례관리, 자원 연결 등의 업무를 한다. 이를 구체적으로 정리를 하면 다음과 같다.

- 사회적, 개인적 문제로 어려움이 있는 사람이 처한 상황과 문제를 파악하고, 문제를 처리하고 해결하는 데 필요한 방안을 찾는다.
- 재정적 보조, 법률적 조언 등 의뢰인이 필요로 하는 각종 사회복지 프로그램을 기획, 시행, 평가한다.
- 공공복지 서비스의 전달을 위한 대상자 선정 작업, 복지 조치, 급여, 생활 지도 등을 한다.
- 정신건강사회복지사는 정신질환이 있는 사람이 사회에 적응할 수 있도록 생활 훈련, 직업훈련, 가족 지도 및 상담 업무를 수행한다.

(2) 사회복지 프로그램의 개발 및 운영

사회복지 서비스를 필요로 하는 대상자를 찾아 프로그램을 개발하거나, 기존 프로그램을 운영하고 관리하는 업무이다. 행정적인 서류작성이나 결재, 재정관리, 지역사회 기관이나 단체와의 협업, 프로그램 평가 및 개선 등이 포함된다.

(3) 시설거주자의 생활지도

클라이언트가 시설 거주자인 경우, 사회복지사가 생활지도 업무를 담당한다. 사회복지 생활시설에는 노인 요양시설, 장애인 거주 시설, 아동보호시설 등이 있다. 시설에 따라 생활지도의 세부 내용은 달라질 수 있다.

(4) 상담

사회복지 대상자가 상담이 필요할 경우 직접 방문 또는 사회복지 기관에서 상담을 수행한다. 상담 내용은 클라이언트의 상황에 따라 다르다.

(5) 건강가정사와의 관계

건강가정사는 지역사회복지관 및 학교, 병원 등 여러 기관에서 실천적인 역할을 담당하고 있는 사회복지사와 연계해서 건강가정사업이 폭넓고도 통합적으로 실현될 수 있도록 노력한다.

8) 자원봉사자

자원봉사자는 어떤 일을 대가 없이 자발적으로 참여하여 돕는 사람이다. 즉, 사회나 공공의 이익을 위해 본인 스스로의 의지로 일을 하는 사람이다. 그러므로 자원봉사자들은 보통 비영리단체를 통해서 하는 경우가 많고, 개인이나 몇몇 사람들이 격식을 차리지 않고 자유롭게 봉사 활동을 펼치는 경우도 있다.

자원봉사자들은 타인들의 평안과 행복을 위해 봉사하는 경우가 많다. 따라서 봉사 활동이 자신의 삶을 풍요롭게 하고, 삶의 질을 높이기도 한다. 경우에 따라서는 취업이나 학교생활을 위한 경력을 위해 하는 경우도 있긴 하지만, 자원봉사자들은 물질적인 대가 대신 보람과 만족과 같은 정신적 보상을 누리게 된다.

(1) 자원봉사자의 가치

▌ 개인적 수준의 가치

① 개인적 인성계발에 기여

- 주어진 자원봉사임무 완수 시 성취감, 만족감, 행복감, 자신감
- 각종 인성덕목들을 지속적이고 긍정적으로 형성
- 성인에게 긍정적인 면으로 발전할 수 있도록 강화

② 사회적 대인관계의 계발에 기여

- 각 계층의 다양하고 새로운 사람들과의 관계(폭넓은 대인관계 형성)
- 인간존엄성에 대한 깊은 이해
- 사회문제해결과정에 참여
- 공동체에 대해 존중하는 마음형서

③ 신체적 · 정신적 건강에 기여

- 규칙적 자원봉사활동은 신체적 · 정신적 건강유지에 기여

▌ 사회적 수준의 가치

① 경제적 혜택

- 경제활동의 총생산(GDP) 증가
- 정부지출부담 저하. 이는 자원봉사활동이 금전적 가치로 환산이 가능한 생산 활동이기 때문

② 사회자본 개발과 사회통합

- 사회구성원들이 공동의 목표를 추구하기 위하여 효율적으로 활용할 수 있도록 해주는 역할
- 사회자본의 개발과 각계각층 사람들의 협력으로 건강한 공동체 형성에 기여

③ 민주주의발전과 시민사회형성

- 자원봉사자 자신이 속한 공동체의 문제를 해결하는 일에 참여하는 활동
- 자원봉사활동의 확대는 주민자치의 확대를 의미

- 공동체 문제해결에 참여, 정부에 대한 견제와 비판 그리고 투명하고 건전한 정부가 되도록 도움
- 민주주의가 더욱 성숙해질 수 있는 계기를 마련

④ 자원봉사자 활동기관과 단체를 위한 혜택

- 비영리기관이나 단체에 없어서는 안 될 동반자
- 특정 문제나 대상자에게 집중적으로 헌신 가능
- 기관의 업무와 질적 향상 도모
- 보다 새로운 활동기반으로서의 자원봉사의 영역확대 가능

(2) 자원봉사자의 자세

- **책임감** : 자발적 활동이므로 스스로 책임감을 가지고 주어진 일에 최선을 다해야 한다.
- **성실성** : 효율적인 활동결과를 가져오도록 업무수행과 활동내용을 미리 점검, 활동내용을 기록하는 습관을 가져야 한다.
- **약속이행** : 자원봉사자와 봉사 수혜자, 담당기관과의 약속을 잘 지켜야 한다.
- **상대방 입장에서 보는 관점** : 겸손, 포용, 이해하는 마음으로 상대방의 말을 경청해야 한다.
- **배우려는 자세** : 자신의 기술과 인격의 지속적인 성장을 추구한다. 즉, 사회문제나 서비스 수혜자로부터 배우고 이해의 폭을 넓히는 노력을 한다.
- **책임과 권한의 한계를 선정**하여 활동기관 안내에 따라 활동한다. 이때 활동 대상자나 기관의 요구 가운데 자신이 할 수 있는 것을 조율한다.
- **비밀준수** : 활동기관이나 대상자에 대한 비밀을 준수한다.
- **협력** : 문제해결을 위해 기관, 활동 대상자와 협력하려는 자세를 갖는다.

(3) 자원봉사자의 역할

▌ 개인적 역할

① **대인서비스 제공** : 도움을 필요로 하는 개인 및 집단과 직접적으로 대면서비스를 제공, 즉 상담, 개별지도, 집단지도, 일상생활문제 해결, 편의 제공

② **정책결정 및 자문의 역할**

③ **동반자역할 수행** : 지역사회의 기관이나 단체가 그들의 사명과 역할을 효율적으로 수행할 수 있도록 사무 및 행정지원 역할, 조력자 동반 역할

▌ 사회적 역할

① **문제예방 및 치료자 역할** : 기관이 사회문제예방·치료를 위한 결정 시 조력자로서, 기관이 문제예방·치료하는 직접적 활동 시 보완자로서의 역할

② **대변자 및 매개자 역할**

③ **변화 및 개혁자의 역할** : 사회가 올바른 방향으로 변화하도록, 사회적 약자가 사회서비스를 받을 수 있도록, 사회의 구조적·제도적 변화 및 개혁에 힘을 쏟아야 함

Chapter

06

건강가정사의 실천기술 및 가족치료

1. 건강가정지원의 실천과정 및 실천기술
2. 사례관리와 가족치료

1. 건강가정지원의 실천과정 및 실천기술

1) 건강가정지원의 실천과정

건강가정사가 건강가정사업을 원활하게 수행하기 위해서는 여러 가지 실천기술이 필요한데, 본 장에서는 건강가정지원 실천현장에서 보편적으로 구분하여 활용하는 4단계 실천과정인 '초기접수, 사정 및 계획하기, 서비스 개입, 평가 및 종결'의 과정과 실천기술로 대표되는 관계형성 및 의사소통 기술에 대해 살펴본다.

(1) 초기접수

초기접수는 건강가정사가 구호를 신청하러 온 클라이언트의 문제와 욕구를 확인하여 기관의 정책과 서비스에 부합되는지의 여부를 판단하는 과정이다. 이 단계에서 건강가정사의 역할과 과업은 클라이언트의 문제를 확인하고, 의뢰여부를 결정하며 관계형성을 통한 클라이언트의 참여를 유도한다. 접수 시 건강가정사에게 필요한 실천기술은 아래와 같다.

첫째, 클라이언트의 문제를 확인하는 기술이다.

둘째, 의뢰기술로 신청자의 욕구가 기관의 서비스 방향이나 내용과 부합하지 않을 경우에는 이를 충족시켜줄 수 있는 타 기관에 신청자를 의뢰해주어야 한다.

셋째, 접수와 클라이언트의 참여를 유도할 수 있도록 관계형성을 위한 의사소통기술이 필요하다.

즉, 클라이언트가 센터를 방문하였을 때 가장 먼저 이루어져야 하는 것을 접수단계 또는 인테이크 단계라고 하는데, 이때 건강가정사는 대상자의 문제를 정확히 파악하고 그 문제에 대해 기관의 원조과정의 절차와 기관의 기능을 비교하여 앞으로의 서비스에 대한 협조적 관계의 여부를 판단해야 한다. 따라서 접수과정은 일반적으로 5단계로 나누게 된다. 대상자를 클라이언트로 할 수 있는지의 여부를 판단하는 첫 단계로서, 앞으로 진행될 전문적 관계의 과정을 결정하는 중요한 만남이라고 할 수 있다. 따라서 클라이언트의 욕구가 기관의 목적과 서비스 내용에 적합한지를 판단하여 접수하고 가족과 긍정적인 원조관계를 맺음으로써 앞으로의 개입과정에 가족의 참여를 적극적으로 유도할 수 있어야 한다. 그리고 원조의 목적을 명확히 하고 원조과정에서 기대되는 바를 명확히 하여 가족의 욕구가 기관의 자원과 정책에 부합되는지의 여부를 판단하는 것이다. 일반적으로 접수 시 건강가정사에게 주어지는 시간은 매우 짧기 때문에 이에 대비한 여러 가지 기술의 습득이 매우 중요하다. 두 번째 단계는 목적-접수단계에서 달성해야 할 목적은 기관을 찾아온 사람 즉 신청자가 직면하고 있는 문제를 기관의 도움을 이용하여 해결해 나갈 수 있는가의 적격성 여부를 결정하는 데 있다. 이 단계에서는 기관의 서비스와 기능에 대한 설명을 명백히 하여 적합한 사례인지를 결정하고 기관의 클라이언트로서 도움을 받기로 잠정적인 결정을 한다. 클라이언트가 기관으로부터 도움을 받기 위한 기본적 조건인 적격성의 요건은 다음과 같다.

- 클라이언트의 문제가 기관의 기능에 적합할 것
- 클라이언트의 문제해결을 위한 적극적인 태도를 보일 것
- 기관의 도움을 받을 수 있는 클라이언트의 마음의 준비

부적합한 사례에 대해서는 클라이언트와의 면접에 의하여 그의 문제해결에 적합한 시설이나 기관을 소개하고 의뢰(referral)해야 한다. 세 번째 단계는 활동 내용이다. 먼저, 대상자와의 라포 형성 대상자와의 첫 만남에서 건강가정사는 대상자에게 자신의 문제를 충분히 표현할 수 있도록 가장 편안하고 안전한 분위기를 제공해야 한다. 대상자들은 모두 일정한 형태의 문제 또는 욕구를 가지고 있으며 사회복지사의 도움을 통해서 그 문제가 해결되고 욕구가 충족되기를 바라고 있으나, 처음 기관을 방문하는 상황이므로 기대만큼 새로

운 환경에 대한 두려움을 갖게 된다. 따라서 건강가정사는 대상자의 문제에 대한 이해와 진실 된 관심을 표명함으로써 대상자로 하여금 수용 감과 존중감을 전달받을 수 있도록 해야 한다. 또한 관계형성은 개입과정 초기에 집중적으로 이루어지기는 하지만 개입 기간 내내 진행되는 지속적인 과정이라고 할 수 있다. 접수과정에서 건강가정사의 효과적 관계 형성기술로는 경청 감정이입 침묵의 허용, 클라이언트의 저항 다루기 등을 들 수 있다.

다음으로는 문제 확인(문제의 성질, 문제의 중요성, 문제의 원인), 클라이언트 문제해결의 노력과 방법, 기관에 요구하는 해결책 등이 있다. 네 번째 단계는 서비스 수혜 여부 결정이 있고, 클라이언트의 서비스 수혜 여부를 결정할 때에는 대상자의 자기결정권을 최대로 존중하고 여건이 허용되는 범위 내에서 법적 강제 규정 이외의 사항에 대해서 다양한 선택권을 허용해야 한다. 또한 추후에 개입이 진행되는 동안 클라이언트가 의뢰된 기관에서 서비스를 적절히 받고 있는지에 대해 지속적으로 점검해야 한다(양정남 외, 2002). 다섯 번째 단계는 원조과정에 대한 안내가 있다. 클라이언트에게 서비스 제공을 결정한 후에는 서비스 제공에 대한 규칙과 조건, 그리고 서비스 제공과정에서 사회복지사와 클라이언트가 각기 수행해야 할 역할 등에 대하여 설명해야 한다. 이때 제공해야 할 사항은 서비스에 관련된 세부 사항들인 시간, 장소, 빈도, 모임횟수, 전체 프로그램, 진행시간, 평가 방법 등이 포함된다.

(2) 사정 및 계획하기

초기접수가 끝나면 이에 기초한 사정작업을 시작한다. 이때 사정은 수집된 정보를 바탕으로 하여 클라이언트의 문제 및 욕구의 성격과 원인을 판단하고, 개입을 위한 의의를 도출해 내는 실천 활동이다. 이 과정에서 건강가정사의 의무는 문제를 발견하고, 정보와 자료를 수집하며, 문제를 규정하는 것이다.

사정단계에서 필요한 실천기술은 사정도구를 활용하여 사정작업을 하는 것이다. 대표적인 사정도구로는 가계도, 생태도, 사회도, 심리검사, 생활력조사 등을 활용한다.

계획수립단계는 클라이언트의 문제를 어떻게 해결할 것인지 계획을 수립하는 과정이다. 계획된 변화를 일으키기 위해서는 '변화'를 발생시키기 위한 계획을 세우고, 계획을 실행에 옮겨야 한다. 이 과정에서 건강가정사가 수행해야 할 두 가지 의무는 개입목표를 설정하고, 서비스 계약을 수립하는 것이다.

- **개입목표** : '클라이언트가 현 상황에서 벗어나기 위한 바람직한 변화의 방향'을 말하며, 이러한 목표를 설정하기 위해서는 표적문제를 선정해야 한다.
- **서비스 계약** : 목표설정이 끝난 후 문제의 정의, 목표, 클라이언트와 건강가정사의 역할, 시간, 장소, 비용, 개입기법, 평가방법 등 개입계획에 대해 건강가정사와 클라이언트가 동의하는 것이다.

즉, 계획과정은 수집된 자료를 근거로 하여 건강가정사와 클라이언트가 상호협의에 의하여 다루어야 할 문제를 정의하고 목적을 구체화시키며 문제로부터 목적으로 옮겨가기 위하여 계획된 중재방법을 제공하는 과정이라고 할 수 있다. 그 과정은 **첫째**, 문제파악 및 접수 후에는 클라이언트의 가정에 어떤 서비스를 제공할 것인가에 대한 구체적인 목표를 세우고 목표에 도달하기 위함 실천방향을 계획한다. 계획단계에서는 클라이언트와 충분하게 상담을 한 후 목적에 맞는 계획을 가족 스스로 수립하는 것이 무엇보다 중요하다. 계획은 문제해결의 우선순위를 확정한 후 달성목표를 설정하는 것이다. 구체적으로 단기 및 중장기적인 목표의 설정과 그 달성을 위한 시책, 사회적 자원동원의 필요성 등이 계획에 포함될 수 있다. **둘째**, 목표설정이다. 계획단계의 최종목적은 클라이언트에게 서비스를 제공함으로써 문제해결과 성장을 통한 행복감을 증진하는 데 있다. 서비스 제공과정에서 클라이언트가 제시한 문제를 규명하고 이에 대한 해결책으로 클라이언트의 욕구나 요구사항을 목표 설정할 필요가 있다. 즉, 목표설정은 클라이언트 문제해결의 상태가 달려있는 만큼 매우 중요한 과제이다. 셋째, 계약이다. 계약은 개입과정에 대해서 건강가정사와 클라이언트가 상호 동의한 내용을 말한다. 계약은 클라이언트에게 구조 구체성과 참여 감을 주기 때문에 문제와 과업을 수행하려는 클라이언트의 동기를 매번 강화시킬 수 있다. 클라이언트가 자신의 활동을 통해서 합의된 목적과 목표에 도달하는 것은 자아존중감을 향상시키고 상황에 영향을 미칠 수 있다는 자신감을 갖게 한다. 계약의 종류로는 서면계약, 구두계약, 묵시적 계약 등이 있다. 묵시적 계약 또는 의사실현에 의한 계약은 구두나 문서로서 명시적 약속 명시적 계약을 하지 않았지만, 당사자들의 행동으로부터 합리적으로 또는 정의의 관점에 따라 판단할 때 합의의 존재가 추론되는 계약을 말한다.

(3) 서비스 개입

개입단계는 건강가정사와 클라이언트가 합의한 표적문제를 해결하기 위한 계획(목표와 계약)을 실천하는 단계이다. 이 단계에서 건강가정사의 과업은 개입방법을 적용하여 변화를 만들어 내고, 클라이언트의 변화 정도를 점검하는 역할을 해야 한다. 이때 개입유형은 개입 대상 체계에 따라 개인, 가족, 집단에 대한 개입으로 구분해 볼 수 있으며, 개입 접근방식에 따라 직접 개입과 간접 개입으로 나뉜다.

- **직접개입** : 개입 대상 체계에 따른 개입은 개인, 가족, 소집단 등 클라이언트 체계 자체를 변화시킴으로써 클라이언트의 문제를 해결될 수 있도록 구호하는 개입방법이다. 또한 직접개입 방식은 개인의 인지, 정서, 행동에 대한 개입을 말하며, 이러한 접근방법에 필요한 실천기술은 의사소통중심기법, 행동중심기법 등이 필요하다.
- **간접개입** : 클라이언트의 정서, 인지, 행동을 대상으로 변화를 일으키는 것이 아니라 클라이언트를 둘러싼 환경체계에 변화를 일으킴으로써 클라이언트의 문제가 해결될 수 있도록 하는 방식이다. 이러한 접근방법에 필요한 실천기술은 환경 조성, 서비스 조정, 프로그램 계획과 개발, 공식적 지지체계의 활용, 자연적 지지체계의 활성화, 옹호, 의뢰 기술이 필요하다.

(4) 평가 및 종결

건강가정지원 실천현장에서 클라이언트의 문제가 해결되거나 욕구가 충족되면 종결이 이루어진다. 이때 충족여부는 평가를 통해 이루어지므로 평가는 종결과 밀접한 관련이 있다. 평가는 건강가정사와 클라이언트가 건강가정지원실천 과정이 효과적이었는지 그리고 효율적이었는지를 판단하고, 건강가정지원실천 과정에서 어떠한 일들이 발생하였는지 그리고 그러한 일들이 결과에 어떠한 영향을 미쳤는지를 조사하는 활동을 말한다. 평가방법으로는 사례연구, 단일체계설계, 과업성취 평가, 목표달성 평가, 클라이언트 만족도 조사 등을 활용한다.

종결은 클라이언트에 대한 건강가정사의 개입활동을 계획에 따라 마무리하는 단계이다. 즉, 목적을 성취한 클라이언트의 경우 건강가정사와의 활동을 통해 어려운 문제가 해결되었다는 것을 뜻하며, 앞으로는 클라이언트가 스스로 문제를 해결하고 대처해나가야 한다는 것을 의미한다. 이러한 종결에는 크게 두 가지 유형으로 구분된다. 즉, 계획된 종결과 계획되지 않은 종결이다.

- **계획된 종결** : 서비스 제공 완료 혹은 시간제한으로 인한 종결과 목표달성으로 인한 계획된 종결인 경우이다.
- **계획되지 않은 종결** : 클라이언트 사정에 의한 계획되지 않은 종결과 건강가정사 사정에 의한 계획되지 않은 종결 등이다.

따라서 이 단계에서 건강가정사의 의무는 종결 시기를 결정하고, 이별에 대한 정서적 반응을 다루며, 개입을 통해 획득한 성과를 유지하고 강화하기, 의뢰하기 등이다.

2) 건강가정지원의 실천기술

(1) 관계 형성

건강가정지원의 실천기술에서 관계란 건강가정사와 클라이언트의 관계를 말한다. 관계는 건강가정사와 클라이언트 두 사람 간의 태도와 감정의 상호작용으로 생기는 산물로 라포(Rapport)라고 표현한다. 건강가정지원 실천에서 '라포 형성'은 중요한 개념이다. 라포가 형성되어 편안하고 따뜻한 분위기에서 클라이언트는 마음을 쉽게 열고 이를 통해 건강가정사와 클라이언트는 목적을 향해 협동적인 노력을 하게 된다.

① 관계의 기본 원칙

비에스텍(Biestek)은 도움을 구하는 사람들에게는 공통적인 기본감정과 태도의 유형이 존재한다는 주장을 하며, 이를 바탕으로 관계형성의 7대 원칙을 정립하였다.

첫째, 개별화이다.

개별화는 개인으로서 처우 받고 싶은 욕구를 의미하며 불특정한 인간이 아닌 개별적 차이를 지닌 특정한 인간으로 대우되어야 한다. 건강가정사는 편견 없이 클라이언트 개개인의 상황과 경험을 존중하고 이해해야 한다. 개별화를 위해 건강가정사는 클라이언트의 비언어적·언어적 표현을 관찰하고 경청하여 클라이언트의 특성을 이해할 수 있어야 한다. 클라이언트의 전체상황을 이해하고 인간행동에 대한 지식을 활용할 수 있어야 한다. 개별화를 위해서 건강가정사는 클라이언트와의 면접을 위한 사전 준비를 해두고, 면접에서 비밀을 보장한다. 면접 약속 시각을 지키며 클라이언트의 참여를 유도한다.

둘째, 의도적인 감정표현이다.

의도적인 감정표현이란 클라이언트가 자신의 감정을 자유롭게 표현하려는 욕구를 인식하는 것이다. 의도적인 감정표현은 클라이언트가 적극적이고 건설적인 행동을 하도록 한다. 건강가정사는 클라이언트의 감정표현을 귀담아 진지한 태도로 경청하여 심리적으로 지지를 표현해야 한다. 클라이언트의 감정표현은 스트레스를 해소해주고 긴장을 완화하게 한다. 건강가정사는 클라이언트가 감정을 자유롭게 개방할 수 있는 편안한 분위기를 만들고 모든 사람은 자신에게 중요한 것에 부정적인 감정을 가질 수 있으며 그 감정을 표현해도 좋다는 것을 알려주어야 한다. 또한 클라이언트의 상황을 정확하게 이해하기 전까지는 해결책을 제시하는 것을 삼가야 한다.

셋째, 통제된 정서적 참견이다.

이는 문제에 대한 공감을 얻고 싶은 욕구를 말한다. 클라이언트와의 면접은 주로 정서적인 면과 연관이 있으므로 건강가정사는 클라이언트의 감정에 대한 호응에 정서적으로 통제된 참견을 해야 한다.

넷째, 수용이다.

이는 개인적으로 가치 있는 존재로 인정받고 싶은 욕구를 말한다. 건강가정사는 클라이언트의 있는 그대로를 이해하고 받아들이는 행동상의 원칙이다.

다섯째, 비심판적 태도이다.

이는 심판받지 않으려는 욕구를 의미하는데 문제나 욕구의 발생 원인이 클라이언트에게 어느 정도 책임이 있는지를 말하는 것을 배제하는 것이다. 건강가정사는 클라이언트를 이해하기 위해 선입관과 편견을 가지지 않고 객관적으로 평가해야 한다.

여섯째, 자기 결정이다.

이는 자기 자신이 선택과 결정을 내리고 싶은 욕구를 의미한다. 클라이언트가 자기 삶을 스스로 결정할 수 있는 권리와 욕구가 있다는 건강가정지원 실천에서 개입과정의 원리에 기초한 것이다. 건강가정사는 클라이언트가 자기수용을 할 수 있도록 돕고 자신의 내적 자원을 발견하도록 돕는다. 개입과정에서 클라이언트가 모든 과정에서 적극적으로 참여할 수 있도록 하고 자신의 문제를 해결하는 과정을 통해 잠재력과 인격 성장을 이루도록 조력한다.

일곱째, 비밀보장이다.

이는 클라이언트가 자신의 비밀을 간직하려는 욕구를 말한다. 비밀보장은 건강가정사의 윤리적 의무이지만 절대적인 것은 아니다. 비밀보장의 권리가 제한되는 경우는 클라이언트에게 서비스를 제공할 때 거치는 단계의 사람들과 공유하는 경우, 건강가정사가 슈퍼바이저에게 사례를 보고하여 지도받을 경우, 교육적 목적으로 클라이언트의 사례를 발표하는 경우, 비밀보장이 인간의 존엄성과 생명 존중이라는 건강가정지원 실천의 절대가치를 위배하는 경우이다.

② 변화를 방해하는 관계

건강가정지원 실천에서 클라이언트의 변화를 방해하는 관계가 있다.

첫째, 클라이언트의 불신이다. 삶의 과정에서 격려와 인정을 받지 못한 사람은 건강가정사를 신뢰하거나 의지하는 것이 쉽지 않기 때문에 방어적인 태도를 보이게 된다.

둘째, 전이이다. 전이는 클라이언트가 과거에 가졌던 무의식적 감정을 건강가정사에게 보이는 것으로 스스로 인식하지 못하는 경우가 많으며, 건강가정사와 강한 정서적 관계를 맺은 클라이언트에게서 종종 나타난다.

셋째, 건강가정사의 역전이이다. 역전이는 건강가정사가 클라이언트에게 자신의 과거의 인물인 것처럼 느끼고 무의식적으로 반응하는 것이다.

(2) 효율적인 의사소통기술

의사소통은 개인적이건 사업적이건 간에 모든 관계에서 필수적인 부분이다. 더욱이 효율적인 의사소통기술은 강한 관계를 구축하고 삶의 모든 영역에서 성공을 거두는 데에도 중요하다. 또한 효율적인 의사소통은 건강한 관계를 형성하고 유지하는 데 중요한 역할을 한다. 그것이 로맨틱한 관계이든,

우정이든, 직업적인 관계이든, 효율적인 의사소통은 이해와 신뢰 그리고 상호 존중의 기반을 마련한다.

관계적인 측면에서 보면, 효율적인 의사소통은 적극적으로 경청하고, 자신을 명확하게 표현하고, 다른 사람들에게 공감하는 것을 포함한다.

첫째, **적극적인 경청**이다. 적극적 경청은 대인관계에서 진심으로 경청함으로써, 상대방의 생각과 감정을 가치 있게 여기고 존중한다는 것이 나타나게 된다. 더욱이 이때 신뢰감과 개방감이 쌓인다. 그러나 경청은 가끔씩 등한시되는 경향이 있다. 따라서 적극적인 경청은 말하는 사람에게 충분한 주의를 기울이고, 그들의 관점을 이해하고, 적절하게 반응하는 것을 의미하므로 상대방에게 집중하고, 시선을 맞추고, 주의를 산만하게 하지 않는 것이다.

둘째, **자신을 명확하게 표현**하는 것이다. 즉, 생각과 감정을 상대방이 쉽게 이해할 수 있는 방식으로 분명하게 표현하는 것이다. 효율적인 의사소통을 통한 건전한 관계형성 및 유지를 위해서는 명확한 의사소통이 오해를 최소화하고 효과적인 문제해결을 가능하게 한다. 예를 들면, 자신을 표현할 때, 비난과 방어를 피하기 위해서 "당신은 내 말을 절대 듣지 않네요."라는 말 대신에 "나는 내가 말을 할 때 시선 접촉이 안 되면 허공에다 떠드는 기분이 들어요."라고 말할 수 있다. 이때 "나"라는 말을 사용하는 것은 자신의 감정을 책임지고 열린 대화를 부추기는 환경을 만들게 된다.

셋째, **공감**이다. 공감은 다른 사람의 감정을 이해하고 공유하는 것으로 효율적인 의사소통의 또 다른 중요한 요소이다. 즉, 공감은 우리가 상대방의 관점에서 사물을 볼 수 있도록 하여, 연결감을 강화하고 서로의 감정을 더 깊이 이해하도록 한다. 비록 우리가 완전히 동의하지 않더라도, 상대방의 감정을 확인하고 그들의 경험을 인정할 때 공감함으로써, 서로에게 정직한 의사소통을 위한 안전한 공간을 만들고 관계에 대한 헌신을 보여주게 된다.

이와 같이 효율적인 의사소통은 건강한 관계를 형성하고 유지하는 초석이며, 적극적으로 경청하고, 자신을 분명하게 표현하며, 타인에게 공감함으로써 이해와 신뢰, 상호 존중을 기를 수 있는 환경을 조성하게 된다.

▌ 청취의 장애물

- **판단하기** : 부정적으로 규정을 짓는 것은 엄청난 힘을 지닌다. 즉, 누군가를 바보라든가, 자질이 없다는 식의 선입관을 가지게 되면 그 사람이 말을 할 때 충분한 주의를 기울이지 않게 된다. 이는 그의 말을 들을 가치가 없다고 판단해 버린 것이다.
- **공상하기** : 다른 사람의 말을 성의 없이 들을 때 간혹 상대방이 말한 것이 갑자기 개인적인 연상의 고리를 건드리는 경우가 있다.
- **확인하기** : 어떤 사람이 말을 하는 것을 자신의 경험과 관련시키는 것이다.
- **충고하기** : 몇 마디 듣고서도 세상일을 다 아는 사람처럼 조언을 시작한다.
- **언쟁하기** : 자기만 옳다고 주장한다.

▌ 효율적인 청취를 위한 4단계 전략

1단계 : 적극적 청취 - 상대방의 말을 완전하게 이해하기 위해서는 대체적으로 질문을 하고 피드백을 주는 것이다. 이때 주로 사용하는 기법으로는 '바꾸어 말하기'가 있다. 즉, 자신의 단어로 진술하는 것으로 예를 들면, '내가 들은 바로는 …'이 있다. 이는 상대방의 감정을 듣고, 격노하게 되는 것을 막아주고 위기를 온화하게 대처하게 된다. 그리고 '명료화하기' 기법은 대화를 이해하기 위해서는 상황을 알아야 하므로 더욱 선명한 윤곽을 잡을 때까지 질문을 하는 것을 의미한다. '피드백'기법은 판단을 내리지 않으면서도 자신의 생각이나 느낌, 감각을 공유할 수 있다. 예를 들면, '이것이 네가 느낀 소감이니?'이다. 피드백은 잘못이나 오해를 수정할 수 있는 기회를 제공한다.

2단계 : 공감하며 청취하기 - 일상에서 모든 사람을 좋아하거나 모든 사람에게 동의할 필요는 없지만 상대방에게 공감하며 듣는 것은 중요하다. 왜냐하면 우리도 그와 똑같은 고난을 겪을 수 있다는 것을 인식해야 한다.

3단계 : 개방적으로 청취하기 - 비난만 하고 청취를 하지 않기에 인간관계는 멀어지게 된다.

4단계 : 인식하면서 청취하기

▌ 효율적인 의사소통 향상을 위한 팁

- **주의 깊게 듣기**: 듣기는 효과적인 의사소통에 있어서 중요한 요소이다. 상대방의 말을 주의 깊게 듣고 그들의 관점을 이해하려고 노력해야 한다.
- **질문하기**: 질문하기는 대화에 관심이 있다는 것을 보여주고 상대방이 말하는 내용을 이해하고 있는지 확인할 수 있는 좋은 방법이다.
- **명확하고 간결하게** : 자신을 표현할 때 명확하고 간결하게 해야 한다. 가급적이면 상대방이 이해할 수 없을 것 같은 전문 용어사용은 지양해야 한다.
- **존중하기**: 존중은 모든 관계에서 중요한 부분이다. 다른 사람의 의견과 감정을 존중해야 한다.
- **비언어적 신호 사용**: 신체언어 및 얼굴 표정과 같은 비언어적 신호는 언어적 의사소통만큼이나 중요할 수 있다. 따라서 상대방의 비언어적 단서에 주의를 기울이고 이를 자신에게 유리하게 사용해야 한다.

2. 사례관리와 가족치료

1) 사례관리

사례관리(case management)란 복합적인 욕구를 가진 내담자의 욕구를 충족·해결시키기 위해 다양한 자원을 활용·연계하여 내담자의 기능 및 삶의 질을 향상시키고자 하는 실천방법이다.

따라서 건강가정사는 가족구성원들 대상의 서비스를 제공하면서 만성적·복합적인 문제를 가진 개인 및 가족구성원들의 기능을 향상하고자 한다. 즉, 다양한 문제와 복잡한 욕구로 인해 여러 종류의 도움을 동시에 필요로 하는 내담자에게 종합적인 서비스를 연계 또는 제공하기 위한 실천방법이다. 이때 공식적·비공식적 활동들 간의 연결망을 조직, 유지하여 계획된 목적을 성취한다(엄명용 외, 2000; 이경준 외, 2014; 오봉욱 외, 2013).

2) 사례관리의 구성요소

사례관리를 구성하는 요소는 크게 사례관리의 대상, 사례관리자, 사례관리 운영체계(사례관리기관 또는 조직, 사회자원 및 사회관계망)로 구분된다(오봉욱 외, 2013; 295-297 재인용; 이경준 외, 2014 재인용).

(1) 사례관리의 대상

사례관리는 기본적으로 장기적인 개입을 필요로 하는 대상에게 실시한다. 그러므로 사례관리 대상자는 복합적인 욕구를 가지고 있어서 하나 이상의 사회적 지원을 필요고 하지만 자원의 소재와 이용방법에 대해서 잘 모르는 사람들을 의미한다. 과거에는 사례관리 서비스의 대상가 주로 고령자, 정신보건 및 장애 부문에서 진행되었지만 점차 장기적이고 만성적인 서비스를 필요로 하는 대상이 증가하면서 지역사회를 기반으로 하는 포괄적인 서비스 요구가 커지고 있다. 즉, 아동, 청소년, 노인 등 신체적 · 정신적 · 경제적 · 사회적 영역의 문제를 복합적으로 가진 다양한 영역으로 확대되는 경향이 나타나고 있다(현외성 외, 2012).

(2) 사례관리자

사례관리자는 보편적으로 건강가정사가 소속된 기관에 의해 수행하는 역할 중 하나이다. 이들은 사회자원을 가족이 활용하여 욕구를 충족해갈 수 있도록 촉진, 조정, 연결시켜 나감으로써 개인 또는 가족구성원들의 능력을 향상시키고자 서비스 공급주체들의 능력 또한 발전시키는 중요한 역할을 맡는다. 이는 사례관례자의 역량에 따른 가족과의 관계수립 정도, 사회자원과의 협력 정도, 활용하는 자원의 양 등의 서비스 양과 질이 달라질 수 있으므로 인간적 자질과 태도, 사례관리자의 관점과 철학, 건강가정사의 정신, 사례관리 수행을 위한 전문적인 지식과 기술은 사례관리의 성공을 위한 중요한 요소이다. 따라서 이에 대한 사례관리자의 지속적인 역량강화는 강조된다.

사례관리자의 역할 수행은 크게 직접적인 역할과 간접적인 역할로 구분한다. 직접적인 역할로는 실행자, 상담자, 교사, 정보제공자, 조력자 등이며, 간접적인 역할은 중개자, 연결자, 조정자, 옹호자 등이다. 이를 위해 건강가정사는 의사소통을 위한 관계 형성기술, 욕구 파악을 위한 정보 수집과 기록, 지역사회 자원 개발과 연계, 활용기술을 사용하여 개인 및 가족구성원들에게 서비스를 제공한다.

사례관리자의 역할

목슬레이(Moxley)는 사례관리자의 기능을 간접적 서비스와 직접적 서비스로 구분하고 이에 따라 사례관리자의 역할을 구분하였다.

간접적 서비스: 사례관리자는 중개자, 연결자, 조정자, 옹호자, 사회적 망 수립자, 조정자 및 협상 제공자 등의 역할,
직접적 서비스: 이행자, 교육자, 안내자, 협조자, 진행자, 정보 전문가, 지원자로 기능

따라서 사례관리자는 클라이언트의 포괄적 욕구를 알고 이를 적절한 서비스와 연결시키고, 이러한 서비스가 효율적으로 제공되도록 노력한다.

1) 일반적 역할

① 클라이언트의 확인과 출장원조 : 사례관리의 초기단계에 잠재적 클라이언트에게 정보를 제공하고 함께 협의함으로써 서비스를 활용하고 접근하는 데 장애가 되는 요소들을 파악한다.
② 개인과 가족에 대한 사정과 진단 : 사례관리자는 개인과 가족, 관련 환경 사이에 요구되는 체계의 정보수집기술을 활용한다. 사례관리자는 서비스 체계의 자원과 결함에 대해서 동시에 접근한다.
③ 계획과 자원에 대한 확인 : 사례관리자는 실행 가능한 개입계획을 세우고 발전시키기 위해 클라이언트의 문제해결능력을 동원. 클라이언트, 가족, 목적달성과 관련된 다른 제공자들 사이의 협상과 계약기술이 요구된다.

2) 직접적 서비스 역할

① 실행자 : implementer로서 사례관리자는 클라이언트를 위해 다양한 방향을 제시한다. 이 역할은 주로 위기상황에서의 클라이언트 혹은 기능이 매우 제한되어 스스로 문제 극복이 어려운 클라이언트에게 제한적으로 사용한다.
② 교육자: 교육과정의 단계는 기술의 명확화, 모델화, 역할연습, 환류, 훈련이전 단계로 이루어진다.
③ 안내자, 협조자: 역할 수행의 단계는 클라이언트와 만나고, 서비스와 지원을 위한 결정에 함께하고, 서비스 및 지원전문가 그리고 사회망구성원과 계속 만나며, 지원전문가, 사회망구성원을 위한 급부를 위해 만나게 된다.
④ 진행자 : 자신이 스스로 도울 수 있는 기본적 능력을 갖추고 있을 때 클라이언트에게 도움이 될 수 있는 적절한 서비스선택과정을 돕고 지지한다. 이때 전체 과정을 같이 할 수도 있고 전문지식을 전달하기도 한다.
⑤ 정보 전문가 : 이 역할을 위해서 사례관리자는 지역사회에서 클라이언트가 이용 가

능한 대인서비스, 급부체계, 기회 등에 대한 전문적 지식이 필요하다.

⑥ 지원자 : 직접서비스 역할 중 가장 최고점이며 이때 클라이언트는 자기옹호를 충분히 할 수 있어야 하며, 이 역할을 위해 사례관리자는 지식, 기술, 자기분석 및 인식을 모두 갖추어야 한다.

3) 간접적 서비스 전략

① 중개 : 클라이언트욕구를 위한 서비스 유무를 명백히 하고 기관을 선정하는 전략으로 효과적 중계역할은 자원목록이라는 전문지식에 달려있다.

자원목록은 a, 서비스에 대한 이용성, 적절성, 수용성 접근성 b, 서비스를 위한 자격기준 c, 과거 서비스의 질과 평가 d, 서비스제공자의 능력 e, 특수한 클라이언트를 위한 서비스 f, 기관의 주요서비스 등에 관한 지식이 포함된다.

② 연결: 특정 기관의 서비스와 클라이언트를 연결하는 것으로 대표적 방법의 한 가지는 의뢰서비스이다.

효과적 의뢰를 위한 기준은 첫째, 의뢰해야 할 욕구를 클라이언트 혹은 보호자에게 분명히 하고 둘째, 의뢰를 통해 획득 가능한 변화를 하고, 셋째. 의뢰기관과는 클라이언트가 많이 관여토록 한다. 넷째, 의뢰기관 서비스에 대해 클라이언트 함께 사정하고. 다섯째, 클라이언트의 접근·비접근성 문제를 정하고 여섯째, 필요 시 사회망 구성원이 클라이언트와 같이 가도록 배치한다.

③ 조정 : 상호적 기관망의 맥락에서 적합한 방법인 서비스를 획득하는 노력으로 조정촉진을 위한 전략이 있다. 그것은 첫째, 클라이언트의 욕구를 강조한다, 둘째, 조정노력을 한다. 셋째, 조정되어야 할 부분을 구체화한다. 넷째, 조정 시 이점을 고려한다.

④ 옹호 : 서비스 제공을 거부한 기관을 상대로 해서 도움을 주도록 하는 동기화 전략에서 옹호전략을 수행할 때의 수준으로는 직접 담당자에게 항의하는 것, 특수한 지식을 활용하는 것, 담당자의 상관에게 항의하는 것, 공식적 민원신고를 이용하는 것, 외부권위에 항의하는 것, 법적 대응을 하는 순서로 발전하는 것이다.

⑤ 조력 : 상호보호 수준을 발전시키기 위해 원조자들에게 조력하는 것으로 이를 위한 사례관리 활동은 사회구성원들을 위한 교육, 그들을 위한 이차적 지원(예: 스트레스 관리, 아유회 등), 대안적 지원체계의 확립 등을 마련하는 것이다.

⑥ 협의 : 타 조직이나 기관의 변화와 혁신을 장려하는 전략에 있어서 이를 수행하기 위해 사례관리자는 전문적 지식과 기술이 기본이다.

이때 협의를 위한 단계에는 지지에 대한 기관의 요청에 반응하는 것, 기관대표와 만나는 것, 클라이언트 욕구와 특성을 기관에 교육하는 것, 서비스 전달상의 문제를 위한 접근법을 개발하는 것, 실용적 대응방법고안에 참여하는 것, 실용적 대응이 실행되도록 기관을 지지하는 것이다.

4) 통합적 역할

사례관리자로서의 역할을 수행함에 있어 어느 정도(what extent)의 서비스를 직접 제공할 것이며, 어느 정도 다른 서비스 제공자와의 일을 조정(coordinate)할 것인가에 관한 질문에 대한 답이 이 모델에서의 관건이 된다.

① 중개자로서의 사례관리자는 클라이언트의 욕구를 효율적, 효과적으로 충족시키기 위해 하나 혹은 그 이상의 서비스와 클라이언트를 연결하는 것을 의미한다. 즉, 클라이언트가 필요로 하는 자원을 소정의 사회기관으로부터 제공받지 못하거나 클라이언트의 지식이나 능역이 부족하여 유용한 자원을 활용하기 못할 경우에 다른 유용한 자원과 클라이언트를 연결한다.

② 조정자로서의 사례관리자는 한 사례를 담당 종결할 때까지 제공되는 모든 서비스를 총괄, 서로 중복되지 않도록 하며 협력하여 개입의 효과와 책임성을 높일 수 있도록 한다. 즉, 클라이언트의 문제와 욕구를 사정하고, 도움을 제공하는 과정에서 클라이언트의 욕구와 자원과의 관계, 클라이언트와 그들에게 도움을 줄 수 있는 원조자 간의 관계에서 필요한 조정과 타협한다. 이는 사례관리자가 지역사회자원을 원조 자원으로 인식 조정할 때 얻을 수 있는 이득이며, 클라이언트에 대한 사회의 수용을 이끌어낼 뿐만 아니라, 지역사회의 자연 발생적 자원의 이용은 사회 전체의 비용을 절감할 수 있다. 이렇듯 자연 발생적 자원을 사용하는 것은 클라이언트를 지역사회 생활로 재통합 촉진하는 것이다.

③ 상담자로서의 사례관리자는 클라이언트와 그의 가족이 그들 자신의 문제와 욕구를 스스로 파악하고 인식하도록 돕고, 클라이언트 스스로 비공식적. 공식적 지지망과 같은 자원을 개발하고 유지하는 방법을 교육한다. 즉, 사례관리자가 가져야 할 기술 중 가장 중요한 것은 클라이언트 및 그의 가족들, 서비스 제공자들과 원활하게 의사소통할 수 있는 능력, 그리고 클라이언트의 욕구를 충족시키기 위한 임상적 지식과 기술을 가지고 있어야 한다(Murer & Brick, 1997).

④ 옹호자로서는 클라이언트들에게 필요한 자원이 전혀 없거나, 자원을 필요로 하는 클라이언트에게 제대로 자원이 공급되지 않는 경우 사례관리자는 클라이언트를 대변하여 자원이 적절하게 공급될 수 있도록 옹호활동을 해야 한다. 왜냐하면 사례관리가 필요한 클라이언트의 경우 스스로 자신을 대변하고 옹호할 수 있는 능력이 부족한 편이기 때문이다.

⑤ 평가자로서의 사례관리자는 프로그램의 효과성, 효율성을 검토하기 위하여 사례관리 과정 전반에 관한 정보와 자료를 수집하고 분석하는 것이다. 즉, 평가에 서 사례관리자는 개별 클라이언트, 담당 사례, 서비스 계획, 서비스 전달체계, 서 비스 활동 및 지원체계의 효과성을 분석하는 것이다.

출처: 이효선 외(2017). 사회복지실천을 위한 사례관리, 서울: 학지사.

(3) 사례관리운영체계

사례관리운영체계는 사례관리 서비스를 제공하는 기관과 가족을 둘러싸고 있는 환경 및 자원을 말한다. 이것은 '사례관리기관 또는 조직', '사회자원 및 사회관계망'으로 나누어 살펴볼 수 있다.

• **'사례관리기관 또는 조직'**

사례관리기관은 체계 및 조직의 수준에서 서비스 조정과 연계를 책임지는 역할을 담당하는 곳으로 서비스의 통합과 조정을 효과적으로 달성하기 위해 한 지역사회 내에 사례관리기관이 유기적으로 연계하는 것이 중요하다.

• **'사회자원 및 사회관계망'**

사회자원은 클라이언트의 다양하고 복합적인 욕구를 충족시킬 수 있는 주체로서 시설, 설비, 자금이나 물자 또는 개인이나 집단의 지식과 기능 등을 의미한다. 이에 사례관리 활성화를 위해 다양하고 복합적이며 고도화되고 있는 클라이언트의 욕구 충족을 위해 사회자원의 종류를 확대하고 질적 향상을 도모하면서 서비스 공급 주체를 다원화할 필요가 있다. 사회자원을 서비스 공급 주체별로 분류하면 공급 자원체계, 비공식자원 체계, 사회자원 체계로 구분할 수 있으며, 사회자원을 자원의 본질, 원천 및 유용성에 따라 분류하면 개인이나 집단의 내적 자원과 외적 자원, 공식적 자원과 비공식적 자원, 실재적 자원과 잠재적 자원, 목적 달성을 위해 어느 정도 통제 가능한 자원과 불가능한 자원으로 분류할 수 있다.

사회관계망은 특정한 관심이나 활동을 공유하는 사람들 사이의 관계를 구축해 주는 온라인 서비스로 시회제도 속에서 제도적·비제도적으로 맺어진 관계망을 말한다. 이는 사회자본을 구성하는 하나의 요소이다. 사회자본은 사회관계 속에 내재된 자본형태로 물적·인적자본과 같이 사회의 생산성을 담보하는 비실체적 존재이다. 이는 신뢰, 상호호혜성과 긴밀하게 서로 연결되는 개념으로, 신뢰는 상호작용을 통해 형성된 대인적 관계를 의미하며 구성원 간의 상호관계를 강화하는 역할과 동시에 존경과 우의 등 특별한 관계에 기반을 둔다. 상호호혜성은 개인 간 또는 집단 간에 공유된 표현, 해석, 의미체계 등이다(이종복 외, 2008; 1 재인용).

3) 사례관리 실천과정

사례관리의 실천과정을 초기과정, 사정과정, 개입계획 및 실행, 평가와 종결의 과정을 거친다.

(1) 사례관리 초기과정

사례관리의 초기과정은 사례 발견과 아웃리치, 의뢰 및 스크리닝, 인테이크, 계약하는 과정을 모두 포함한다. 즉, 사례를 발견하여 스크리닝하고 이를 확인하기 위해 내담자를 만나고 자료를 수집하는 과정이다. 이때 클라이언트가 사례관리 대상으로 적합한가를 스크리닝하는 것이 먼저인데, 만약 기관과 적합하지 않을 경우에는 타기관에 의뢰해야 한다. 사례관리에서는 잠재적 클라이언트를 적극적으로 발견하고 서비스를 제공하는 아웃리치가 강조된다(장인협, 우국희, 2001; 이종복 외, 2008; 현외성 외, 2012).

용어 이해

아웃리치 : 도움을 찾고 요구하는 사람을 기다리는 것이 아니라 도움과 충고가 필요한 사람들을 직접 찾아 나서는 행위.
즉, 아웃리치는 사례관리 제공기관이 서비스를 필요로 하는 잠재적 클라이언트를 찾아 나서는 적극적인 사례 발굴방법이다. 사례관리 대상자가 찾아오기를 기다리는 것이 아니라 서비스를 알지 못해 이용하지 못하거나 정보의 사각지대에 있어 접근성이 떨어진 잠재적 클라이언트에게 서비스가 도달될 수 있도록 적극적으로 다가가는 노력

의뢰 : 서비스의 이용성을 보장하기 위해 각 분야의 전문가가 서로의 전문성을 인정하고 목표달성을 위해 협력하여 서비스를 연계하는 것.
즉, 공공기관에 의한 의뢰는 시·군·구 또는 읍·면·동에서 지역 내 수급권자 및 차상위계층 등 서비스가 필요한 잠재적 클라이언트를 발견하여 서비스

가 제공될 수 있는 건강가정시설에 의뢰하는 것. 서비스 제공기관과 주민자치센터, 사회복지 전담 공무원과의 의뢰 시스템이 지역사회 내에 잘 구축되어 있어야 함. 타 기관 및 타인에 의한 의뢰는 서비스 제공기관 간의 의뢰 및 클라이언트를 잘 알고 있는 이웃 주민이나 친척, 가족 등에 의한 의뢰임. 이 과정에서 클라이언트의 자기결정권과 서비스 이용에 대한 선택권을 클라이언트가 가질 수 있도록 하며, 비밀 보장과 함께 서비스 정보 제공에 대한 개방적 시스템이 지역사회에서 이루어질 수 있어야 함.

스크리닝 : 개별 사업에 대하여 사업 내용 및 지역 특성 따위의 정보를 수집하여 그 사업이 환경에 미치는 영향을 간이적으로 추정하고 그 사업이 세부적인 환경 영향 평가를 받을 대상인지의 여부를 판단하는 절차.
이는 부적절한 의뢰와 서비스가 필요하지 않은 사람을 사정 이전에 판단함으로써 실질적으로 서비스가 필요한 클라이언트에게 신속한 서비스를 제공하기 위한 것이다. 기준이 되는 사항으로는 시설보호에 대한 욕구, 배우자나 중요한 타자의 상실로 인한 고통, 일상생활의 원조에서 비공식지원 체계의 불충분, 기관의 서비스 제공 빈도, 서비스를 제공할 수 있는 장소, 진료기록의 유·무 등이 있다(이종복 외, 2008).

인테이크 : 대상자의 요구를 적절하게 파악해 담당자가 속하는 기관은 무엇을 할 수 있는지 적절하게 설명하고 대상자와 기관은 어떻게 협동해야 할 것인가를 설명하는 것이 필수요건.
이러한 과정에서 사례관리자의 과업은 원조를 필요로 하는 클라이언트의 장애나 욕구를 개략적으로 파악하는 것. 그리고 사례관리를 통해 제공해 줄 수 있는 원조의 내용을 클라이언트에게 상세히 설명하여 클라이언트가 그러한 원조를 수령할 것인지의 여부를 확인하고 계약하는 일이 중심이 됨.
무엇보다 인테이크에서 중요한것은 자료 수집과 수집된 자료를 정리하는 것. 자료수집은 가정방문을 통해 주요문제를 파악하며 대화를 통해 확인하는 방법을 사용. 이때 면접상담을 원칙으로 하며 만약 면접상담이 어려운 경우 그 대리인 및 가족 등과 면접을 실시해야 함. 자료 수집은 일반적으로 클라이언트의 신상에 대한 정보와 가족 및 구성원에 대한 정보, 경제 및 주거에 대한 정보를 수집하고, 건강 및 심리사회적 상황에 대한 정보와 클라이언트의 사회적 관계에 대한 정보, 문제와 욕구, 강점에 대한 정보도 수집해야 함.

계약 : 목표를 달성하기 위한 구체적인 계획에 대해 건강가정사와 클라이언트가 서로 동의하는 것으로, 계약 내용은 클라이언트의 기대, 원조과정, 목적, 참여자 역할, 개입기법, 시간, 모니터링 과정, 비용 등을 포함하며, 개입기법은 목표 달성을 위해 사용되는 방법을 구체화하고 클라이언트의 동의를 받아야 함

출처: 사회복지실습 용어사전

(2) 사례관리의 사정과정

사례관리의 사정 목적은 클라이언트가 필요로 하는 서비스의 형태가 무엇인지, 클라이언트의 능력 부족으로 충족되지 못한 욕구는 무엇인지를 검토하는 것이다(이종복 외, 2008: 90-91). 그 과정은 크게 초기, 사정, 계획, 실행, 평가 및 종결의 과정을 거친다.

- **초기 과정** : '사례'와 클라이언트의 확인 또는 발견, 심사와 접수 상담 및 등록
- **사정 과정** : 클라이언트와 가족의 문제, 욕구를 파악, 공식적·비공식적 서비스제공자의 지원 검토
- **계획 과정** : 적절한 서비스 유형, 보호에 필요한 시간, 지역사회기관과 가족구성원이 취할 역할들을 구체화하는 계획 수립
- **실행 과정** : 서비스 제공, 자원개발 및 연계, 조정과 점검
- **평가 및 종결** : 정기적으로 평가를 실시, 결과에 따라 의뢰, 사정 및 개입 계획 단계로 환류, 종결 등의 과정을 따름, 종결 시 사후관리에 대한 동의 확보

a. 클라이언트의 욕구 및 문제 사정

목슬레이는 클라이언트의 욕구 및 문제 사정을 하기 위한 영역을 수입과 주거, 고용, 건강과 정신건강, 사회적·개인적 문제, 레크리에이션과 여가, 일상에서의 활동, 이동 및 법률적 원조, 교육 등으로 나누어 설명하고 있다.

- **수입과 주거**

수입은 기본적인 생존에 적절한 수준으로 충분해야 하며, 클라이언트가 공적지원, 실업급여 등의 대상이 되는가의 여부를 평가한다. 주거는 지역이나 환경, 주택 소유 여부, 그리고 냉·난방시설이나 전기시설, 화장실 상태, 실내 이동 시의 안정성 문제 등의 주거 내부 환경을 평가한다.

• 고용

클라이언트의 이전 직업, 기술, 실업이나 실직 상태, 구직의 어려움 등을 파악하고 직접 안내, 평가, 배치, 훈련 기회 등을 확인한다.

• 건강과 정신건강

신체적 · 치의학적 · 영양학적 · 예방적 측면을 포함하며, 과거의 병력이나 가족력, 건강에 대한 클라이언트의 개인적 소신들을 검토한다. 그리고 정신건강 측면은 클라이언트의 행동이나 주관적 표현, 일상생활에 대처하는 방식 등을 통해 불안, 우울, 슬픔, 분노, 음주, 일시적인 정서장애 및 성격상의 문제 등을 평가 및 확인한다.

• 사회적 · 개인적 문제

친밀감, 사회적 통합, 자아존중감, 상호원조의 욕구를 충족시켜주는 데 중요한 요소로 사회적 또는 가족구성원들로부터 고립되어 있는 객관적인 상태와 주관적인 고독감의 양면을 검토한다.

• 레크리에이션과 여가

삶의 질에 영향을 미치는 것으로 여가 기회의 이용 가능성 즉, 여가 기회와 그것의 적절성 여부를 질문하는 것으로 확인한다.

• 일상에서의 활동

클라이언트가 독립적인 일상생활을 영위할 수 있는지의 여부로, 도구적 일상생활능력과 세면, 목욕, 옷 입기 등의 일상생활 동작능력을 검토한다.

• 이동 및 법률적 원조

클라이언트가 혼자서 독립적으로 거동할 수 있는지, 도움이 필요한지를 평가하고, 교통편의 서비스 제공의 필요성을 평가하며, 법적인 보호나 상담이 필요한지를 평가한다.

• 교육

교육은 직업, 의사소통, 사회성, 지성과 문화적 성장에 필요한 부분으로 클라이언트의 교육에 대한 열의와 교육수준 등을 평가한다.

b. 클라이언트의 능력사정

목슬레이가 제시하는 클라이언트의 능력사정은 신체적기능 상태, 인식기능 상태, 감정기능 상태, 행동적인 기능 상태 이다(장인협, 우국희, 2001; 현외성 외, 2012: 141).

• **신체적 기능 상태**

질병의 유무, 신체적인 에너지와 힘, 약물치료, 상처, 감각기관의 수용력, 심리학적 또는 건강 상태에 대한 특징 등을 평가한다.

• **인식기능상태**

적응능력, 지적인 수용력, 판단, 유연성, 인식의 결합, 가치와 그것들의 행동, 자아개념의 일관성을 검사한다.

• **감각기능 상태**

우울증의 유무, 근심, 정서 관련 감정의 범위와 그것을 조절하는 방식과의 관계, 그리고 감정이 상황에 적합한지를 검사한다.

• **행동적인 기능상태**

타인에 대한 민감성, 협동성, 독단성, 개인의 위생 상태, 경청기술, 자기표현기술, 그리고 좌절에 대한 행동의 반응 등을 확인한다.

c. 클라이언트 지원체계의 능력사정

클라이언트의 욕구를 충족시키기 위한 공식적 ·비공식적 지원체계의 능력을 클라이언트와 함께 사정한다.

공식적 지원체계에는 사회복지시설, 지역사회의 공공기관, 단체 정부기관 등이 해당되며, 공식적 지원체계에 대한 사정은 서비스의 이용 가능성, 서비스 양의 적합성, 욕구에 대한 서비스의 적절성, 클라이언트에 대한 서비스의 수용 가능성, 서비스에 대한 접근 가능성 등을 고려하여 실시한다.

비공식적 지원체계에는 가족, 친척, 이웃, 종교집단 등이 해당된다. 이에 대한 사정은 자원의 수, 그들의 이름과 관계, 관계의 질, 제공하고 있는 서비스의 종류, 그들의 능력, 부담감 등에 관한 정보를 통합한다(이종복 외, 2008).

d. 지원체계 활용의 장애사정

공식적·비공식적 지원체계 활용에 장애가 되는 요인이 무엇인지를 파악하는 것으로는 앞서 사정한 공식적 ·비공식적 지원체계를 사정하고 이들의 활용에 부정적인 영향을 미치고 있는 요인이 무엇인지를 확인한다. 이때 장애요인으로는 이동의 부자유나 교통편의 부족 등으로 인한 접근성의 문제, 지원체계에 대한 부정적 이미지로 자원 이용에 대한 거부, 낙인감, 무기력, 동기 부족 등 심리사회적 문제, 신체적·인지적·정신적 능력의 부족 등으로 인한 자원 이용의 불가능성, 자원의 부족, 정보의 부족, 서비스의 단편성과 불연속성, 비공식지원체계의 무관심과 책임성 결여 등이 있다(이종복 외, 2008).

(3) 사례관리 개입계획과 실행

사례관리 개입계획은 전 단계에서 작성된 사정을 바탕으로 확인된 욕구 충족을 위해서 제공될 자원들을 연결시켜 나가는 과정에 대한 서비스 제공자와 서비스 이용자의 합의 과정이다. 또한 개입계획은 개입목표 설정과 개입의 세부적인 계획이 수립되는 것으로 개입계획은 대상자의 특성에 적합한 실천과정을 구체적으로 문서화시킨 것이다(현외성 외, 2012).

a. 개입계획

사정이 해결되어야 할 문제와 서비스의 목적을 확인하는 데 초점을 둔다면, 계획은 이들의 욕구를 충족시킬 수 있는 적절한 수단의 실제적 선택에 초점을 둔다(Challis & Davies, 1986; 이종복 외, 2008: 94 재인용).

• **목표 설정**

목표는 클라이언트가 요구하는 욕구를 바탕으로 대부분 생활환경의 개선, 능력 향상, 지원체계, 개발과 강화에 있으며, 이때 사례관리자의 판단에 따라 개입계획이 세워지면 클라이언트의 문제해결을 위한 목표를 설정한다. 그리고 목표는 장·단기로 구분한다. 즉, 장기목표는 복합적인 문제들에 대한 최종 욕구해결이며, 단기목표는 클라이언트가 현재 가지고 있는 문제해결에 대한 직접적인 목표가 된다. 따라서 사례관리자는 클라이언트가 스스로 목표를 직접 결정하게 하고, 명료하고 구체적으로 정해질 수 있도록 하며, 현실적으로 실현 가능한 목표가 정립되도록 조력한다.

• **서비스 계획의 수립**

목표가 결정되면 목표에 따른 서비스를 결정하는데 이는 클라이언트에게 어떤 서비스가 언제, 어떤 방식으로, 얼마나, 어느 정도 제공되어야 하는지를 문서화한다. 서비스 계획의 수립은 다 학제 간의 협력을 통해 이루어지며, 클라이언트의 적극적인 참여와 협조가 중요하다.

b. 실행

서비스 실행의 단계는 사례관리자와 클라이언트가 상호 합의하여 결정한 문제해결을 위한 계획을 구체적인 행동으로 실천하는 단계로 이를 통해 의도하는 변화를 유발한다(김융일 외, 1995; 현외성 외, 2012). 즉, 클라이언트에게 필요한 서비스를 연결하거나 실시하고 그 과정에서 클라이언트가 적절하게 서비스를 받을 수 있도록 장애요인을 제거하고 클라이언트의 적극적인 참여와 의지를 향상시키기 위한 격려, 욕구해결에 필요한 자원을 개발하거나 발굴하고 연계하는 등의 노력을 한다.

이 단계에 필요한 중요한 요소에는 장애 극복과 옹호, 서비스 계획의 수행, 서비스의 조정, 자원동원 등이 있다.

• **장애극복과 옹호**

서비스를 적합한 시기에 적절히 제공하고 효율적으로 활용하기 위해서는 보호계획 수행을 할 때 발생하는 장애를 극복할 필요가 있다. 그 장애에는 선천적 무능력, 내부장애, 외부장애가 있다. **선천적 무능력**은 장애나 약물 중독과 같은 것으로 전문가에 의한 진단적 사정과 서비스 계획의 자문을 구하고 유지 가능한 지원체계를 개발할 필요가 있다. **내부 장애**는 클라이언트의 동기 부족, 낙인감, 불신 등 심리사회적 문제로, 그 본질을 확인하여 자원을 연결하고 동원하는 방법이 필요하다. **외부장애**는 자원의 결여, 자원의 부족, 자원에 대한 정보의 부족과 접근성의 결여 등으로 이를 해결하기 위해 권리 적 옹호, 새로운 관계 개선 등 적극적인 사회행동이 필요하다(이종복 외, 2008).

• 서비스 계획의 수행

클라이언트에 대한 장애가 점차 극복되고 나면, 사례관리자는 클라이언트의 환경에 맞게 보호계획을 수행하게 되는데, 이때 사례관리자는 클라이언트와 비공식적 지원체계(이웃, 친척 등), 서비스 제공자 및 사례관리기관과 함께 수행한다(Steinberg & Carter, 1983; 이종복 외, 2008: 96 재인용). 이는 서비스 개입계획에 따라 사례관리자와 서비스 제공기관 및 자원체계와의 연계를 통한 안정적이고도 지속적으로 사례관리 대상자의 욕구 해결을 위한 실천에 개입하게 된다.

• 서비스의 조정

서비스 계획에 있어서 수행이 클라이언트에게 필요한 서비스를 연결하고 계획된 서비스가 제공되도록 하는 것이라면, 서비스의 조정은 클라이언트에게 제공되는 서비스를 적절히 배열, 정리해서 서비스의 효과성과 연속성을 보장할 수 있도록 하는 것이다(이종복 외, 2008). 이는 서비스 진행과정에서 발생하는 상황에 따라 당초의 목표나 수행방법을 일부 수정 및 조율하는 노력을 통해 좀 더 효과적인 서비스 개입의 긍정성을 가져오는 실천 방법이다.

• 자원 동원

클라이언트의 욕구를 해결하기 위해서는 많은 자원이 필요하다. 서비스의 제공과 조정 등이 이루어지는 동시에 적절한 서비스 제공을 가능하게 하는 다양한 자원체계를 함께 발굴하고 연계하는 노력이 필요하다. 이는 후원자, 자원봉사자, 임상심리상담사 등의 인적자원과 현금, 물품, 서비스 등의 물적자원, 사회복지 서비스의 정보에 대한 정보적 자원 등을 파악하고 연결함으로써 좀 더 적극적이고 안정적이며, 목표 달성에 긍정적인 효과를 가져온다.

c. 모니터링

모니터링은 사례계획이 적절하게 실행되고 있는지, 서비스 이용자가 기대하는 서비스를 제공받고 있는지, 서비스 이용자에게 제공되는 서비스가 필요하고 적절한지, 서비스 이용자의 지원체계가 서비스 제공과 지지역할을 제대로 수행하고 있는지, 실제로 수행하고 있는지, 실제로 서비스가 전달되는 동안 기존의 사례계획이 서비스 이용자에게 만족스러운지 또는 사례계획의 수정이 필요한지를 지속적으로 점검하는 과정이다. 이는 적극적이고 유동적인 활동이며 서비스 진행과정을 조정하는 기능을 한다(임병우, 2003; 현외성 외, 2012: 176 재인용).

• 서비스에 대한 모니터링

클라이언트에게 제공되는 서비스에 대한 모니터링은 서비스 질에 대한 수준, 클라이언트의 수준, 서비스 제공자의 수준에서 이루어진다(이종복 외, 2012: 98 재인용). 그러므로 사례관리 대상자의 특성과 개입과정의 변화에 대한 면밀하고도 민감한 관찰을 해야 하며, 이를 통해 즉각적이고 계획적인 개입들에 대한 조정들을 관계기관 간에 알맞게 실행해야 한다. 게다가 모니터링은 사례관리의 과정 중에서 가장 어려운 부분이다. 이는 서비스를 제공하는 기관의 직원들은 서비스를 점검하는 사례관리자를 간섭하는 사람이라고 생각할 가능성이 있기 때문에 효과적인 모니터링을 위해서는 그들과의 신뢰로운 관계 속에서 서로의 영향력을 발휘할 수 있어야 한다. 예를 들면, 기관 간 협정, 계약, 사례회의 등을 활용할 수 있으며, 서비스 전달을 점검하는 방법으로는 대면 접촉, 관찰, 가정방문, 직접 면접, 전화, 서신, 사회적 지원망 구성원들의 모임, 사례회의, 질문지 발송, 기관 간 회의 등이 있다(이근홍, 1998; 이종복 외, 2008: 99).

• **재사정**

재사정은 서비스 계획 수행 중에 주기적인 사정을 통해 클라이언트에게 제공되는 서비스의 적합성과 보호계획 변화의 필요성 그리고 변화방식을 결정하는 과정이다. 무엇보다 재사정은 서비스 계획의 적합성을 판단하는 것이므로 이를 통해 서비스를 조정하거나 목표를 수정할 수 있다(이종복 외, 2008). 이때 재사정은 정기적인 주기에 따라 이루어지는 것이 중요하며, 클라이언트의 욕구에 따라 이용자의 견해와 선호 등을 파악한다. 그리고 이를 기반으로 서비스의 효과성을 판단하게 된다. 이러한 재사정 과정에는 초기 사정단계에 참여했던 사람들이 모두 관여하는 것이 중요하다. 왜냐하면 재사정은 초기에 계획된 서비스의 철회, 클라이언트나 그 가족에게 예기치 않은 위기나 손상이 발생할 때, 클라이언트의 상황이 호전되었을 때, 클라이언트와의 종결이 필요한 상황 등에서 이루어지기 때문이다.

(4) 사례관리의 평가와 종결

사례관리의 평가와 종결은 클라이언트의 욕구 충족을 위한 문제해결에 대해 어느 정도 목표를 성취했는가를 확인하는 과정이다.

a. 평가

• **평가의 유형과 방식**

1970년대 이후 단일 사례 접근 혹은 단일체계 연구 방식이 도입된 이후 한 사례의 클라이언트를 개입 전과 개입 과정 그리고 개입 후를 반복적으로 관찰하고 변화를 기록하는 것이다.

• **평가에 요구되는 지식과 기법**

기록과 조사상의 기법들을 중점 활용한다. 특히 기록은 미루지 말고 날짜, 장소, 인물 등 접촉 당시의 모든 사항을 사후관리가 요구되는 어떤 형태의 동의들이라도 모두 어떠한 목적과 직접적 연관성이 있어야 한다. 즉, 종결 시기 정하기, 정서적 반응 다루기, 효과의 유지와 강화, 의뢰, 평가 등이다.

• **클라이언트와 서비스 체계의 2가지 측면**

클라이언트 측면에서의 평가기준은 제공된 서비스의 형태와 서비스의 수준의 클라이언트 수용 가능성, 제공된 서비스의 적절성, 제공된 서비스 실천기준의 적합성, 의도한 결과 초래 여부, 클라이언트의 만족도, 한정된 서비스와 위기, 클라이언트 전달 정보 등이다.

서비스 체계 측면에서의 평가기준은 클라이언트의 장, 단기 목표 달성에 있어 서비스 계획의 적절성, 서비스 계획에 기술된 활동과 서비스 실행방법의 적절성, 클라이언트 욕구 충족에 있어 서비스 계획의 적합성, 서비스 베제 기관의 정책과 프로그램의 클라이언트 욕구 충족의 기여 정도 등이다.

이러한 평가는 사례관리자와 클라이언트가 좀 더 진보된 다음 단계로 진입하기 위한 점검의 의미를 가진다.

b. 종결

• **종결의 이유**

목표가 달성되었거나, 클라이언트의 종결 요구 등외에도 시간의 부족과 업무 부담감으로 인하거나 슈퍼바이저로부터의 충고, 다른 기관으로부터의 영향력으로 인한 경우 등 비정상적 사유도 종결의 이유가 될 수 있다 (Steinberg & Carter, 1983; 이종복 외, 2008: 96 재인용). 이때 과거에 치료 중단 경험이 있는 경우 계획되지 않은 조기 종결이 올 수도 있지만 굳이 중단의 재발을 예방하기 위해 과거의 중단 이유를 탐구할 필요가 없다.

• **종결의 반응**

종결에 있어서 사회복지사는 클라이언트의 부정 또는 분노의 직·간접적 표현, 애도, 클라이언트를 시험해 보는 것, 그리고 긍정적인 감정에 사로잡혀 정직한 평가를 소홀히 해서 부정적 평가는 안 하는 '고별 파티 증후군' 등을 겪을 수 있다. 그리고 클라이언트의 종결반응은 사회복지사에게 매달리거나, 과거 문제가 재발되었다고 하거나, 새로운 문제가 발생했다고 할 수도 있고, 사회복지사를 대체할 사람을 찾아달라는 식의 부정적 종결반응을 보일 수 있다.

• **종결 기술과 사회복지사의 역할**

사례 진행의 평가, 클라이언트의 양가감정에 대한 발산을 격려, 사례 진행 과정의 검토, 클라이언트의 문제해결 능력을 시험 및 지지하며, 과도기의 처리 등이 있다. 이때 사회복지사는 종결의 경험을 클라이언트에게 일종의 학습의 과정으로 사용하는 것이 바람직하다. 또한 변화의 지속 및 강화를 위해 종결단계에서 클라이언트에게 의미가 있는 사람들을 참여시켜 클라이언트의 문제해결에 있어서 앞으로 도움을 줄 수 있도록 한다.

• **사후관리**

사후관리는 변화 유지 전략, 변화의 지속적 평가, 종결의 충격을 최소화할 뿐 아니라 사회복지사의 노력을 평가한다.

4) 가족치료의 이해

(1) 가족치료의 개념

가족치료는 가족 구성원 간의 관계구조와 상호작용 및 의사소통의 기술을 변화시켜 대인관계 기술과 적응력을 향상시키는 것을 통하여 가족구성원들이 건강하고 기능적인 생활을 하도록 전문적인 도움을 주는 활동이다. 이는 가족구성원들의 모든 심리적 장애의 문제를 가족의 체제(體制, system)의 문제로 보는 점에서는 공통이라고 할 수 있으나, 그것을 가족의 어떤 요소의 체제로 보느냐는 이론적 견해에 따라서 크게 달라지고 있으며, 이러한 가운데 다양한 모델(초기: 구조적, 경험적, 다세대, 전략적 등. 후기: 해결중심적 가족치료 등)이 나타났다.

가족치료는 개인 치료와 차이가 있다. 개인치료는 개인을 별개의 독립된 존재이며 수동적이고 반응적인 존재로 보는 반면, 가족치료는 가족구성원 한 사람 한 사람이 관계망에 속해 있다고 보고 능동적으로 선택할 수 있는 존재로 보는 점이다. 즉, 가족치료는 개인을 둘러싼 환경요소 중 가족을 치료적 매개로 사용하므로 개인 치료로 해결하지 못한 문제들을 다룬다. 현대사회는 개인 치료와 가족치료를 함께 실시하는 경향성 늘어나고 있다.

(2) 가족치료의 특성

① 가족구성원들의 상호 관계성

가족 구성원과의 관계는 일반적인 관계보다 강력한 영향을 미치게 된다. 즉, 성장과정에서의 가정의 분위기가 한 개인의 인격과 성향을 형성하는 데 지대한 영향을 미친다. 예를 들면, 가족구성원 간의 원만하지 못한 소통은 자라나는 자녀의 정서를 매우 불안하게 할 뿐 아니라 올바른 가치관과 인격을 배우는 것에 어려움을 겪게 한다. 그런 의미에서 가족치료는 개인치료와는 다르게 가족이라는 전체 체계를 하나의 단위로 이해하고 개인의 증상이나 문제를 가족이라는 체계 안에서 바라보며, 해결방안 또한 가족 안에서 찾으려는 시도를 한다. 이처럼 가족치료는 가족들의 상호 관계성의 영향력을 중요시한다.

② 개인 증상에 대한 관점

개인의 문제 증상이 개인의 어떤 장애로 인해 일어난다고 보는 개인치료의 관점과는 다르게 가족치료에서는 개인의 문제증상은 가족들의 역기능적인 체계 안에서 생존하기 위한 하나의 방식으로 나타나게 되는 부적응적인 반응이라는 관점으로 이해한다. 예를 들면, 어린 시절 겪는 부모님의 잦은 다툼, 외도와 가정폭력 등과 같은 영향을 받은 자녀가 성장한 후에도 유년시절 부모님을 비롯한 다른 가정구성원에 대한 원망 및 문제행동을 일으키며 관계를 잘 유지하지 못하는 경우이다. 따라서 가족치료에서는 개인의 증상에 대한 관점이 개인보다는 대인관계에서 오는 맥락에 초점을 맞추고 가족 간 바람직한 관계성형을 만들어 갈 수 있도록 원조해 주는 것에 초점을 맞춘다.

③ 가족 간 고정적인 행동패턴

개인과 개인이 만나 결혼을 하고 출산, 양육과정에서 부모들은 가족의 환경과 분위기를 만들어 버린다(김혜숙, 2005). 그러나 아무리 오랜 시간을 함께한 가족이라 할지라도 각각의 가족원들은 모두 다른 한 개인이기 때문에 생각과 감정이 다를 수밖에 없다. 대부분의 갈등은 이러한 차이점을 인정하지 못하고 자신의 기대치를 상대방에게 강요하는 것에서 비롯된다. 대부분 문제를 겪는 가정의 경우 그 원인을 소통의 부재로 뽑을 수 있다. 즉, 상호 간의 소통이 원만하지 않은 이유는 타인의 말을 경청하지 않고 자신의 의견만 주장하기 때문인데, 이럴 경우 가족원은 분노로 이상행동을 유발할 수 있다. 가족치료에서는 가족구성원들의 의사소통을 비롯한 역기능적인 행동패턴을 변화하도록 도움으로써 가족원이 갖는 문제나 증상을 해결해 나갈 수 있도록 조력한다.

④ 가족의 고정된 신화

보편적으로 가족이란 친밀함과 결속력이 있어야 하고, 형제간 우애를 강조하며 회복해야 한다는 고정적인 신화가 있다. 이러한 내용은 가족을 객관적으로 인식하는 데 오히려 방해가 된다. 급변하는 현대사회에서 살아가고 있음에도 불구하고 이러한 가족의 신화는 여전히 가족구성원을 구속한다. 즉, 가정 내의 분위 및 상황은 유년시절뿐만 아니라 성인이 되어 또 다른 가정을 이룰 때까지도 구성원의 일상에 적용된다. 원가족과 결혼 후의 새 가정 간의 갈등으로 인해 힘들어하는 경우도 매우 많다. 그런데 대부분의 사람들은 가정 내의 갈등은 상호 간의 배려와 희생을 통하여 어렵지 않게 해결이 가능할 것이라는 우매한 생각들이 문제를 양상 시킨다. 따라서 가족치료에서는 가족구성원들이 기능적이고 문제해결 방법을 변화시킬 수 있도록 가족의 신화로부터 자유로워지는 것에 초점을 맞춘다. 즉, 가족의 신화를 풀어줌으로써 가족의 문제를 좀 더 객관적으로 인식할 수 있도록 돕는 기능을 한다.

⑤ 가족의 위기

삶이란 크고 작은 문제와 직면하게 되고 이를 해결하는 연속적인 과정이다. 이런 과정 속에서 가족은 끊임없는 도전을 하며 성공과 실패를 경험하며 위기를 경험하게 된다. 어떤 경우 가족의 위기는 또 다른 위기상황으로 연결이 되기도 한다. 예를 들면, 가장의 질병이 가정경제를 추락시키고, 자녀는 자포자기로 비행을 저지르는 것으로 이어져 결국 가족해체로까지 확산되는 경우이다.

가족치료는 가족구성원들이 삶의 변화 및 상황에 적절한 대처를 못 하는 등의 위기에 처해서 스스로 해결을 못 할 때 위기를 적절하게 대처하고 극복할 수 있는 문제해결능력을 강화해 주는 역할을 한다.

⑥ 가족구성원들의 세대 간 역동성을 통한 개인의 행동 이해

일반적으로 부모들은 자신의 부모에게서 받은 양육형태를 자녀에게 적용하게 된다.

그러나 부부는 결혼하기 전 각기 다른 양육환경 속에서 그 가정만의 독특한 양육형태의 영향을 받고 자랐으므로 이것에서 갈등이 빚어질 수 있다. 즉, 의사소통 방식, 친밀감의 표현 정도, 분노표출 및 감정표현 방식, 서로를 대하는 방식 등의 차이이다. 자신에게는 익숙하지만 배우자에게는 불편함을 유발하게 되어 상호 간의 갈등을 빚을 수 있는 것이다. 따라서 부부들의 가치관 차이, 성격특성의 차이, 행동특성, 상반되는 자녀양육방식 등 가족 내의 갈등들은 가족의 세대 간 역동성을 관찰하는 것을 통해 이해할 수 있다. 따라서 가족치료는 세대 간의 역동성을 파악할 수 있도록 하여 개인을 이해하는 데 도움을 준다.

(3) 가족치료의 이론

가족치료는 건강가정을 실현하기 위한 방법 중에 위기상황에 있는 가족에게 직접적인 개입을 함으로써 문제해결을 돕고자 다양한 이론모델이 활동되고 있다. 그중 미시적 가족복지실천 차원의 가족치료적 접근을 중심으로 살펴보고자 한다.

① 구조적 가족치료

구조적 가족치료에서는 증상이나 문제가 가족의 역기능적 상호작용 구조에서 비롯되었다고 본다. 그리고 가족구조가 변하면 그 구성원의 행동과 심리과정도 변화할 거라고 전제한다. 이 모델은 다른 이론에 비해 간단하면서도 실용적인 것이 특징이다. 이 치료는 미누친(S. Minuchin)에 의해 개발되었으며, 몬탈보(Montalbo), 아폰테(Aponte), 피시먼(Fishman)이 이 치료의 발전에 기여하였다(김춘경 외, 2016).

a. 기본 원리

미누친(S. Minuchin)의 구조적 가족치료는 체계이론에 기반을 둔 3가지 원리를 강조하였다. 첫째, 사회적 상황은 개인의 정신생활에 영향을 미치고 개인은 사회적 상황에 영향을 미치는 상호작용이 반복된다. 둘째, 건강가정사의 역할에 부합되는 전문적인 태도를 지킨다. 상호작용 방식은 인간관계 규칙이 포함되는 구조와 관련되므로 가족구성원 개인의 문제행동은 가족관계의 구조 문제를 반영한다. 따라서 가족구조를 바꾸면 가족구성원의 정신 내적 과정과 행동 변화가 가능하다. 셋째, 치료자가 내담자 가족과 일할 때 그의 행동은 사회적 상황의 일부가 된다.

구조적 가족치료는 과거보다는 현재의 잘못된 가족구조를 고치는 것을 중시하고 가족구성원 간의 상호작용 방법과 관계법규를 도식화하여 복잡한 가족문제를 진단하고 치료하는 실제적이고 명확한 지침을 제시하였다(김혜숙 외, 2012).

구조적 가족치료의 특징은 치료의 목적을 구조적 변화에 두는 것이다. 즉, 인간관계 규칙을 이해하고, 역기능적 가족구조를 변화시키고자 하는 것이다. 따라서 실천가는 가족이 재구조화해 가는 과정에 적극적인 자세로 개입한다. 또한 기능적이고 역기능적인 가족구조를 가족체계, 위계질서, 규칙, 역할, 협상과 조정으로 명확하게 규정함으로써 가족구조의 맥락 안에서 변화를 시도하려는 접근방법이다(남연희 외, 2012).

b. 주요개념

이 치료모델의 주요개념은 가족구조, 가족위계, 가족경계, 하위체계, 제휴, 세력, 가족적응 등이다.

가족구조는 가족 간에 주고받는 상호작용은 집이라는 물리적 구조공간의 안·밖에서 오고 가는 언어적 메시지와 비언어적 메시지를 통하여 이루어진다고 본다. '가족구성원이 상호작용 방식을 조직화하는 것으로서 하나의 보이지 않는 기능적 유형'(Minuchin, 1988)을 의미하며, 가족 간의 상호교류 패턴을 보면 친밀감 등의 행동양식을 파악할 수 있다고 본다. 이때 가족 구조는 제한체계와 구속체계에 의해 지배된다.

가족위계는 집이라는 구조에서 물리적으로 상·하위를 분리하는 것으로 가족이 제 기능을 하기 위해 위계구조가 확립되어 각자 제 위치에 적절히 있어야 함을 뜻한다. 즉, 부모가 자녀보다 위의 하위체계에 있는 것이 바람직하다.

구조적 가족치료의 위계구조는 제휴와 동맹, 연합으로 볼 수 있다. 제휴는 가족원이 서로 연결되는 방법으로 가족활동을 하는 데 있어서 서로 반대되는 방법으로 정의되며, 동맹은 이해를 같이 하는 두 사람이 다른 공동의 이익을 위해 공동전선을 피하는 것을 의미하고, 연합은 특정 가족원이 제3의 가족구성원에게 대항하기 위한 동맹하는 형태이며 그 구조에 있어서 안정된 연합과 우회 연합을 들 수 있다. 안정된 연합은 두 사람이 정서적으로 밀착되어 서로에게 민감하게 반응하고 적대시되는 가족에게는 거리를 두는 관계를 맺게 된다. 안정된 연합이 지속적이면 역기능이 될 수 있다. 세대를 넘을 경우에는 가족의 위계구조는 무너지게 된다. 우회 연합은 가족의 마찰을 피하기 위한 연합으로 부부가 갈등이 있을 때 한쪽 부모가 자녀와 밀접한 관계를 만들어 냄으로써 자신의 상황을 우위에 선점하고 자 형성되기도 한다. 또 다른 경우로는 자녀가 가장의 역할을 함으로써 부모보다 더 우위에 있는 경우로 부적절하게 잡힌 가족 위계구조라 볼 수 있다. 역기능적 가족일수록 세대 간의 계층이 안정적이지 않거나 세대 간 연합의 형태가 보인다. 가족이 적절한 기능을 발휘하기 위해서는 부부의 연합은 필수적이며 부모와 자식 간의 동등한 위치의 체계보다는 적절한 위계질서와 통제로 제기능이 발휘되어야 한다.

가족경계는 누가 어떻게 참여하는가를 규정하는 규칙이며, 이때 경계선은 눈에 보이지는 않지만 개인의 하위체계의 윤곽을 그려주고, 가족구성원들 사이에 허용되는 접촉의 양과 종류를 규정한다. 경계선은 분명한 경계, 모호한 경계, 경직된 경계로 구분된다. 분명한 경계선은 가장 기능적인 가족을 뜻하며 자율적, 독립적, 협동, 지지의 특성을 지니고 있으며, 우리나라는 집단의식 속에서 나 자신의 감정을 잃지 않는다. 모호한 경계선은 너의 일은 모두 나의 일로 본다. 즉, 개인과 가족원 간의 정체성이 모호함을 말하는 것으로 거리감이 없고, 강한 소속감을 가진다. 따라서 상대방의 일에 항상 관여하고 독립성과 자율성이 떨어지는 경우이다. 경직된 경계는 나는 나, 너는 너의 사고를 지니며, 지나친 독립성으로 가족구성원들은 서로 소외감을 느끼며, 각자가 자율적인 것이 특징이다. 따라서 충성심과 소속감이 부족하고, 의사소통에 있어서도 원활하지 않다.

하위체계는 가족 안에 다양하게 존재하며, 각 개인은 가족 내 다양한 하위체계에 속하게 된다. 이때 가족구성원의 개인은 각 하위체계 안에서 각기 다른 권력이나 역할을 갖게 되고, 각자가 가진 고유의 기능을 수행하면서 상보적 관계를 맺게 된다. 하위체계에는 부부 하위체계, 부모 하위체계, 부모-자녀 하위체계, 형제자매 하위체계로 구분되며, 이들 하위체계는 전체 체계를 유지시키기 위해 특정 기능을 수행하는 조직화된 단위들이다.

부부 하위체계는 결혼과 더불어 형성되며, 각자 원가족의 영향력에서 어느 정도 분리되어 독립적이면서 적절하게 분화되어야 한다. 이 하위체계의 기능은 성과 사랑 그리고 친밀감이며 주요 과업으로는 협상과 조정이다.

부모 하위체계는 핵가족 안에서는 부모와 부부는 동일한 사람이지만 역할과 임무는 다르다, 그 기능은 자녀양육과 지도 그리고 통제이다. 이 하위체계는 자녀의 발달단계에 맞는 규칙을 정하고 부모의 권위를 적절하게 사용하며, 적절한 애정과 통제가 필요하다.

부모-자녀 하위체계는 세대가 다른 사람으로 구성된 특징으로 가장 중요한 것은 위계질서를 확립하는 것이다. 이는 적절한 권위를 갖고 자녀를 대하는 것이 바람직하다. 즉, 부모의 권한이 자녀에게 이양되는 경우는 부모역할을 하는 자녀가 되므로 역기능적이다.

형제자매 하위체계는 사회적인 실험실이라고 볼 수 있다. 즉, 지지와 분화, 희생을 배우고, 협동과 협상을 배우고 갈등을 경험한다. 따라서 형제자매 세계에서 획득한 위치와 학습은 이후에 이어지는 삶의 과정에 매우 중요하게 작용한다. 이 하위체계에서 외동아이는 성인의 세계에 일찍 적응하여 조숙하지만 또래와 경쟁 그리고 협동하는 능력은 적을 수 있다. 형제자매 하위체계는 부모 하위체계에서 대항하여 자신들만의 영역을 만들어 사생활의 보호와 시행착오의 자유를 확립해야 한다.

c. **치료 목표**

구조적 가족치료는 문제나 증상의 제거가 아닌 역기능적인 구조를 재구조화하는 것으로 이러한 재구조화의 과정에서 문제가 자연스럽게 제거된다고 본다. 즉, 가족 위계 구조를 적절하게 확립하기 위해서는 부모의 권위를 바탕으로 한부모자녀의 세대 간 차이를 인정한다. 이때 부모는 서로 지원하고 적응하며 일관된 모습을 띠며 서로 연합한다. 즉, 부모가 연합된 모습을 보일 때, 자녀들은 동년배의 형제자매 체계에서도 기능할 수 있다. 단, 부부 하위체계는 부모 하위체계와 분리되어 존재한다. 경계선이 경직되거나 분리된 가족을 대상으로 치료를 할 경우 가족구성원 간의 상호작용 빈도를 증가시킴으로써 경계선을 갖도록 돕는다. 그런데 경계선이 밀착된 가족을 대상으로 치료할 경우에는 개인이나 하위체계가 서로 분화되도록 돕는다.

d. 치료 과정

구조적 가족치료의 치료과정은 합류, 가족의 구조 확인, 가족의 재구조화로 나누어 살펴본다.

합류는 치료자가 가족의 조직과 상호교류유형을 있는 그대로 수용하는 것을 바탕으로 가족의 감정을 직접 경험하며, 가족체계와 관계를 맺는 행동을 말한다. 이때 치료자의 적응능력을 중요시하는데 이것은 치료자가 가족의 정서체계에 적응한다는 것을 의미하기 때문이며, 가족구성원을 있는 그대로를 수용하는 태도를 의미한다. 즉, 라포는 치료적 관계의 상태로 중요시하듯이 합류는 치료적 관계를 형성하기 위한 치료자의 자발적 행동으로 중요시한다.

이것에는 온아하고 수용적인 방식으로 말하기, 가족구성원에게 말할 기회를 균등하게 제공하기, 부정적인 지각을 긍정적인 지각으로 재정의하기, 결점이 아니라 강점을 제공하기, 긍정적 행동을 심화하기, 내담자의 고민을 파악하기, 모든 사람이 다루고 싶어 하는 문제를 각각 다루기, 긍정적인 상호작용의 분위기를 도출하기, 내담자가 익숙한 언어나 개념을 사용하기 등이 있다.

가족의 구조 확인은 하위체계, 경계선, 위계구조, 가족생활주기 파악하기를 활용하여 이루어진다. 즉, 성별, 직업, 가족구성원의 인원, 사회경제적 지위 등의 기초적인 정보 확인 작업이다.

가족의 재구조화과정에서는 내적 스트레스, 잘못된 가족 구조, 그리고 외적 환경의 요구 등으로 재구조화가 필요하다. 즉, 경계선 조절, 하위체계의 기능을 잘 하도록 하며, 위계구조를 확립한다.

e. 치료자의 역할

구조적 가족치료자의 역할(Becvar & Becvar, 2016)은 **첫째**, 가족 구조의 개념에 대한 지식과 신념을 가진다. **둘째**, 가족 구조를 나타내는 가족의 상호교류와 그 유형을 관찰한다. **셋째**, 현재의 가족구성원과 가족환경을 고려하여 이 가족의 이상적인 구조가 무엇인지를 명확하게 한다. **넷째**, 치료자는 지도자의 역할을 맡는 한편 치료목표를 달성하기 위해 가족에 합류하고 가족을 수용하며 존중하면서 가족의 상호작용에 적응한다. **다섯째**, 치료자는 가족을 존중하지만 확고한 방법으로 개입하여 변화되기를 바라는 대로 치료 시에 나타날 수 있도록 돕는다. **여섯째**, 가족구성원을 뒷받침하고 그들이 치료시간에 새로운 방법을 시도할 수 있도록 조력하며, 그들의 시도와 성공을 인정하고 칭찬한다.

f. 치료기법

구조적 가족치료에서 활용하는 치료기법을 합류를 위한 기법, 가족구조를 확인하는 기법, 가족구조를 재구조화하는 기법으로 나누어 살펴본다.

첫째, 합류를 위한 기법으로는 유지, 추적, 모방의 기법을 활용한다. 유지는 치료자가 가족구조를 지각하고 분석할 때 가족구조를 의도적으로 지지해주는 기법을 말한다. 이것에는 가족구성원 개인의 특성을 있는 그대로 받아들이는 것, 가족족구성원 개인의 장점이나 가능성을 그대로 인정하고 지지하는 것, 특정 가족구성원의 위치를 지지하는 것, 침묵을 지키려는 자녀를 있는 그대로 수용하고 존중하는 것, 특정 자녀가 가족의 문제에 얼마나 통찰력이 있는가에 대한 치료자의 의견을 말하는 것, 가족이 사용하는 특정 의사소통 유형이나 표현방식을 있는 그대로 사용하는 것 등이 있다. 이는 재구조화에도 활용되고 있다.

추적은 가족의 의사소통과 행동의 내용을 그대로 따라가고 그것이 계속되도록 격려하면서 가족에 합류하는 기법을 말한다. 이때 문제의 핵심을 끌어내는 작업으로 질문, 찬성의견 말하기, 가족의 말을 확대시켜서 핵심을 파악하기 등을 활용한다. 예를 들면, '아, 예, 음…, 그러시군요 등'의 말로 계속 고무시킨다.

모방은 가족이 사용하는 언어, 몸짓, 대화방식 등을 그대로 똑같이 따라하는 기법이다.

둘째, 가족구조를 확인하는 기법으로는 관찰, 실연, 구조적 지도 등의 기법을 활용한다. 관찰은 치료자의 개입 없이 가족구성원들이 자연스럽게 행동하는 것을 통해 가족구조를 확인할 수 있다. 이때 치료실 자리에 앉는 위치 등도 중요한 단서가 되며, 자리 배치는 가족구성원 간의 대화를 부추기고 가족의 재구조화를 위한 기법이 될 수 있다.

실연은 치료자가 가족구성원에게 요청하여 가족구성원들의 상호작용을 치료실에서 실제로 행동하도록 하는 기법을 말하며, 이때 가족구성원들의 구조를 그대로 드러내게 되므로 재구조화나 상호교류방식을 다르게 하는 데도 활용이 가능하다.

구조적 지도는 가족구성원의 상호작용 구조를 그림으로 나타내는 것으로 평가와 치료목표를 설정하는 데 사용한다.

셋째, 가족 재구조화기법으로는 긴장고조기법, 증상활용기법, 과제부과 등이 있다.

긴장고조기법은 가족체계의 여러 부분에서 스트레스를 증가시키는 방으로 가족의 평소 의사소통을 방해하기, 그리고 가족구성원들이 그동안 무시해 왔던 것들을 들추어내어 갈등을 공개적으로 토론하고 부정적인 의미를 되돌아보기와 가족구성원 중 한 명이나 하위체계에 일시적으로 합류하기 등을 활용한다. 강조기법으로는 가족의 상호작용의 흐름을 막는 것을 통해 가족이 예전의 상태로 돌아가지 않고 평형 상태에서 벗어나도록 하는 데 사용하며, 내담자 정곡 찌르기 등을 활용한다. 능력형성으로는 가족의 긍정적이고 기능적인 방법을 찾아서 사용하도록 한다.

증상활용기법(IP-증상을 가진 사람)에서 증상의 초점 맞추기는 IP의 증상에 초점을 맞추어서 그 상황의 상호작용을 실연, 과제부여 등을 통해 새로운 각도로 바라보게 한다. 그리고 증상을 과장하기는 증상을 과장하여 표현하도록 하여 증상처방이라고도 하며, 이는 가족의 재구조를 돕는다. 증상에 무관심하고 새로운 증상으로 이동하기는 증상에는 의도적으로 무관심하고 증상을 둘러싸지만 가족의 내재된 갈등이나 다른 증상에 초점을 맞춘다. 증상을 재명명하기는 증상이 겉으로 표현된 개인의 부정적인 정서나 행동상태이기 때문에 역기능적인 가족구조의 표현으로 이해한다. 즉, 증상의 역기능적인 가족구조를 표현하거나 연관이 있다고 재정의해서 말해주는 것이다.

과제부과는 가족의 재구조화가 진행되는 과정에서 이루어지기 어려운 영역을 지목하고 활성화시키는 데 사용할 수 있다. 이는 치료시간이나, 치료회기 사이에 집에서 할 수 있도록 부과하게 된다. 예를 들면, '아내분은 남편이 힘들어할 때 어깨를 내어주세요'로 부고할 수 있다.

② 경험적 가족치료

경험적 가족치료는 매순간 일어나는 주관적 상황과 경험을 중요시하며, 이 경험들을 통해 변화와 성장이 나타난다고 본다. 이 치료법의 대표 인물은 위태커(C. Whitaker)와 사티어(V. Satir)이며, 이들 외에도 켐플러(W. Kempler), 캔터(D. Kantor), 반맨(J. Banmen) 등이 있다.

경험적 가족치료는 가족문제의 원인을 가족구성원 개인에 대한 정서적 억압에 있다고 보므로 그 문제가 변화되기 위해서는 무엇보다 각각의 구성원들로 하여금 현재(지금-여기) 자기 안에 있는 진정한 정서와 만나야 한다는 인본주의 심리학을 배경으로 한다. 이때 가족구성원들의 주관적인 다양한 정서적 경험을 중요시하는 현상학을 바탕으로 하고 있다. 게다가 경험적 가족치료에서는 가족을 하나의 조직으로 이해하기보다는 개인들의 군집으로 보며, 가족구성원 개개인의 변화를 통해 가족의 문제를 해결하고자 하는 입장을 가지고 있다.

따라서 내담자의 미해결된 과제가 말썽이 되어 현재의 기능을 방해하는 것으로 보므로 이것을 지금-여기에서 경험하도록 하여 일치적으로 만들 수 있도록 돕는다. 즉, 상담 장면의 매순간 일어나는 주관적 상황과 경험에 초점을 맞추며 이 경험들을 통해 변화가 나타나고 성장하도록 하는 것이다.

a. 이론적 특성

경험적 가족치료는 이해보다는 경험에 초점을 맞추며, 이론과 기법보다는 치료자의 자세와 능력을 중요시한다. 그러므로 타 치료모델에 비해 치료자의 통찰과 감성적인 면을 중요시한다. 즉, 치료자의 경험, 통찰력, 유연성이 부족할 시 내담자의 문제를 원활하게 다룰 수 없어 내담자에게 상처를 줄 수도 있다. 따라서 치료적 도구로서의 치료자의 자기활용이 매우 중요하므로 치료자의 능력, 자신감, 일치성을 강조한다. 이는 오랜 기간의 훈련을 요한다.

대표 연구자는 휘태커(Whitaker)와 사티어(Satir)로서 가족체계, 인지, 행동보다는 인본주의 심리학에 바탕을 둔 민감성과 감정 표현을 강조한다. 두 사람의 이론적 정의를 정리하면 다음과 같다.

사티어(Satir)는 세계에서 가장 유명한 가족치료사이며, 클라이언트에 대한 이해를 왜곡하는 조건을 두지 않고, 감정이입적 방법을 취함으로써 실존적 세계에 치료자가 들어가 이해할 것을 강조한다. 또한 내담자의 과거 상처와 역기능적 행동에서 새로운 의미를 찾고, 실용적인 방법으로 기대감을 다루며, 문제의 공통적 역기능적 의사소통 유형을 발견하도록 한다.

휘태커(Whitaker)는 이론과 기법이 아닌 개방성과 자연스러움을 강조한다. 즉, 이론의 특정 방침보다는 지금-여기에서 내담자와 깊이 만나는 지지자로서의 치료자 역할을 강조하며 능동적이고 지시적인 경향성을 나타낸다. 즉, 적극적으로 질문을 던지며, 내담자에게도 감정표현을 적극적으로 하도록 하여 서로의 감정에 즉각적으로 반응하도록 독려한다. 그리고 각 가족이 처한 상황을 파악하고 가족구성원들이 감정을 표현하게끔 돕고, 불확실성에 함께 도전함으로써 변화를 추구해야 한다고 강조했다. 따라서 가장 중요한 것은 치료자 '자신'이라고 볼 수 있다. 이와 같은 휘태커의 강한 의견표현과 직면은 내담자의 저항을 불러올 수 있기 때문에 최근 2인의 치료자가 함께 치료를 하는 공동치료(co-therapy)를 선호하고 있다(김춘경 외, 2016).

경험적 가족치료는 인간의 가치, 평등, 잠재력, 성장능력에 대한 강한 신념에 중요한 의미를 두고 있다. 따라서 이에 대한 몇 가지 가정들을 살펴본다.

인간에 대한 신념과 가정은 첫째, 인간은 기본적으로 선하며, 가치 있는 인간으로서 자신의 가치감과 자원을 찾아야 한다. 둘째, 모든 인간은 성공적으로 대응하고 발달하는 데 필요한 내면의 자원과 에너지(신념, 확신, 지식, 사랑,

관심, 인정, 나눔 등)를 가지고 있다. 셋째, 건강한 인간관계는 비록 맡은 역할이 다르더라도 동등한 가치감을 바탕으로 이루어진다. 넷째, 인간은 똑같은 생명력을 소유하고 있으므로 치료를 받는 과정을 통해 심리 내적 경험들이 여러 차원에서 서로 연결된다. 다섯째, 인간은 유일한 존재로 자기만의 독특한 속성을 가지고 있으나 상호 간에 유사점도 가지고 있다. 그러므로 인간은 유사점 때문에 어울리게 되고, 차이점 때문에 성장하게 된다.

성장과 변화에 대한 신념과 가정은 첫째, 인간은 심리적으로 성장하고 발달하려는 욕구를 가지고 있으며, 이러한 욕구를 충족시킬 수 있는 자원과 능력을 가지고 있다. 따라서 치료의 초점은 성장과 통합적인 인간상에 두며, 병리적인 시각은 중요하지 않다. 둘째, 비록 외부환경의 변화는 제한적일지라도 내적 변화는 가능하다. 셋째, 이야기의 내용 또는 불만도 변화가 일어날 수 있는 가닥을 만들어 주지만, 변화는 내용 수준 보다 경험하는 과정을 통해 일어난다. 넷째, 원 가족은 매우 중요하고 최초의 배움의 장이지만 생애 초기에 학습된 생존전략이 영속될 수는 없으며, 성장과 변화는 지속적으로 일어난다. 다섯째, 인간은 과거의 사건을 지울 수는 없지만 그 사건이 인간의 행동, 감정, 지각, 기대, 열망, 실존적 자아에 미치는 영향은 변화시킬 수 있다. 여섯째, 희망은 변화를 위한 중요한 구성요소이므로 치료를 위한 동기이자 목표가 될 수도 있다. 일곱째, 치료는 병리적인 것보다는 건강한 것에 초점을 둔다(김춘경 외, 2016).

감정과 극복에 대한 신념과 가정은 첫째, 감정은 인간에 딸린 것이므로 인간은 자기감정에 대한 책임이 있다. 둘째, 치료자는 감정에 휘말리지 않고 자신의 감정을 수용하고 통제하는 것이 중요하다. 셋째, 극복한다는 것은 인간의 자존감을 나타내는 것으로, 자아존중감이 높을수록 더욱더 바람직하게 극복할 수 있다. 이런 자아존중감은 성취감을 느낄 때 향상된다.

문제와 스트레스에 대한 신념과 가정은 첫째, 행동이 역기능적이고 폭력적일지라도 그 행동은 생존과 어려움을 극복하기 위한 외적인 표현이다. 둘째,

문제 자체가 말썽거리이기보다는 대처하는 방법이 문제이다. 셋째, 인간 삶은 거의, 특히 스트레스 상황에서는 전의식 수준이나 이해되기 이전 수준에서 작업이 이루어진다. 넷째, 대부분의 사람들은 스트레스를 받으면, 건전한 것보다는 익숙한 것을 선택한다. 이는 인간이 스트레스 상황에 놓이면 반사적으로 반응하는 대신 적절하게 대처하기 때문이다.

선택과 수용에 대한 신념과 가정은 일반적으로 인간은 예측이 가능하고 안전하다는 이유로 익숙한 것을 선택하는 경향이 있다.

부모에 대한 신념과 가정은 첫째, 부모는 비록 역기능적일지라도 성장하며 배우고 사용했던 행동 방식을 반복한다. 둘째, 부모는 당시 그 여건에서 나름의 최선을 다한 것이므로 부모가 문제를 극복하는 방식에 대해 비난해서는 안 된다. 셋째, 전인적인 인간이 되는 유일한 방법은 부모를 인간적인 차원에서 이해·수용하여, 부모를 역할 측면이 아닌 한 인간이라는 개인적인 측면에서 생각하는 것이다.

b. 주요 개념

경험적 가족치료의 주요 개념은 자아존중감, 가족규칙, (역기능적 의사소통 유형) 의사소통 및 대처유형 등을 살펴본다.

자아존중감이란 자기평가를 통해 갖게 되는 신념을 말하며, 개인의 심리적 상태 및 대인관계에 영향을 주는 중요한 성격 요인이다. 특히 사티어는 감정 부분을 중요시하여 가족 구성원들의 자아존중감 향상을 가족치료의 중요한 목표로 삼고 있다. 이는 자기 자신에 대한 감사와 사랑을 느낄 때 에너지가 생성된다. 이러한 자기가치감과 자아존중감은 주로 삼인 군 원 가족 조직에서 부모와의 관계를 중심으로 학습되고 발달된다. 그러므로 어머니가 안정적인 환경에서 고대한 임신과 출산을 하고, 애정과 정성으로 양육하며, 적절한 놀이가 이루어지는 것이 중요하다.

가족규칙에 있어서 사티어는 누가 무엇을 바탕으로 규칙을 만들었고, 그

규칙들이 어떤 영향력을 미치며, 규칙을 어길 때 어떻게 반응하는가? 등을 중요시한다. 즉, 가족구조 내에서 필수적이고 역동적이며 영향력이 강한 행동 규범으로 간주한다. 따라서 그는 진단과 치료 가정에서 가족규칙을 바탕으로 한 행동 규범 영역을 제시한다.

그것은 보고 들은 것과 감정을 표현하는 방법, 부정적인 것 혹은 긍정적인 것을 이야기할 수 있는 대상, 거절 · 반대 · 부정 등에 관한 표현, 이해하지 못할 때 다시 설명해 줄 것을 요구, 이해할 때의 반응 등이다.

역기능적 의사소통 유형은 비난형, 회유형, 산만형, 초이성형으로 나눈다.

| 표 6-1 | 역기능적 의사소통 유형과 특성

유형	특성
비난형	• 자기주장이 강하고 독선적, 명령적, 지시적 • 잘못을 남의 탓으로 돌리고 참을성이 없으며, 다른 사람의 충성과 복종을 요구 • 비난함으로 상대방이 복종하면 자신이 중요하게 되었다고 생각
회유형	• 의존적이며 다른 사람의 기분을 맞추려 애쓴다. • 쉽게 사과하고 반대하지 않으며, 자신에게 어떤 비판도 동의 • 자신의 진정한 감정을 존중하지 않음 • 자신의 욕구를 숨기므로 자아존중감이 낮음
산만형	• 다른 사람의 말과 해동에 상관없이 행동 • 주제를 자주 바꾸고 책임질 수 없는 말을 함 • 아무도 자기를 걱정, 받아 주지 않는다고 생각, 고독감과 무가치함을 느낌
초이성형	• 자신이나 다른 사람을 과소평가 • 모든 일을 비판하고 분석 • 어떤 감정도 나타내지 않고 매우 정확하고 논리적 • 내면으로 약하여 감정적으로 상처받기 쉽다 • 초이성적 행동으로 상대방의 시기심을 불러일으키거나 굴복하게 만들려 함

c. 치료 목표

경험적 가족치료의 주된 목표는 자아존중감 향상과 자기인생에 대한 선택권을 스스로 갖도록 하는 것이다. 더불어 가족 규칙을 합리적 · 현실적 · 인간적으로 만들고 내담자의 의사소통 유형을 일치적으로 만들게 하는 것이다. 따라서 경험적 가족치료자들의 궁극적 목적은 각 개인이 자기 가치에 대한 안정된 감정을 발달시킴으로써 성장하는 것이다. 즉, 내담자에게 중요한 의미가 있는 상대와의 의사소통에 의해서 내담자의 자아존중감과 잠재력이 고안되고, 성장할 수 있다는 주장이다. 또한 가족치료를 통한 가족 구성원의 새로운 경험은 개별화를 촉진시킴으로써 가족 개개인의 성장을 가져올 뿐 아니라 가족의 통합과 연합에 긍정적 역할을 한다. 이에 대한 휘태커의 주장은 '자유로움'과 '비이성적이고 창의적인 경험과 기능'이고, 사티어의 주장은 자신의 자아 가치와 존중감 향상과 자기 인생에 대한 선택을 스스로 결정하도록 돕는 것이다(송성자, 1995; 김유숙, 2000). 구체적인 내용은 첫째, 가족이 서로 자기 자신들을 보고, 느끼고, 생각하는 것들에 대하여 분명하게 표현하도록 한다. 둘째, 가족이 새로운 희망을 가지고 과거의 가슴 부풀었던 꿈을 다시 지각하도록 한다. 셋째, 가족이 상황에 대한 새로운 시각과 통찰을 가질 수 있도록 교육하고 어려움에 대처하며 극복할 수 있도록 강화한다. 넷째, 자의식을 가지고 자신의 의사결정을 스스로 선택하게 함으로 자신의 행동에도 책임을 진다. 다섯째, 가족의 규칙을 분명히 하고 부모가 융통성 있게 통제한다. 여섯째, 가족 서로의 차이점을 알고 자아성장을 위하여 서로 지지해 준다.

d. 개입방법 및 치료 과정

개입방법 및 치료과정은 변화개념과 역기능적 의사소통의 변형으로 나누어 설명한다.

변화개념은 내담자의 내면적인 변화이지만 내담자의 행동 변화에 초점을 둔다. 사티어는 치료 과정에서 발생하는 변화를 위해 새로운 발견, 인식, 이해, 새로운 적응 등의 개념을 클라이언트에게 학습하는 데 기초가 된다고 규정하였다.

첫째, 새로운 발견은 사람들이 의사소통할 때 분노, 공포, 두려움, 절망 등의 감정 아래에 깔려 있는 충족되지 못한 기대와 갈망을 숨기고 있으므로 억압하고 있는 기대와 욕구를 발견한다. 이러한 발견은 자아존중감과 일치적인 의사소통을 강화하는 데 도움이 된다.

둘째, 인식(awareness)은 사람들이 내용과 과정, 양 측면을 동시에 듣는 태도를 발전시키는 것을 뜻하지만 내용은 무엇이 발생하였는가이고, 과정은 현실 세계가 아닌 내면의 과정을 탐색하고 경청하는 것이다.

셋째, 이해는 상황이나 사건이 일어나는 과정을 있는 그대로 알아차리는 것을 의미한다. 자신의 투사로 메시지를 판단하는 대신 말하는 사람의 의도를 받아들이는 것을 의미한다.

넷째, 새로운 적용이란 우리가 발견한 것의 가치를 깨닫고 새로운 방식으로 이해하여 우리의 성장을 돕게 하는 것을 의미한다.

변화란 상담이나 치료관계에서 현재의 상태에 불만족하거나 생활상에 어려움을 겪고 있는 사람들이 전문가의 개입으로 불만이나 어려움 등을 감소시키거나 자신이 원하는 바람직한 상태로 되는 것을 의미한다.

역기능적 의사소통의 변형은 회유형의 변형(자기 무시), 비난형의 변형(자기 자신, 다른 사람 무시), 초이성형의 변형(다른 사람을 무시), 산만형의 변형(자기 자신, 상황, 다른 사람 모두 무시)으로 나뉜다.

첫째, 회유형의 변형(자기 무시)에서 이를 사용하는 사람에게는 다른 사람을 돌보고 염려하는 변화의 씨가 될 수 있는 장점을 가지고 있으므로 다른 사람을 돌보듯이 자신을 돌보도록 한다.

둘째, 비난형의 변형(자기 자신, 다른 사람 무시)에서 자기 자신이 다른 사람을 비난하는 것을 알도록 하는 것은 비난하거나 심판하지 않고 주장하는 것이 중요하다는 것을 생각하도록 한다. 이로써 비난 장면의 역할극 또는 조각을 실시하면서 직접 경험하도록 한다.

셋째, 초이성형의 변형(다른 사람을 무시)에서 자신과 다른 사람에게 초이성형을 사용하고 있는 것을 인식하도록 하는 것은 애정, 감정, 지적인 체계의 모든 것을 통합하는 것이다.

넷째, 산만형의 변형(자기 자신, 상황, 다른 사람 모두 무시)에서 먼저 자신, 타인, 상황에 대하여 산만한 유형을 사용하고 있는 것을 인식하도록 하고, 적절한 상황에서 자신의 장점을 발휘하도록 접근함으로써 변형하도록 한다.

e. 치료자의 역할

경험적 가족치료에서는 치료자의 사람됨과 일치성에 초점을 맞춘다. 이때 치료자는 내담자가 안전하고 가치 있다고 느끼게 하는 것으로 내담자의 변화가 시작되도록 하며, 세부 역할은 아래와 같다.

첫째, 치료자는 자신을 내 · 외적으로 준비한다.

둘째, 내담자와 라포를 형성한다.

셋째, 경청을 통해 내담자가 희망과 소망을 갖도록 한다.

넷째, 내담자의 현재 문제를 듣고, 내담자의 가치를 인정한다.

다섯째, 문제를 긍정적이고도 해결중심적인 관점으로 변형시킨다.

여섯째, 상담의 전 과정을 통해 사정을 한다.

일곱째, 치료의 초점을 어디에 둘지를 내담자와 함께 정하여 치료자의 역할을 명확하게 한다.

여덟째, 내담자의 장점을 한 가지 이상 찾아서 이야기한다. 그 외 방해물도 알아본다.

아홉째, 상담을 정리하고 희망을 주며 종결한다. 필요에 따라서는 교육을 해도 좋다.

최근 사티어의 제자 반맨(Banmen)은 경험적 가족치료자로서 갖추어야 할 3대 요소를 Competent(유능), Confident(자신감), Congruent(일치)의 3개 C라고 강조하였다.

f. 성장 및 치료 기법

경험적 가족치료의 성장 및 치료기법은 치료 현상학적 이론의 영향을 크게 받아서 자아심리학, 행동이론, 학습이론, 의사소통이론, 일반체계이론에 바탕을 두고 있다. 또한 치료 목표를 위해 치료자가 개입하는 방법으로 자신을 빙산으로 은유해서 내적 과정의 이해를 돕는 빙산 은유, 기능적인 삼인군의 특성을 가지게 돕는 원가족 삼인군, 어느 시점을 선택하여 그 시점에서의 인간관계와 타인에 대한 느낌과 감정을 동작과 공간으로 표현하는 비언어적인 기법을 말하는 가족 조각 등이 있다. 그리고 심리분석에 근거한 자아개념과 자아존중감을 강조하고 가치체계, 자기확신, 신념, 철학을 중요시한다. 경험적 가족치료에 있어서 성장 및 치료기법은 여러 가지 기법들 중에 가족구성원의 특징에 따라 활용하며, 이 밖에도 가족규칙, 유머, 의사소통, 나의 영향권 이해, 은유, 명상 등의 방법을 사용한다.

첫째, 빙산은유(iceberg metaphor)

사티어는 개인의 내적 과정을 이끌어내는 은유적인 방법으로 빙산기법을 활용하였다. 개인 상담이나 부부상담 시에 자신이나 상대방의 마음 심층을 탐색할 수 있도록 하는 좋은 상담방법이다. 이는 인간은 삶을 살아가는 다양한 과정에서 자신이나 타인을 이해하지 않고는 그 과정이 순탄하게 진행될 수가 없으므로 겉으로 드러나는 것뿐만 아니라 드러나지 않는 더 깊은 내면을 이해할 수 있게 한다. 즉, 부부 상담에서는 상대의 빙산탐색 과정을 듣는 것만으로도 큰 깨달음의 시간이 되기도 한다. 그러므로 빙산기법은 천천히 진행하는 것이 좋다.

빙산은 대인 간 수준, 심리적 수준, 영성 수준으로 나누어지고 각 수준은 더 작은 층으로 구분된다. 이때의 층은 정체되지 않고 끊임없이 상호작용하는 역동적인 것으로 이해해야 한다. 그 층들은 행동, 대처방식, 감정, 감정에 대한 감정, 지각, 기대, 열망, 자기(self)이며, 마지막 층을 사티어는 생명력, 에너지, 개인의 영적 부분으로 보았다. 행동은 빙산 위에 나타난 어떤 사건에 대한 활동과 이야기, 대처방식은 수면 위에 나타난 사건에 대해서 대처하는 방식, 감정은 기쁨과 흥분, 분노와 두려움, 슬픔과 아픔 등, 감정에 대한 감정은 그 사건에 대한 자신감정에 대한 감정이 무엇인가, 지각은 신념 · 가정 · 고정된 시각 · 주관적 해석, 기대는 자신과 타인에 대한 기대, 열망(우주적)은 사랑 · 수용 · 확인 · 목표 · 의미 · 자유 · 자신이 이루고자 하는 소망, 자기는 정신 · 영혼 · 중심 · 정수 · 내담자 자신을 지탱하게 하는 생명력은 무엇인가에 대한 것이다.

둘째, 원가족 삼인군 치료는 대부분의 역기능적인 학습이 원가족 삼인군에서 온다는 전제로 사티어는 출생가족의 성장과정과 생활경험을 중요시하였다. 성장과정의 자아존중감 발달에 부모의 영향을 중요시하며, 성장이후의 자아존중감 변화와 새로운 수준에서의 성장이 가능함을 강조했다. 즉, 자아존중감의 회복 및 향상을 위해서는 과거에 학습된 의사소통 유형과 문제상황에 대한 대처유형을 외현화시키고 재경험하는 것으로 본다. 원가족 삼인군 치료는 먼저 원가족 도표 사용하여 가족구성원들이 공동으로 원가족 도표를 작성하는 과정과 도표를 설명하고 재구조화하고, 다음으로 조각내지는 역할극을 병행하면서 치료과정을 진행한다. 즉, 1단계로 원가족 도표를 작성하여 가족구성원의 성격, 자존감의 정도, 의사소통 방식과 생존유형, 가족규칙, 가족의 역동성, 가족구성원들의 상호관계, 세대 간의 유사점과 차이점, 사회와의 연계성 수준 등을 파악한다. 이때 도표는 현재의 가족, 아버지의 원가족, 어머니의 원가족으로 3장을 작성한다. 2단계는 원가족 도표를 사용하는 치료과정이다. 원가족 도표를 바탕으로 원가족 삼인군을 상기하는 과정에서 진단과 평가가 이뤄지고, 변화되어야 하는 내용과 목표를 설정한다. 치료개입을 시작하기 전에 치료자는 내담자가 변화하기를 원하는 것에 대한 질문을 한다. 그리고 치료자는 부모의 만남과 결혼, 자녀출산 후 부모의 역할, 부모-자녀 관계, 형제 관계, 성격, 의사소통 유형 등에 관한 질문을 한다. 원가족 도표를 설명하고 탐색하는 과정은 가족 전체에 대한 이해와 부모의 입장과 위치 및 부모와 자신과의 관계 그리고 가족구조 내에서의 자신의 가치와 역할 및 가족들의 의사소통유형 등에 대한 이해를 돕는다. 3단계는 원가족 도표를 바탕으로 가족조각을 실시한다. 가족조각에 대한 실시 경험은 변화를 촉진하고 치료의 효과를 높일 수 있다. 이때 과거의 어려웠던 상황을 재연해보는 것은 객관적으로 자신을 볼 수 있고, 가족구성원들의 감정과 입장에 대해 들어보며 진정한 격려, 위로, 지지, 사과, 칭찬을 들으며 새로운 경험을 하게 된다. 이를 통해 과거에 충족되지 못했던 욕구가 충족될 수도 있다.

셋째, 가족조각(family sculpture)은 가족구성원들이 가족관계를 새롭게 인식할 수 있는 기법으로, 감정을 행동으로 옮기는 것이다. 가족의 동의를 얻어 시행한다. 자신의 인식에 따라 사람들을 배열하고 조각해 나가는 비언어적 기법이다. 기 기법을 통해 참여하는 가족원들은 각자의 내면적 감정을 접함으로써 실제의 자신을 알고 느끼며 새로운 대처방법을 생각할 기회를 갖게 된다. 이때 가족구성원들이 몸으로 직접 가족을 표현하는 방법이 경험적으로 가장 효과적일 수 있지만, 모든 가족원이 다 와야 하고, 상담 장소가 작업을 할 만한 공간이 있어야 된다는 점에서 현실적으로 어려울 수 있다. 그때는 피규어나 색종이, 돌, 구슬 등 주변의 보이는 사물을 활용해서 할 수도 있다.

넷째, 성장 의사소통기법 및 새로운 의사소통규칙으로는 치료자가 의사소통을 위한 새로운 규칙을 세워 가족이 대화할 대상을 지정하게 하고 이후에 그 당사자의 반응을 요구한다. 치료자는 가족이 서로의 상호작용에서 그 내용보다는 관계에 초점을 둘 수 있도록 하기 위해 의사소통의 새로운 규칙을 수립하게 한다.

다섯째, 나의 생활 연대기는 출생 후 현재까지 나의 주요 생활사건을 연대별로 나열한 것으로 자신의 인생경험을 반추해보며 자신에게 영향을 미쳤던 사건을 인식하고 재구성하는 고장을 통해 성장 기회를 제공한다. 이때 나의 영향권 이해로는 성장기 동안 지적, 정서적, 신체적, 사회적으로 영향을 준 사람이나 사건을 바퀴 보양의 그림으로 만든 것으로 미처 인식하지 못했거나 인정하고 싶지 않았던 경험과 관계를 재정리해 볼 수 있다.

여섯째, 은유는 치료자가 직접적으로 지시하거나 평가하기보다는 간접적이고 비유적인 표현을 사용하는 것으로 내담자의 자아존중감이나 체면을 손상시키지 않는 덜 위협적인 기법이다. 내담자에게 특별한 의미를 전달하기 위해 사용한다.

일곱째, 명상은 감정과 직관력을 담당하는 뇌의 우반구를 사용하여 '지금-여기'에 집중하게 한다. 내담자 자신의 내·외적 자원을 감사히 생각하고 충분히 활용할 수 있게 하여 내담자가 새로운 선택과 가능성을 추구할 수 있도록 하는 변화와 성장을 도모한다.

③ 다세대 가족치료

다세대 가족치료는 정신역동적 접근법과 체계적 관점을 연결시킨다. 치료의 초점은 개인이나 부부 단위이지만 주로 다세대의 가족체계에 두고 있다. 즉, 가족 내 문제의 핵심이 가족구성원의 불안과 정서적 융합에 있다고 보는 것이다.

다세대 가족 치료자인 보웬(Murray Bowen)은 모든 가족을 살아 있는 유기체처럼 보고 가족구성원 개인의 변화가 가족 전체의 정서적 과정을 변화시킬 수 있으며 가족의 정서과정을 역사적·다세대 틀로 분석할 때 가장 잘 이해할 수 있다고 보았다.

다세대 가족치료는 보웬을 필두로 커(M. Kerr)와 게린(P. Guerin) 등의 제자들에 의해 계승되어 영향력 있는 이론으로 발전했다. 이 모델은 다세대에 걸친 정서과정에서 집중적인 투사의 대상이 된 가족원에게 증상이 나타남을 보고, 가족체계의 변화를 유도하여 문제를 해결하려 노력한다(김춘경 외, 2016).

a. 기본원리

보웬의 다세대 가족치료는 정서 모델에 기초하고 있다. 정서는 인간을 움직이게 하고 생존을 가능하게 하는 가장 기본적인 힘이다. 정서 세계는 연합성(togetherness)과 개별성(individuality)이라는 두 가지 삶의 힘에 의해 움직이고 통제된다. 연합성은 다른 사람에게 의존하고 연결되어 서로의 자극에 민감하게 반응하는 생물학적인 힘을 말하고, 개별성은 자신의 삶의 방향을 스스로 정하고 추진하는 생물학적인 힘을 말한다. 이 두 힘이 균형을 이룰 때 이상적이고 자율적인 기능을 한다고 보며 이를 '분화'되었다고 한다. 즉, 개별성과 연합성이 불균형을 이룰 때, 이를 '융합(fusion)' 또는 '미분화(undifferentiation)' 되었다고 보는 것이다.

b. 주요개념

이 치료법의 주요 개념은 자기분화, 삼각관계, 핵가족 정서체계, 가족투사과정, 정서적 단절, 다세대 전수과정, 형제위치, 사회정서과정 등이다.

첫째, 자아분화(differentiation of self)

자아분화는 어린아이가 어머니와의 융합에서 벗어나서 자신의 정서적 자주성을 향해 나아가는 장기적인 과정으로, 세대를 거쳐 재생산된다. 이는 정신내적 측면과 대인관계적 측면에 관련된 개념이고, 사고와 감정을 분리시키는 능력이다.

자아분화 수준은 참자아(solid self)와 거짓자아(pseudo self)의 비례로 나타난다. 참 자아는 자기 자신에 대한 신뢰를 갖고 있으며, 타인과의 관계나 외부 영향으로부터 쉽게 변하지 않는 특성을 갖고 있다. 거짓자아는 자신이 스스로 고민하고 진실을 파악하는 것이 아니라 주변의 상황이나 압력, 감정에 의해 자신의 모습이라고 믿는 자아를 말한다. 따라서 개인의 자아분화 수준은 가족 간 상호작용의 결과로 결정되고, 개인에게서 나타나는 부적응 행동과 증상들은 자기분화가 되지 못한 데서 원인을 찾을 수 있다.

둘째, 삼각관계(triangles)

삼각관계는 가족 내 불안과 긴장을 해소하는 정서적 역동방식이다. 일반적으로 임상가들은 세 사람으로 이루어진 인간관계를 두 사람으로 이루어진 인간관계보다 안정된 관계로 본다. 삼각관계의 일반적인 예는 부부갈등이 심할 경우 자녀를 끌어들여, 자녀에게 초점을 맞추어서 부부의 긴장을 완화시키려는 경우이다. 이때 자녀는 희생양이 되기 쉽다.

셋째, 핵가족 정서체계(nuclear family emotional system)

핵가족 정서체계는 가족이 정서적으로 연결되어 있는 정도를 말한다. 다세대적 개념이다. 자아분화 수준이 낮은 사람들의 결합일수록 두 사람의 자아는 융합되고 공동자아를 형성한다.

넷째, 가족투사과정(family projection process)

가족투사과정은 핵가족 정서체계 내의 미분화로 인한 정서적 불안정을 다루는 기제를 말한다. 이것은 가족구성원이 자신의 불안을 다른 가족구성원에게 투사하는 과정이다. 투사의 대상이 되는 자녀는 부모와 삼각관계에 빠지게 되고, 가족의 역기능적 순환 고리는 지속적으로 반복된다.

다섯째, 정서적 단절(emotional cutoff)

원가족과의 정서적 단절은 친밀한 관계를 맺으면서 생활해야 하는 사람들끼리 정서적으로 어떠한 관계망도 이루지 않으려는 것으로, 정서적 의존성과 불안이 높은 가족 안에서 발생한다. 정서적으로 단절된 상태로 지내는 이유는 관계를 맺음으로써 자신의 주체성을 잃게 될까 두렵거나 불안이 가중되어 정서적 긴장 상태를 유발하기 때문이다.

여섯째, 다세대 전수과정(multigenerational transmission process)

세대를 통해 가족의 정서과정이 전이되는 것을 말한다. 여러 세대에 걸쳐 지속된다. 3대 또는 그 이상의 세대까지 미분화상태가 전이되면 조현병이나 정서적 질환을 앓게 될 수 있다. 이때는 개인의 질병이라기보다는 가족체계에서 누적된 자아미분화의 결과이다.

일곱째, 출생순위(birth order)

월터 토먼은 다른 환경에서 태어난 사람도 출생순위가 같은 경우 비슷한 성격을 가지고 있다고 하였다. 보웬은 이 주장을 인정하면서 기능적인 출생순위도 고려했다. 보웬은 불안 정도가 심해지는 경우 장남과 장녀는 더 권위적이고 규칙에 집착하고, 막내는 당혹해하거나 혼란스러워한다고 보았다.

여덟째, 사회정서과정(social emotional process)

사회에서 성공적으로 적응하고 사회관계 훈련을 받게 되면 분화 수준이 증가하는 반면, 사회에서 지속적으로 스트레스를 받거나 자신의 독립된 생각대로 행동을 하지 못하게 되면 분화 수준은 낮아진다.

c. 치료목표

다세대 가족치료의 목표는 다세대 정서과정을 이해함으로써 자기분화를 촉진하는 것으로 가족구성원의 불안을 감소시키고 자아분화 수준을 높이는 것이다. 자아분화는 보웬의 가족치료에서 치료목표이자 성장목표이다. 즉, 미분화된 가족자아 덩이로부터 자신을 분리하고 독립시켜 정체감을 형성하고, 자기 충동적 이거나 감정반사적인 행동으로부터 자유를 획득해 나갈 수 있도록 돕는 것이 치료의 목표이다.

이를 위해 치료자는 가계도를 통해 가족정서체계를 평가하고, 불안과 정서적 반응성을 낮추도록 하며, 치료적 삼각관계와 코칭을 통한 가족원의 자기분화를 촉진하도록 개입한다. 또한 가족체계 변화를 위해 폐쇄된 가족유대를 개발하고 삼각관계에서 벗어나도록 돕는다. 문제는 사람이 아니라 체계 안에 원래부터 있는 것이기 때문에 개인의 변화는 다른 사람과의 관계성 변화를 통해 이루어진다고 보기 때문에 보웬의 다세대 가족치료는 체계역동 방향으로 증상을 이해하고 클라이언트로 하여금 자기발전을 향해 평생 노력하도록 격려하며, 실제로 가족과 접촉을 하면서 그들의 사고기능을 변화시켜 줌으로써 그들의 자아분화를 높이는 데 목적이 있다(최규련, 2008).

d. 치료과정

보웬은 치료과정에 전체 가족이 참여하지 않아도 높은 동기를 가진 가족구성원의 자아분화가 시작되면 관계성을 변화시키고, 전체가족체계를 변화시키는 매체가 될 수 있다고 본다. 즉, 치료자가 각 가족구성원을 대상으로도 가족과의 정사과정에 초점을 두면서 가족상담을 할 수 있고, 개인의 자아분화 수준이 높아지면 곧 가족체계의 변화를 가져올 수 있다고 본다. 치료과정으로는 점진적으로 이루어지며 가족평가, 가족내 불안 감소, 핵심적인 삼각관계 범위 정의, 탈 삼각관계화의 4단계로 구성하고 있다.

첫째, 평가 및 문제 정으로 가족의 호소 문제를 이해하고 정의하면서 주요 개념을 살펴보고 가족의 배경을 전체적으로 이해하는 가계도를 그린다. 정확한 가계도를 그림으로써 다세대 정서적 체계의 맥락 안에서 현재 문제를 파악하는 것이다. 이렇게 가족의 문제와 전체 가족체계에 대한 평가를 하여 치료계획을 세운다.

둘째, 치료 목표설정으로 가족 내 불안 과정에 초점을 두면서 감정을 통제하고, 가족이 변화할 수 있도록 계획을 세우고, 가족 내 불안을 완화시키고 낮추는 방법을 연습한다. 이를 통해 실제 변화되는 과정을 갖는다.

셋째, 시스템 분석으로 가족 내에서 세대에 걸쳐 반복되는 삼각관계를 파악하고 그 문제 증상과 관련한 핵심적인 삼각관계의 범위를 규정한다. 이때 삼각관계와 다세대 전수과정에 대한 정확한 인식과 객관적인 이해를 한다.

넷째, 갈등 해결 전략 개발로 가족구성원들과 함께 갈등 해결 전략을 개발한다. 이전 패턴을 변화시키고, 새로운 상호작용과 소통방법을 익히며, 문제 상황에 대처할 수 있는 도구를 제공한다.

다섯째, 소통 및 해결 연습으로 가족구성원들에게 갈등상황을 안전한 환경에서 연습하고, 감정표현과 듣기 기술을 향상시킨다.

여섯째, 패턴 변화로 가족치료사는 가족구성원들과 함께 이전 패턴을 변화시키는 데 도움을 준다. 새로운 상호작용과 관계 기법을 형성하며, 건강하고 긍정적인 변화를 이끌기 위한 노력을 지원한다.

일곱째, 평가와 조정으로 치료과정은 지속적으로 평가되며, 필요한 경우에는 전략을 변경 또는 수정한다. 이때 가족구성원들의 진전과 변화를 추적하고, 목표달성을 위해 필요한 추가적인 원조를 한다.

여덟째, 치료의 종료 및 추후관리로 치료 목표가 달성되거나 가족구성원이 원하는 시점에서 치료를 종료한다. 그리고 종료 후에도 치료사는 가족구성원들이 학습한 도구와 전략을 유지 및 발전시키는 데 도움을 줄 수 있다.

e. 치료자의 역할

다세대 가족치료자의 역할은 치료목표인 가족구성원의 자아분화와 불안감을 감소하기 위해 가족의 정서과정에 융합되거나 삼각관계에 연루되지 않아야 한다. 그리고 가족과의 관계에서 차분하고 객관적인 태도로 자율적인 위치를 위해야 한다. 따라서 치료자의 역할로 자아분화 수준이 내담자의 수준보다 높아야 하는 것이 필수적이며, 중립적인 자세로 가족의 감정적 동요를 진정시키고 자아분화를 높이는 촉진자이자 모델이 되어야 하는 것이다.

보웬은 치료자를 코치(coach)로 비유하고, 가족이 능력을 최대한 발휘할 수 있도록 조용히 돕는 능동적 역할을 하여야 한다고 강조한다.

f. 치료기법

다세대 가족치료자들은 가족체계에 대한 이해가 여러 기법들보다 훨씬 중요하다고 강조한다. 이들은 가족치료를 통해 가족구성원들의 관계와 갈등을 다루고, 개선하기 위해 활용하는 다양한 기법과 접근법을 포함한다. 따라서 가족의 정서체계를 이해하고 인지적 자각을 촉진하기 위해 가계도 작성, 질문, 과제 등을 주로 사용하고 삼각관계를 벗어나도록 코치하는 데 관심을 두는 반면 특정 기법에는 치중하지 않는다.

첫째, 가계도(genogram)

가계도란 3세대 이상에 걸친 가족성원에 관한 정보와 그들 간의 정서과정을 표시한 그림으로 가족과의 면담과정에서 삼각관계, 정서적 단절, 핵가족의 정서체계, 다세대 전수 등의 정서과정을 파악하면서 현재의 가족문제 정보를 조직화해가는 것이다. 가계도 작성방법은 맥골드릭(McGoldrick)과 거슨(Gerson) 등의 보웬의 제자들에 의해 수정보완 되어 최근에 더욱 다양한 방식으로 활용되고 있다.

가계도 그리기의 구체적인 방법은 먼저 가계도 기호를 사용하여 현재의 핵가족, 남편과 아내의 3대에 걸친 가족구성원에 관한 정보와 주요한 생활사건을 표기한다. 즉, 가족구성원의 이름, 연령, 형제자매의 위치, 결혼, 별거, 이혼 등의 정보와 종교, 직업, 학력, 거주지 등과 이사, 사망, 구금, 질병 등의 생활사건을 기록한다. 그리고 가족의 관계유형과 가족구성원의 기능, 역학패턴, 정신적·신체적 문제 및 중독이나 폭력 등에 관해 표기한다. 가계도 작성시 치료자는 먼저 내담자에게 가계도를 그리는 이유를 설명하고, 작성과정에서 가족이 편안하게 되도록 배려하면서 간단하고 무난한 정보를 묻는 질문에서 시작하여 세대에 걸친 관계패턴과 질병, 갈등 등의 정서 과정에 관한 질문까지 한다. 가계도를 그린 후 가족원 각자의 견해와 느낌을 서로 나누게 한다. 그리고 상담을 진행하면서 관련 정보가 추가하면서 그 가계도를 더욱 구체화한다.

둘째, 치료적 삼각관계

보웬의 가족치료에서는 주로 부모나 부부처럼 두 사람의 성인과 치료자의 삼각관계 형태를 이루어 개입한다. 이것이 곧 치료적 삼각관계기법이다. 즉, 불안탐색을 중요하여 부모의 불안을 탐색하여 자녀에게로 향하는 투사를 중지하게 한다. 예를 들면, 부모들의 불안이 어디에서 오는가? 불안이 생길 때 어떻게 행동하는가? 라는 질문을 통해 내담자로 하여금 자신들의 불안에 초점을 맞추도록 하는 것이다. 이때, 불안한 부모와 상담자가 치료적 삼각관계를 맺게 되며, 기존의 가족들이 가지고 있는 삼각관계와 다른 상호작용을 보여주는 것이 중요하다. 이러한 경험을 반복하면서 기존의 삼각관계에서 탈삼각, 탈 융합이 될 수 있다.

셋째, 코칭(coaching)

코칭은 치료자가 내담자와 가족으로 하여금 직접 가족문제에 대처하는 데 있어서 자신의 능력과 기능을 최대한 발휘하도록 돕는 방법이다. 즉, 치료가자 가족의 삼각관계에 말려들지 않으면서 가족구성원들의 정서적 과정들과 그 안에서의 자신의 역할을 이해하도록 여러 질문을 하는 것을 말한다. 질문은 관계성 패턴을 수정하기 위해 고안되었으며, 보웬은 순환질문을 주로 사용하였다. 예를 들면, "당신 남편에게 어떻게 했을 때 남편이 그렇게 화를 내는지 생각해보셨나요?"라고 하고 그다음으로 "당신의 부모나 친척 중에서 당신과 비슷한 행동을 하는 사람이 누구였나요?"라고 질문하는 것으로 세대 간의 정서과정 전수를 구체적으로 이해할 수 있도록 한다. 그렇지만 보웬 치료 모델의 다른 치료자들은 때때로 도전, 직면, 설명하기를 활용하기도 하고 과제도 부과한다. 이러한 코칭의 목표는 이해를 증진시키고 자신에게 초점을 맞추며, 가족구성원 간에 더 기능적인 애착관계를 발전시키는 것이다.

넷째, 과정 질문

과정 질문은 가족구성원의 감정을 가라앉히고 정서적 반응에 의해 유발된 불안을 낮추며 사고를 촉진하기 위한 질문으로 구성된다. 주로 가족문제에 대한 자각과 관계 유형, 참여 방식에 대한 질문이다. 이때 치료자는 가족구성원이 말하는 사건 내용보다는 사건을 둘러싼 가족 순환관계 관정에 초점을 맞춘다. 예를 들면, '가장 화나게 하는 남편의 비판은 어떤 것인가요?'라는 것이다.

다섯째, '나의 입장' 기법(I-position)

나의 입장 취하기 기법은 다른 사람이 무엇을 하는가를 비난하거나 지적하는 대신에 자신이 무엇을 생각하고 느끼는가를 말하게 함으로써 자신의 생각과 감정을 표현하게 하는 방법이다. 이 기법은 상대방에게 책임을 추궁하는 것이 아니고 자신의 현재 의견과 감정상태를 표현함으로써 악순환적인 대응적 대화에서 벗어나서 해결방법을 찾을 수 있는 생각을 시작하게 할 수 있다. 이때 치료자는 내담자에게 '나의 입장'을 취하도록 격려할 뿐 아니라 치료과정에서 내담자들에게 그들 자신도 그렇게 한다.

여섯째, 불안 완화기법

치료과정에서 불안을 완화시키고 감정을 차분하게 가라앉힐 때 가족구성원들 간에 이성적으로 얘기할 수 있다. 이를 위한 방법에는 감정보다 생각에 대한 발문을 더 많이 하기, 부부간의 상호작용을 최소화시키고 한 사람씩 차례로 상담자에게 이야기하게 하고 다른 사람들은 경청하고 관찰하는 방법, 비슷한 문제를 가진 다른 가족의 이야기를 해주거나 영상물 · 영화 등을 활용하여 가족 속에서 자신의 역할기능을 배우도록 하는 방법, 즉 치환 이야기 등이 있다.

일곱째, 관계성 실험

관계성 실험은 중요한 삼각관계에 변화를 일으키는 것으로 정서적으로 가까이 다가가고자 하는 사람과 도망치는 사람을 치료하기 위한 기법이다. 이때 치료자는 이들에게 각각 추적자와 도망자로 이름을 붙이고 추적자에게 "도망자를 결코 쫓지 말라" 하고 "당신의 삶에서 그 사람 말고 무엇이 있나요?"라는 질문을 한다. 그 결과 정서적으로 가까워지기를 추구하는 사람이

뒤쫓는 것을 중단하고, 관계 압박에서 벗어나 자신과 다른 사람과의 관계에 무슨 일이 일어나는가를 실험해 보게 된다. 도망자는 상대방의 요구를 회피하거나 도망가지 않고 자신의 생각과 감정을 표현하는 방법을 실험해보는 것이다. 이로써 결국 두 사람의 관계 변화를 위한 방법을 발견하여 실제 연습하고 실천하게 되는 것이다.

④ 전략적 가족치료

전략적 가족치료는 가족체계 내에서 발생하는 역기능적 상호작용의 내용보다 과정에 초점을 맞추어 문제를 해결하고자 하는 치료적 접근방법이다. 즉, 가족구성원이 변화되는 1차 변화가 아닌 가족규칙과 가족구조가 바뀌는 2차 변화로 구별된다. 전략적 가족치료는 병리적 가족의 가족 안전을 위한'항상성을 제거하는 과정'을 '가족의 변화'보다 더 중요시하는 특징을 가지므로 '위계와 권력'에 관심을 가지며 위계와 통제관계를 파악한다. 이러한 전략적 가족치료는 증상 제거에 초점을 두고 구체적인 치료전략을 세워 역설적 방법으로 접근하는 에릭슨(M. Erickson)의 영향을 받은 접근모델을 통칭한다. 이 치료방법은 잭슨(Jackson)과 와츨라윅(Watzlawick)의 MRI 상호작용모델, 헤일리(Haley)와 매더네스(Madnes)의 구조전략적 모델, 파라졸리(S. Parazzoli)가 주도한 체계론적 모델로 구분하며, 문제해결을 위한 치료자의 치료전략 고안과 지도적 위치를 중시한다(김춘경 외, 2016).

a. 이론적 특성

전략적 가족치료는 가족체계적 입장에서는 가족문제가 가족 전체의 역기능적 상호작용과정 때문에 발생한다고 보지만 구조적 입장에서는 가족문제가 가족의 위계와 관계 속에서 발생한다고 본다. 그러나 문제 발생을 가족체계 유지에 기여한다고 가정한다. 즉, 인간의 행동이 왜 일어났는지에 대한 이유에는 관심이 없으며, 통찰이나 인지보다는 단지 행동의 변화에 관심이 갖는다. 그리고 원인과 결과가 끊임없이 상호 순환적·반복적 악순환의 고리를 끊는 것에 초점을 두고 있으며, 가족 내의 단일 위계질서를 확보시킴으로써 가족 조직의 변화를 일으키고 이를 통해 문제 해결하려는 특징이 있다. 그래서 단기간에 효과가 있고, 우울증, 불면증 치료에 효과를 나타내고 있다.

b. 주요개념

전략적 가족치료의 주요 개념은 의사소통, 가족항상성, 치료적 이중구속, 권력과 통제, 피드백 고리, 가족규칙, 가족게임 가설설정-순환성-중립성 등이 있다.

첫째, 의사소통

모든 행동은 어느 수준에서 의서소통이며, 모든 의사소통은 내용과 관계측면을 포함한다. 관계는 대칭적이나 보완적인 관계를 말하며, 마침표는 의사소통의 중요한 측면으로 대화참여자가 즉 상대가 어디에 마침표를 찍는지 중요하며, 자기중심적인 대화마침표는 안 된다. 따라서 상위 의사소통은 의사소통에 대한 의사소통이다.

둘째, 가족 항상성

가족은 안정을 유지하고자 하는 기능뿐만 아니라 변화하고자 하는 기능을 동시에 갖고 있는 체계이며, 항상성은 본래 생물체가 몸을 일정한 상태로 균형을 유지하려는 작용 또는 성질을 의미한다. 그리고 체계는 입력과 출력과정에서 변화 대신 기본적인 성격을 유지하기 위해서 피드백 고리를 통한 자기규제가 이루어진다. 그런데 병리적인 가족일수록 변화보다는 안정성을 위해 가족의 엄격한 연쇄과정을 유지하며, 기존 방식에 완고하게 집착한 나머지 변화를 성장의 기회라기보다 가족에 대한 위협으로 자각한다. 따라서 가족 항상성을 유지하기 위해 기존의 방식을 엄격하고도 완고하게 고집하여 융통성이 없는 편이다.

셋째, 치료적 이중구속

이중구속은 발신자가 의사전달을 할 때 의사소통의 수준이 일치되지 않는 모순된 메시지를 보내는 역기능적인 의사소통의 형태를 말한다. 즉, 어떤 것을 따르더라도 아이는 좋지 않은 느낌을 받게 된다. 예를 들면, “이 지시를 무시하라!”, “나 화 안 났어! 네 마음대로 해!” 등이 있다.

넷째, 권력과 통제

가족원이 자신의 위치에 맞는 권력과 통제를 가질 때 위계질서가 유지되며, 힘의 균형이 깨지면 위계질서에 문제가 발생한다는 의미이다. 전략주의 관점에서 증산은 가족의 항상성을 유지하기 위한 기제이며, 증상의 이면에는 관계를 통제하기 위한 IP의 전략이 있다.

다섯째, 피드백 고리

가족은 피드백을 통해서 서로 정보를 교환하면서 서로의 행동을 통제하거나 확장한다. 따라서 전략적 가족치료자들은 가족의 변화를 볼 때 가족구성원의 행동 바뀌는 일차적 변화와 가족체계의 규칙이 바뀌는 이차적 변화로 나눈다. 일차적 변화는 표면적 행동의 변화에 그치지만 내재된 규칙은 동일한 상태이며, 진정한 변화는 가족규칙이 변화됨으로써 가족의 행동만이 아니라 신념이 바뀌는 수준이 되어야 한다.

여섯째, 가족규칙

가족 규칙은 시간에 걸쳐 가족 행동을 제한하는 관계상의 합의로서, 가족의 항상성을 지속하는 기능을 한다. 이때 가족규칙의 종류로는 의식적이고 명백한 ‘명시적 규칙’이 있는 반면 무의식적이며 은연중에 이루어지는‘암묵적 규칙도 존재한다.

일곱째, 가족게임 가설설정-순환성-중립성

역기능적 가족이 서로 힘을 얻기 위해 가족게임을 한다고 보며, 증상은 게임을 의미하고 이 게임을 낮추기 위해서 치료자는 역설적 개입을 하게 된다. 이때 가족게임과 가설설정, 그리고 순환질문기법을 주로 사용한다. 가족게임은 가족 안에서 비밀리에 진행되는 가족의 상호작용이 오랫동안 발전되어 온 일련의 의사소통 규칙과 관계규칙을 갖는 것이며, 가설설정은 치료의 전 과정을 통해 치료자가 지속적으로 가족기능에 관해 추측하고 가정하는 행위이고 순환질문은 밀란 모델의 독특한 기법으로서 각 가족원에게 돌아가면서 가족 상호작용이나 가족관계에 대해 이야기하게 하는 대화기법을 말한다.

c. 치료목표

전략적 가족치료의 목표는 가족이 제기하는 문제를 두고 증상을 지속시키는 역기능적 연쇄과정에 전략적으로 개입하여 단기간에 제시된 문제를 해결하는 것이다. 그러나 증상 자체를 해결하기 위해 개입하는 것이 아니라 가족 구조와 경계선의 변화를 통해 현재의 문제를 해결하고자 한다. 이러한 목표를 위해 치료자는 구체적인 문제 정의와 가설의 설정, 가족의 연쇄과정 파악, 역설적 개입(고된 체험 기법, 위장기법)을 통해 전략적으로 개입한다. 헤일리의 전략적 구조주의 모델에서는 가족생활주기에 관심을 갖는다.

d. 치료과정-구조화된 방식으로 진행

전략적 가족치료의 치료과정은 문제의 정의 단계, 목표설정단계, 치료적 개입단계로 구조화된 방식으로 진행한다.

첫째, 문제의 정의 주로 초기면접에서 이루어진다. 첫 면담에서는 가능한 한 모든 가족원이 참석하도록 권고하며, 이때 치료자는 가족의 상호작용을 관찰하고, 특히 부모-자녀 관계 문제의 경우 세대 간 위계관계에 주목한다.

둘째, 목표 설정은 가족이 해결하기를 바라는 문제에 대하여 어떤 변화를 추구할 것인지를 밝힌다. 변화하기 원하는 부분은 가능한 한 구체적이고 행동적인 언어로 표현되어야 한다. I.P.(주요 내담자)의 증상은 가족항상성을 유지하는 기제로 유지된다는 입장을 가지고 본다,

셋째, 치료적 개입은 작지만 변화에 영향을 줄 수 있는 개입을 계획하며, 이때 역설적 개입을 통하여 과제를 주거나 지시를 하는 것이 특징이다. 이것이 전략적 가족치료의 핵심적인 부분이며, 역설적 개입이 가장 큰 특징이다. 즉, 내담자 가족에게 증상을 계속해서 실행하라고 지시하는 방법으로, 변화하지 않을 수 없는 모순적 상황에 있게 함으로써 변화를 이끌어내는 치료적 방

법으로 이를 '치료적 이중구속'이라고 한다. 이러한 과정 속의 전략적 가족치료 치료자들은 주로 팀 작업으로 이루어지며, 이 팀들은 단면경 뒤에서 관찰하고 개입에 참여한다.

e. 치료자의 역할

전략적 가족치료에 활용되는 여러 가지 모델 중 대표적으로 MRi의 상호작용모델, 헤일리의 구조도멜, 밀란의 체계론적 모델을 꼽는다. 따라서 치료자의 역할 중 공통적인 내용은 치료자가 내담자의 저항을 처리하기 위한 전략을 세우는 전략가로서 문제해결과 변화에 대한 직접적인 책임을 진다는 점이다. 그리고 편안한 분위기를 조성하면서 가족구성원의 상호작용 연쇄과정을 세밀하게 관찰하고 가설을 설정하고 문제별로 직접적으로 지시하거나 우회적 · 은유적 · 역설적인 방법으로 변화를 유도하는 역할을 한다는 점도 공통점이다. 그러므로 전략적 가족치료자는 문제해결을 위한 전략을 세우는 기술과 변화를 이끌어내는 강한 의지와 책임감, 그리고 상담 시에 통제와 권위를 유지하면서도 편안하고 유연한 분위기를 조성하는 것이 필요하다. 특히 밀란의 모델에서 중립성을 유지하고 가족 스스로 해결책을 찾아가도록 돕는 조력자의 역할은 다른 전략적 모델과 차이를 나타낸다.

전략적 가족치료에 있어서 치료사의 역할을 세부적으로 살펴보면 다음과 같다.

첫째, 권위와 통제이다. 이는 치료사와 내담자 사이에 권력투쟁을 말한다. 즉, 권력투쟁에서 우위에 점하기 위해 치료자는 치료 상황에 대한 통제를 잃지 말아야 하며 내담자에게 권위를 가져야 한다고 보았다, 지배하거나 군림하는 것과는 다르다.

둘째, 주도성은 문제해결의 일차적 책임은 치료자에게 있다고 보기 때문에, 치료자는 내담자와 적극적으로 상호작용하려고 한다.

셋째, 전략적 고안은 문제해결을 위한 효과적 전략을 고안하고 이를 실행할 수 있는 기술을 갖추어야 한다.

넷째, 팀 접근은 내담자의 동의가 필요하며, 개입에 있어서 창의적이고 다양한 기법을 고안해 내는 것이 큰 책무 중 하나이기 때문에 여러 명이 힘을 모아 내담자 변화를 위한 아이디어를 내도록 한다.

다섯째, 중립성은 밀란의 체계적 모델에서는 다른 모델과 달리 치료자는 지시적이기보다 중립적인 위치에서 가족이 스스로 신념체계를 검토하여 해결책을 찾아가도록 조력하는 역할을 하고 중립을 지키는 것이 중요하다고 강조한다.

f. 치료기법 : 역설적 기법

전략적 가족치료는 다른 가족치료모델에 비해 이론보다는 기법중심의 접근이다. 즉, 치료자들은 개별 사례와 문제 맞춤형 개입을 하는 에릭슨의 전통에서 출발한 기법들을 공통적으로 사용한다. 전략적 모델의 독특하고 핵심적 기법은 '역설적 개입(paradoxical intervention)'이다. 이에 속하는 여러 방법들인 재정의, 증상처방, 시련기법, 위장기법, 은유기법 등이다. 이외에도 밀란 모델에서 개발된 긍정적 함축, 순환질문, 의식처방, 불변의 처방, 긍정적 의미부여 등도 있다.

첫째, 재정의 기법

재정의(reframing)기법은 재명명(relabeling) 기법이라고도 한다. 이는 문제행동에 새로운 의미를 부여하고 증상의 의미와 의도를 긍정적으로 재명명하여 가족의 생각을 변화시키는 것이다. 이유는 내담자들이 이 개입전략을 따르는 것에 대한 중요성을 인식하고 용납하도록 하기 위해서이다. 밀란모델에서는 재정의 기법과 유사하게 부정적 증상행동을 긍정적인 동기로 설명하는 것을 '긍정적 함축(positive connotation)'이라 한다. 이는 증상이 가족체계의 안정과 가족 응집을 돕기 때문에 긍정적이라고 의미를 부여하여 역기능적인 가족게임을 무력하게 만드는 기업이다(Nichols & Schwartz, 2001, 김영애 외 역, 2002). 예를 들면, 등교 거부를 하는 아이의 부모에게 '당신의 아이가 등교를 거부하는 것은 어머니의 외로움을 덜어주고 옆에서 지켜주고 싶어서입니다'라고 긍정적 의미를 부여하는 것이다(김용태, 2000). 이렇게 함으로써 결과적으로 가족구성원 각자의 행동이 IP의 증상과 관련되는 역기능적인 가족게임을 인식하게 되고 증상이 자발적임을 인식하게 한다. 동시에 가족 구성원 간에 상대방의 행동 동기와 의도가 긍정적임을 알게 됨으로써 서로를 긍정적으로 보게 되며, 결과적으로 치료자와 다른 가족구성원들에게 이해받는다고 느껴서 변화에 대한 저항을 줄이고 변화동기를 높일 수 있다.

둘째, 증상처방(prescribing symptoms)

전략적 가족치료자의 특징이 가장 두드러지게 나타나는 역설적 개입의 하나이다. 이 기법은 내담자에게 증상행동을 자발적으로 계속하도록 격려하거나 지시를 내리거나 과제를 제시한다. 예를 들면, 우울증으로 고통을 겪고 있는 내담자에게 하루에 세 번씩 1시간 동안 우울하게 되도록 노력하라고 지시하고, 그 가족들에게는 그가 우울하도록 격려하라고 처방한다. 그 결과 IP는 우울증상을 포기하게 되고 가족들은 더 이상 그의 기분을 돌이키려고 비효과적인 노력을 하지 않고 죄책감을 갖지도 않을 것이다. 이와 같은 증상처방은 내담자가 치료자의 지시를 거부하고 증상을 포기하든지, 아니면 지시대로 따르면서 증상이 본인의 통제와 조절하에 있게 되는 것을 선택하게 하여 증상을 없애는 결과를 가져오게 된다. 즉, 내담자는 변화를 하는 방향으로 움직이게 될 수 있다.

셋째, 시련기법(ordeal therapy)

시련기법은 증상이 나타날 때마다 증상보다 훨씬 더 고통스러운 과제를 내담자에게 부여하는 기법이다. 이때 시련으로 주어지는 과제는 운동이나 숙제, 독서, 다이어트 등이 있는데, 이 과제들은 주로 긍정적인 것들이다.

넷째, 위장기법 혹은 가장기법(pretend technique)

이 기법은 비교적 부드럽고 덜 직면적인 기법이다. 내담자가 증상이 나타나지 않았을 때 증상이 있는 것처럼 가장하게끔 혹은 연기하게끔 하는 기법이다. 이 기법은 헤일리와 함께 전략적 구조주의 모델에 속하는 마다네스가 고안한 것으로 환상, 유머, 놀이에 기초하여 치료에 대한 내담자의 저항을 극복하는 데 도움을 제공하기도 한다.

다섯째, 은유기법(metaphoric technique)

이 기법은 가족이 노출하기 힘들어하거나 꺼리는 민감한 주제를 다룰 때 비유나 이야기를 통해 표현하는 기법이다.

여섯째, 순환질문(circular questioning)

이 기법은 밀란의 체계적 모델이 제시한 독특한 기법으로, 가족구성원이 돌아가면서 가족 상호작용이나 가족관계에 대해 이야기하게 하는 대화기법이다. 내담자가 자신을 관계적 맥락에서 바라보게 한다.

일곱째, 의식처방(ritual prescription)

이 기법은 밀란모델에서 고안된 것으로 일정한 가족의식을 구성하여 역기능적인 가족게임을 과장시켜 연출하게 함으로써 가족구성원들이 가족게임과 역기능에 대해 명확하게 인식하도록 하는 기법이다. 긍정적 함축기법은 가족구성원에게 역기능으로 작용하는 게임의 존재를 역설을 통해 일깨우고 증상이 자발적이고 좋은 의도로 생각될 수 있음을 내포하는 것이라고 할 수 있고, 의식 처방기법은 가족게임을 과장되게 드러나게 하여 이를 더 분명하게 인식하고 그 어리석음을 깨달아 게임을 중단하도록 하는 것이다.

여덟째, 불변의 처방(invariant prescription)

이 기법은 밀란의 체계적 모델 기법 중 하나로, 조현병과 거식증 환자 가족들을 볼 때 항상 사용했던 기법이라 불변의 처방이라고 이름 붙였다. 역기능적 가족의 '게임'에 유사성이 있음을 발견하고 가족으로 하여금 그에 대항함으로써 게임을 중단하도록 추구하는 방법이다. 이 기법은 일반적으로 10회로 제한하는 등 구조화된 회기를 통해 진행된다.

아홉째, 긍정적 의미부여(positive connotation)

이 기법은 밀란의 체계적 모델 기법 중의 하나로, 이는 문제 혹은 증상을 지속시키는 가족의 행동을 재구성하는 방법으로 주로 부정적인 증상행동의 동기를 긍정적으로 해석해 주는 것이다.

⑤ 해결중심 가족치료

해결중심 단기 가족치료는 과거보다 현재와 미래를 중시하고, 인간의 장점과 자원을 문제해결에 활용하는 해결중심 단기치료 모델을 가족 상담에 적용한 것이다. 즉, 이 모델은 내담자는 자기 문제의 전문가로 문제해결 능력을 갖고 있다고 믿으며, 그의 장점, 자원, 성공적 경험을 활용하여 목표를 달성하도록 돕는다. 이는 코칭(coaching)과도 비슷한 개념으로 병리적인 것보다는 잘 해온 것과 성공경험을 발견하여 문제해결에 활용하며, 내담자의 자발적인 의지와 언행이 행동변화를 유발한다고 믿는다. 이 치료법은 드 셰이저(S. de Shazer)와 버그(Berg), 립칙(Lipchik)이 시작했으며, 오 한런(O' Hanlon)과 와이너 데이비스(M. Weiner-Davis)도 이 치료모델의 이론구성과 개념 확장에 중요한 역할을 했다(김춘경 외, 2016).

a. 이론적 특성

해결중심 가족치료는 가족의 문제가 무엇인가를 파악하기보다는 가족이 원하는 해결이 무엇인가에 초점을 두어 가족을 조력한다. 즉, 문제를 해결하는 데 있어서 반드시 문제가 무엇인가를 밝힐 필요가 없으며, 그보다는 개입을 통해 가족이 기대하는 미래가 어떤 것인가를 분명하게 하는 것이 가족에게 더욱 도움이 된다고 보는 입장이다. 따라서 탈 이론적이며, 내담자의 관점을 중시한다. 내담자가 경험하는 문제에 대해 그 어떤 가정도 하지 않는다. 대신에 내담자의 특별한 불편에 주목하여 개별적인 해결책을 발견하고자 한다. 그리고 현재와 미래를 강조한다. 즉, 내담자가 현재와 미래에 적응하는 것이 과거에 적응했던 것보다 중시된다.

해결중심 가족치료는 내담자에 대한 관점과 문제에 대한 관점으로 나누어서 설명하고 있다. 내담자에 대한 관점은 문제를 해결할 수 있는 힘과 자원을 이미 내담자가 가지고 있다고 보며, 문제의 내용보다는 해결에 초점을 맞춘다. 문제에 대한 관점은 '반복적으로 잘못 다룬 것'을 문제로 보며, 개인과 가족구성원의 역기능에 초점을 맞추지 않는다. 즉, 내담자가 문제 삼지 않는 것은 건드리지 않는다. 치료자는 직접적으로 무엇을 하라고 지시하고 가르치기보다는 가족구성원들 스스로 문제해결의 방안을 찾아내고 활용할 수 있도록 조력한다.

b. 주요개념

해결중심 가족치료의 주요 개념은 긍정적인 것에 관심, 강점과 자원 활용, 탈이론적, 현재와 미래에 초점을 맞추는 것, 변화의 불가피성, 단순하고 실현 가능한 해결방법을 먼저 사용한다는 것, 알지 못함의 자세, 그리고 마지막으로 굉장히 중요한 내담자에 대한 존중과 수용 등이다.

c. 치료목표

치료목표는 강점과 자원을 활용하고 문제가 없는 예외상황을 찾아 문제를 협동적으로 해결할 수 있도록 하는 것이다. 즉, 도움을 받으러 온 가족의 어려움을 해소하기 위해 다양한 해결방법을 가족과 함께 모색하고 실행하는 것이다. 즉, 가족과 치료자가 첫 상담에서 목표를 명확하고 합리적으로 설정할 수 있다면 치료의 종결을 향해 작업하기는 한결 수월해진다고 본다. 이렇듯 문제가 해결된 상황에 초점을 두고 해결책을 구축하는 것이 목표이다. 이때 현재 가족이 지닌 문제에 대한 해결 방안과 관련된 치료 목표를 내담자 스스로 설정하도록 돕는 것이 중요하다. 단 목표에는 몇 가지 원칙을 가진다.

첫째, 내담자에게 중요한 것을 목표로 한다.

둘째, 작은 것을 목표로 한다.

셋째, 구체적이며 명확하고 행동적인 것을 목표로 한다.

넷째, 목표를 문제행동의 소거에 두기보다는 원하는 긍정적인 행동의 시작에 둔다.

다섯째, 지금-여기에서 시작하는 것을 목표로 삼는다.

여섯째, 내담자의 생활에서 현실적이고 성취 가능한 것을 목표로 한다.

일곱째, 목표 수행은 힘든 일이라고 인식한다.

d. 치료과정

해결중심 단기치료의 과정은 일반적으로 첫 회기와 첫 회기 이후 회기로 과정이 나뉜다. 첫 회기에서 내담자와의 관계 형성을 비롯해서 상담구조와 절차 소개, 문제 진술, 예외 탐색, 상담목표 설정, 해결책 정의, 메시지 작성, 메시지 전달 등의 7단계를 거친다. 그리고 첫 회기 이후의 상담에서는 첫 회기 상담 후에 일어난 변화를 유지시키고 강화하고 확대해 가는 과정으로 이루어진다. 즉, 첫 회기 상담 이후에 조금이라도 나아지거나 변화된 것에 초점을 두며 이는 EARS로 요약된다.

E(Elicit:E)는 구체적으로 무엇이 나아졌는지를 이끌어내는 것, A(Amplify:A)는 나아진 것을 확장시키는 것, R(Reinforce: R)은 이를 강화하는 것, S(Start again: S)는 또다시 나아진 다른 것에 관하여 묻는 것이다. 이때 변화가 없다고 한다면 작은 변화라도 찾아보게 함으로써 변화의 파급효과를 기대한다.

이를 구체적으로 설명하면, 끌어내기의 단계에서는 긍정적인 변화에 대한 질문으로 예외적인 상황을 발견하고, 확대하기 단계는 긍정적인 변화에 대해 구체적으로 질문하며, 강화하기 단계에서는 내담자의 변화에 대하여 관심과 가치를 부여한다. 끝으로 "또 좋아진 것이 무엇이지요?"라는 질문을 함으로써 다시 시작하게 된다.

해결중심 단기치료의 이러한 과정은 내담자가 자신의 삶에서 변화되었으면 하는 것을 명확하게 인식하도록 하고, 그 변화를 이루기 위해 해야 할 일들을 기초로 다양한 계획을 세워 보도록 한다. 해결중심접근의 이 같은 치료적 전략은 근본적으로 인간은 건강하고 능력이 있으며 누구나 자신의 문제를 해결할 수 있는 능력을 가지고 있다는 믿음을 기초로 하기 때문에 가능한 것이다. 따라서 내담자를 문제를 지니고 있는 부정적인 존재로 바라보는 것이 아니라, 자신이 지닌 자원이나 강점을 활용하지 못하고 있는 존재로 본다. 해결중심접근의 내담자에 대한 이러한 시각에 따라 내담자의 성공적 경험, 즉 예외를 발견하고 그 경험에 사용된 다양한 능력을 지속하여 성공적인 삶을 이어 가도록 격려하는 방법을 적용한다. 해결중심단기치료의 기초가 되는 기본 가정과 원리는 다음과 같다.

첫째, 항상 내담자의 긍정적인 측면에 초점을 맞춘다. 내담자의 삶에서 문제가 되는 상황에 초점을 맞추기보다는 긍정적인 상황에 초점을 맞추는 것이 훨씬 효과적이며, 보다 바람직한 방향으로 변화를 유도할 수 있다.

둘째, 내담자의 삶에서 발생하는 작은 변화는 더 큰 변화로 발전할 수 있는 가능성을 가지고 있다.

셋째, 사람들은 자신의 삶이 더 나은 방향으로 바뀌기를 원한다.

넷째, 내담자의 삶에서 발견되는 예외상황이 더 자주 일어나도록 격려하는 것은 내담자가 문제를 스스로 통제할 수 있다는 자신감과 해결책에 대한 가능성을 깨닫도록 만든다.

다섯째, 내담자의 문제에 대한 탐색이나 그 원인을 파악하려는 노력을 피해야 한다.

여섯째, 내담자와 치료자가 서로 협동하여 문제를 해결해야 한다. 저항하는 내담자가 있는 것이 아니라 유연성이 결여된 치료자가 있을 뿐이다.

e. 치료자의 역할

첫째, 해결중심적 대화

해결중심 가족치료는 내담자의 문제를 해결하기 위해 내담자와 치료자가 함께 목표를 세우고 해결책을 모색하며 실행한다. 이때 치료자의 적극적인 역할은 소크라테스의 질문법처럼 내담자가 문제를 다른 시각에서 바라보도록 하며 내담자의 생활에서 문제시되지 않았거나 문제가 해결되는 시점의 예외상황을 발견하도록 돕는다.

둘째, 알지 못함의 자세

이 역할은 치료자가 언어적 · 비언어적인 행동을 통해 내담자에게 풍부하게 진실한 호기심을 표현하는 것을 의미한다. 이때 치료자는 내담자가 변화되어야 한다는 생각이나 기대보다는 내담자의 행동과 말을 좀 더 많이 알고 싶어 하는 의향, 즉 항상 '더 많은 정보를 얻고자 하는' 자세를 보여야 한다.

※ 해결중심 가족치료에 있어서 치료자가 지녀야 할 '알지 못함의 자세'에 도움이 되는 의사소통 기술

첫째, 치료자는 비언어적 행동인 표정, 태도, 자세 등을 통해 내담자의 말에 귀를 기울이고 있음을 알게 한다.
둘째, 내담자가 사용하는 핵심 어휘를 반복한다.
셋째, 침묵의 시간을 활용할 수 있어야 한다.
넷째, 내담자의 비언어적 행동에 대해 주목한다.
다섯째, 치료자의 자기노출이란 치료자의 개인적인 관찰, 경험, 견해, 생각을 내담자와 함께 나누는 것이다.
여섯째, '과정'을 주목한다.
일곱째, 칭찬은 진술된 목적을 달성하기 위해 내담자의 강점과 과거의 성공을 중심으로 내담자에게 보내는 찬사와 지지를 의미한다. 단, 칭찬은 내담자의 말이나 '상담과정'에서 알게 된 것과 '현실에 근거한' 것이어야 한다.
여덟째, 내담자의 지각에 대해 확인한다. 치료자는 내담자의 문제 성격, 문제 해결을 위해 시도한 노력, 자신들의 삶 속에서 달라지기를 원하는 것, 문제해결을 위해 효과가 있었던 것 등을 포함한 많은 것에 대해 내담자가 갖고 있는 '지각'을 물어보는 것이다.
아홉째, 내담자의 초점을 돌린다. 즉, 치료자는 내담자가 자신의 상황이나 다른 사람에게 갖고 있는 불평을 '이 상황에서 무엇이 달라지기를 원하는지', '자신은 그 해결책에 대해 어떻게 참여할 것인지'에 대한 답으로 바꾼다.
열째, '해결중심적 대화'를 확대한다.

f. 치료기법

해결중심 가족치료에 있어서 치료자는 치료 목표를 위해 치료자-내담자 관계유형을 파악하고, 해결 지향적 질문(상담 전 변화 질문, 예외질문, 기적질문, 척도질문, 대처질문, 관계성 질문, 악몽질문, 간접적인 칭찬 등)과 치료적 피드백을 사용하여 목표를 설정하고 달성하도록 개입한다.

첫째, 해결지향적 질문

상담 전 변화 질문은 내담자가 상담을 약속한 후 상담소에 오기까지 경험한 변화에 대해 알아보는 것으로 문제해결에 아주 중요한 단서를 제공할 수 있다. 상담 전 변화가 있는 경우, 내담자가 이미 보여준 해결 능력을 인정하고 칭찬하여 확대할 수 있도록 격려한다. 예를 들면, "여러 내담자들의 경우를 보면 처음 상담을 신청했을 때와 상담을 받으러 오시는 사이에 어려운 상황이 좀 나아진 분들이 많았습니다. 혹시 그런 변화를 경험하셨을까요? "라는 질문이다.

예외적 질문은 문제 상황이 아닌 예외적 상황을 찾아내어 그것을 밝혀 주는 역할을 한다. 즉, 예외적 상황에서 주변 사람들의 반응에 대해 질문을 한다. 예를 들면, 알코올 문제를 가지고 있는 사람에게 술을 마시지 않는 날은 어떻게 마시지 않았는지, 그때는 무엇을 했는지, 그리고 가족들의 반응은 어땠는지 질문하기 등이 있다.

기적 질문은 '기적이 일어난다'는 가정 질문이다. 치료자는 희망을 현실 속에서 수행할 수 있도록 구체적인 정보를 수집하고, 질문을 통해 내담자는 바뀐 현실을 꿈꾸며 희망을 갖기 시작하여 문제를 긍정적으로 바라보게 하는 치료기법이다. 예를 들면, "잠자는 동안 기적이 일어나 당신을 여기 오게 한 그 문제가 극적으로 해결되었다고 상상해보세요.", "아침에 일어나서 지난밤 기적이 일어나 모든 문제가 해결되었다는 것을 어떻게 알 수 있을까요?" 등이다.

척도 질문은 내담자에게 자신의 문제, 자아존중감 등의 정도를 수치로 표현하도록 하는 질문형태이다. 예를 들면, "처음 여기 왔을 때를 1로 하고 문제가 완전히 해결된 상태를 10이라 한다면 오늘 당신의 문제 수준은 몇인가요?", 내담자가 3이라고 한다면 "3이 되기 위해 당신은 무엇을 하셨나요?", "3에서 4로 가려면 무엇을 해야 하나요?" 등이 있다.

대처 질문은 자신의 미래를 매우 절망적으로 보아 아무런 희망이 없다고 하는 내담자에게 주로 사용한다. 즉, 대처 방안에 대한 질문을 통해 치료자는 내담자의 신념체계와 무력감에 대항하는 동시에 내담자에게 일종의 성공을 느끼도록 할 수 있다. 이 질문으로 치료자가 의도하는 것은 내담자 자신이 대처 방안의 기술을 갖고 있음을 깨닫도록 하는 것이다. 예를 들면, "어머님은 그 힘든 상황 속에서 어떻게 지금까지 견디실 수 있었나요?","어떻게 해서 상황이 더 나빠지지 않을 수 있었나요?","아버님을 지금까지 견디시도록 한 것이 무엇인가요?", "계속 술을 드시는 것이 어떤 도움이 되셨나요?" 등이 있다.

관계성 질문은 내담자와 중요한 관계에 있는 사람들의 시각에서 내담자를 보게 하는 질문이다. 내담자가 자신을 객관적으로 보게 되면 이전에는 없었던 가능성을 만들어 낼 수도 있다. 예를 들면, "아버지가 여기 계시다고 가정하고 제가 아버지에게 문제가 해결될 때 무엇이 달라지겠느냐고 묻는다면 아버지는 뭐라고 말씀하실까요?", "지금 이 자리에 남편이 있다면, 남편은 결혼생활을 지속하고 싶은 정도를 몇 점이라고 할까요?", "부인께서 보시기에 남편은 자신에게 가장 도움이 되는 것이 무엇이라고 말씀하실 것 같으세요?" 등이다.

악몽질문은 해결중심치료에서 기적질문과 유사하지만 유일하게 문제중심적인 질문이다. 목적설정을 위한 상담 전 변화에 대한 질문, 예외질문, 기적질문 등이 효과가 없을 때 이 질문을 사용할 수 있다. 즉, 내담자에게 뭔가 더 나쁜 일이 일어나야만 현재와 다른 무엇을 하려고 하거나 문제에서 벗어날 수 있을 것으로 생각될 때 이 질문을 사용한다. 예를 들면, "잠에서 악몽을 꾸었어요. 그때 오늘 여기에 가져온 모든 문제가 갑자기 더욱더 나빠졌어요. 그런데 이 악몽이 정말로 닥친 거예요. 내일 아침에 무엇을 보면 악몽 같은 인생을 살고 있다는 것을 아실까요?"

간접적인 칭찬은 내담자의 어떤 측면이 긍정적이라는 것을 암시하는 질문이다. 간접적인 칭찬의 질문은 내담자로 하여금 자신의 강점이나 자원을 스스로 발견하도록 하기 때문에 칭찬보다 효과적일 수 있다. 예를 들면, "어떻게 그렇게 하실 수 있었나요?","아드님이 어떻게 그처럼 명성 있는 학교에 입학할 수 있었나요?", "그렇게 하는 것이 부인에게 좋다는 것을 어떻게 아셨나요?" 등을 들 수 있다.

둘째, 치료적 피드백(메시지)

이는 칭찬, 연결문, 과제로 구성된다. 칭찬은 내담자가 중요하게 생각하는 것, 내담자가 성공적으로 하고 있는 것과 이러한 성공을 통해 나타나는 내담자의 강점을 강조하는 것이다. 연결문은 칭찬 다음에 나오는 제안이나 과제와 연결시켜주는 것으로 치료자가 제안을 하게 된 기반을 제공한다. 과제는 내담자와 치료자 간의 관계 유형에 따라 다르게 제시된다. 이때 방문형 내담자의 경우는 자신이 처한 어려운 상황에서도 자신에게 도움이 되기 위해 상담을 받으러 온 것에 대해 칭찬을 하고 다음 상담에 오도록 격려한다. 불평형 내담자의 경우는 관찰 또는 생각 과제를, 고객형 내담자의 경우는 행동과제를 준다. 따라서 치료를 계속 받을 것인지와 받는다면 언제 올 것인지에 대해 내담자가 결정하도록 한다(김춘경 외, 2016).

⑥ 이야기 가족치료

이야기 가족치료는 이야기 치료모델을 가족문제에 적용하는 것으로 포스트모더니즘과 사회구성주의에 기반을 두고 있다. 즉, 이야기가 생각이나 감정을 표현하고 의사소통하는 수단을 넘어 개인 경험의 의미를 결정해 삶을 만들어간다고 보는 입장이다. 이는 내담자 자신이나 주변인이 문제로 가득 찬 이야기를 내담자의 정체성과 동일시할 때 문제가 발생하는 것으로 보고, 당사자의 삶의 지식과 목적이 담긴 대안적 이야기의 구축에 초점을 두고 있다. 이러한 이야기 치료는 화이트(M. White)와 엡스턴(D. Epston)의 '이야기 방법을 통한 치료적 결과'를 근거로 하여 프리드먼(Freedman), 콤(Caombs), 짐머만(Zimmeman), 몽크(Monk) 등이 실시하고 있는 가족치료법이다(김춘경 외, 2016).

a. 이론적 특성

이야기치료는 인간이란 자신의 삶에 대해서 끊임없이 의미를 부여하고 해석하여 이야기하는 존재이며, 또한 그러한 이야기로 구성된 인생을 살아가는 존재라는 생각을 기본 바탕으로 하고 있다. 따라서 인간은 누구나 자신의 삶에 대해서 전문가의 위치에 있다는 것을 강조하고, 상담과정에서 이야기치료사는 자기 삶의 전문가인 내담자가 삶의 사건을 이해하고 해석하여 의미를 부여하는 방식으로 내담자의 이야기를 이해하려고 노력해야 한다는 주장을 하였다. 이렇게 내담자의 독특한 삶의 이야기를 이해하는 과정을 통해 내담자가 자신의 문제에 대해 해석하고 의미를 부여하는 전형적인 시각인 지배적 이야기(dominant story)가 드러나게 되고, 이 같은 인식은 내담자가 가지고 있는 문제적 이야기(problematic story)에 대해 이전과는 다른 의미 부여와 해석을 시도해 보도록 해 준다.

b. 주요개념

이야기 치료에서 사용하는 개념은 이야기, 지배적 이야기, 빈약한 서술, 대안적 이야기, 풍부한 서술, 해체적 경청 등이다.

'이야기'는 한 사람이 지나온 과거와 현재를 밝혀 주는 유력한 현실이며, 미래에 대한 청사진이다. 따라서 이야기는 그 사람의 세계이며 현실이므로, 우리는 이야기를 통해 변화해 가는 자신의 인생을 인식하여 사건의 진전을 의식적으로 바라보는 것이 가능하다.

'지배적 이야기'는 각 개인의 정체성을 대표하는 이야기를 의미한다. 즉, 사람들은 자신의 정체성을 성장과정에서의 어떤 특정 경험을 중심으로 이야기한다. 따라서 지배적 이야기가 그 사람의 문제를 중심으로 구성되어 있을 때, 그 사람은 지배적 이야기에 의해 자신을 평가하고 이에 괴로움을 겪으면서 살아가는 것이다.

'빈약한 서술'은 사람들이 자신의 행위에 대해, 또한 그러한 일들이 일어난 정황에 대한 나름대로의 의미를 말할 수 있는 공간을 허용하지 않는 것이다. 그러므로 빈약한 서술은 여러 가지 다른 가능한 의미들을 덮어버린다.

'대안적 이야기' 는 내담자 자신이 그 이야기에 의해 살아가고 싶은 이야기로, 문제의 영향력을 감소시키고 삶을 위한 새로운 가능성들을 창조해 낸다.

즉, 내담자가 겪고 있는 문제들의 영향력에서 벗어나도록 도와주는 정체성에 관한 이야기이다.

'풍부한 서술'은 한 사람의 삶의 이야기가 줄 하나하나의 세세한 부분까지 명료하게 나타나는 것으로, 문제 이야기의 영향을 벗어나기 위해서는 대안적 이야기들이 풍부히 서술되어야 한다.

'해체적 경청'은 문제로 가득한 내담자들의 이야기를 해체하고자 하는 것을 말한다. 치료자는 이야기의 모호성이나 틈새를 새로운 이야기를 시작하는 출구로 생각하고 이를 포착한다(김춘경 외, 2016).

c. 치료목표

이야기치료의 목표는 이야기치료과정을 통하여 내담자가 자신의 삶에서 일어나는 문제적인 이야기를 이해하고 해석하는 새로운 방법을 발견하고, 새로운 의미를 부여할 수 있도록 도움을 주는 것이다. 단기적으로는 문제로 가득 찬 이야기가 내담자가족에게 미치는 부정적인 영향을 감소시키는 데 있으며, 궁극적으로는 내담자가족 스스로가 자신들이 선호하는 방향으로 자기 가족의 대안 이야기를 계속 써나갈 수 있도록 하는 데 초점을 둔다.

d. 치료과정

이야기 가족치료의 과정은 문제의 경청과 문제의 정의 해체 단계에서 독특한 결과의 탐색단계, 대안적 이야기 만들기 단계, 대안적 정체성 구축단계의 순으로 이루어진다.

첫째, 문제의 경청과 문제의 정의 해체 단계에서는 문제 중심의 이야기를 경청하고 확인하면서 문제를 내담자와 분리시키고 문제의 내력과 사회 문화적 맥락을 탐색한다.

둘째, 독특한 결과의 탐색단계에서는 문제 이야기 속에 있는 내담자의 예외적인 독특한 결과인 문제해결 기술과 지식 그리고 유능함을 탐색한다.

셋째, 대안적 이야기 만들기 단계에서는 독특한 결과를 동원하여, 새로운 관계 방식과 대안적 이야기를 구성한다.

넷째, 대안적 정체성 구축단계에서는 대안적 이야기를 계속 써나가고 더욱 풍부해지도록 도와서 대안적 정체성을 구축하는 것으로 종결한다.

이러한 과정은 나선적 구조로 볼 수 있다. 따라서 이야기 치료에서 회기 구성은 매우 유동적이다. 경우에 따라서는 1 · 2회기에 종결되기도 하고, 여러 차례의 회기로 이어지기도 한다. 가족에게 새로운 일을 생각하고 시도해볼 수 있는 시간을 주기 위해 회기는 대개 일주일 이상의 간격을 두고 정해지지만 상담시간, 회기 간격 등은 내담자와 협의하여 조정할 수 있다. 치료자가 단독으로 진행하는 회기는 대개 50~60분 정도 소요되지만, 외부 증인 집단을 활용하는 경우에는 2시간을 초과하기도 한다. 이런 경우에는 치료자 단독으로 진행한 회기보다 몇 배의 더 큰 성과가 있으며 상담기간을 단축시키는 효과가 있다.

e. 치료자의 역할

이야기치료사는 상담과정에서 내담자가 자신의 문제에 대해 여러 가지 다양한 방향에서 해석하고 의미를 부여할 수 있도록 그 가능성을 열어 주는 역할을 한다. 이렇게 문제적 이야기에 대한 다양한 해석과 새로운 의미 중에서 내담자는 자신의 삶에 만족감과 희망을 줄 수 있는 새로운 의미(선호하는 이야기, preferred story)를 발견하게 되고, 이를 강화하고 이야기로 구조화(대안적 이야기, alternative story)하여 보다 만족스러운 삶을 살아갈 수 있게 된다. 그러므로 치료자는 '탈중심적이고 영향력 있는' 위치를 고수해야 한다.

f. 치료기법

이야기치료에 있어서 치료자는 치료목표를 위해 해체하기, 외재화 대화, 독특한 결과를 조명하는 대화, 재저작 대화, 회원재구성 대화, 정의예식과 외부 증인집단, 치료적 문서 등을 활용한다.

'해체하기'는 문제라고 생각되는 것이 어디서 온 것인지, 문제를 키우는 보다 더 광범위한 문화적 신념, 생각, 관습에는 어떤 것이 있는지를 질문하는 데 이것은 사람이 문제가 아니라 문제가 문제임을 인식하는 단계로 이끄는 과정이다. 이러한 해체하기는 단독으로 진행되거나 외재화 대화로 이어지기도 한다.

'외재화 대화'는 인간 내면에 내면화된 문제를 내담자와 분리시켜서 문제와 거리를 유치하면서 문제와의 관계를 수정하기 위한 기법이다. 즉, 문제에 이름이나 제목을 붙이는 작업, 그것이 유래한 맥락, 그것이 유지되는 방식등에 대해 질문과 대답을 주고받는 것으로 시작된다. 외재화 대화가 진행됨에 따라 갖는 절대성이 해체되고 그 영향력이 약화되는 변화를 관찰할 수 있다.

'독특한 결과를 조명하는 대화'에서 독특한 결과란 처음에는 예측하기 어려웠을 수 있지만 커다란 의미와 변화 잠재력의 원천이 될 수 있는 사간을 의미한다. 그리고 독특한 결과를 조명하는 대화는 문제를 외재화하는 대화와 동일한 방식으로 진행되지만 문제 대신 독특한 결과에 초점을 두는 점에 차이가 있다.

'재저작 대화'는 내담자의 삶의 이야기를 다시 쓰는 재저작 작업이 흔히 독특한 결과에서 출발하여 행동과 정체성의 두 가지 영역에서 무슨 일이 일어났고, 그것이 어떻게 일어났으며, 또 그것이 무슨 의미를 갖고 있는지에 관한 대화를 나누기 위해서 과거, 현재, 미래를 넘나들고 정체성 영역과 행동 영역을 오가면서 여러 가지 질문을 던지는 과정을 통하여 내담자는 관심 밖에 있던 삶의 사건이나 행동을 새롭게 내다보고, 나아가 그 행동 속에 담긴 자신이 지향하는 바를 새롭게 인식하게 된다.

'회원재구성 대화'는 치료적 대화로서 다음과 같은 특징과 효과를 갖는다.

첫째, 인생클럽 회원과의 관계 속에서 생산된 다양한 삶의 정체성, 삶의 지식과 기술 가운데 내담자가 선호하는 버전을 풍부하게 설명할 수 있다.

둘째, 회원재구성 대화는 수동적 회상이 아니라 내담자 인생에서 의미 있는 정체성이나 인물과 의도적인 만남을 갖기 위한 것이다.

셋째, 이는 특정 회원을 우대하거나 그 자격을 해지하는 일, 등급을 올리거나 내리는 일, 특정 의견을 존중하거나 무시하는 일 등 인생클럽의 회원을 정비할 수 있는 기회를 가져다준다. 이 단계에서 치료자의 중요한 역할은 가족구성원이 이제 막 쓰기 시작한 자신들의 과거, 현재, 미래에 대해 좀 더 풍부한 이야기를 계속해서 써나가고 확장해 나갈 수 있도록 그 과정을 촉진시켜주는 것이다.

'정의예식과 외부증인집단'은 이야기치료가 정체성이 사회적으로 정의된다는 입장을 취하고 있기 때문에 치료과정에서 정의예식이라는 의식을 도입하며, 내담자가 자신이 선호하는 삶의 이야기를 청중들 앞에서 사회적으로 인정받는 경험을 갖도록 한다. 즉, 정의예식은 말하기와 다시 말하기를 예식의 주인공과 외부 증인이 교대로 실시하는 구조로 되어 있다.

'치료적 문서 활용'은 치료적 대화 속에서 구성된 다양한 성과들을 가시화하고 보존하기 위한 목적에서 작성된다. 이것에는 상담회기, 내용, 문제를 다루어 나가는 내담자 나름의 지식과 기술, 내담자가 선호하는 정체성, 내담자 성과 등에 관한 기록이 포함된다. 형식은 편지, 메모, 진술서, 목록, 수필, 계약서, 증서 등으로 다양하며 형식의 제약이 없다. 따라서 치료자는 회기중에 메모하였던 것을 회기와 회기 사이에 내담자에게 보낸 '치료적 편지'로 사용하기도 한다. 이런 문서는 사례 기록으로 활용될 수 있을 뿐 아니라 각 회기의 효과를 증진시키는 데 도움이 된다(김춘경 외, 2016).

참고문헌

구혜영(2009). 인간행동과 사회환경. 서울: 신정.

김성천·안현미(2003). 참여정부 가족정책의 기본 구성요소의 분석과 발전방향 모색. 한국가족복지학회학, 제12호, pp. 35-62.

김승권 외(2001). 한국가족의 변화와 대응방안. 한국보건사회연구원. 522-551.

김승권 외(2004). 한국출산력 및 가족보건복지실태. 한국보건사회연구원.

김인숙(2003). 가족지원기본법(안) 제정의 배경과 내용. 한국사회복지학회정책토론회 자료집, 1-20. 국회헌정기념관.

김정현(2013). 건강가정론. 서울: 교문사.

김춘경 외(2016). 상담학사전. 서울: 학지사.

김혜숙, 박선환, 박숙희, 이주희, 정미경(2015). 인간관계론. 양서원

관계부처 합동(2007). 제1차 건강가정기본계획(2006-2010) 함께 가는 가족 2010.

남연희, 박영국, 도기봉(2012). 사회복지설천론. 경기: 공동체.

도미향 외(2013). 건강가정론. 서울: 신정.

박현식(2006). 가족복지학. 서울: 학지사.

송성자(1995; 김유숙, 2000). 가족과 가족치료. 서울: 법문사.

송혜림·성미애·김미정·이승미(2005). 건강가정에 대한 논의. 한국가정관리학회, 23(6), 179-190.

엄명용 외(2000; 이경준 외, 2014; 오봉욱 외, 2013). 사회복지실천의 이해. 서울: 학지사.

여성가족부(2015). 2015년도 건강가정지원센터사업 안내.

여성가족부(2020). 제3차 건강가정 기본계획[보완](2016-2020) 2020년 시행계획

여성가족부(2022). https://www.law.go.kr/법령/아이돌봄지원법/(17283,20200519)

양정남 외(2002). 사회복지실천론. 서울: 양서원.

오봉욱 외(2013; 295-297 재인용; 이경준 외, 2014 재인용). 사회복지실천론, 서울: 양서원.

유영주(1991). 건강가정육성을 위한 가족복지 프로그램 개발에 관한 연구. 한국가정관리학회지, 9(1), 45-63.

유영주(2006). 한국의 여성 및 가족정책의 변화 - 문제와 전망. **여성가족생활연구**, pp. 51-75.

유영주(2004). 가족강화를 위한 한국형 가족건강성 척도개발연구. **한국가족관계학회**, 9(2), 119-151

윤홍식(2004). 가족의 변화와 건강가정기본법의 대응: 한국가족정책의 원칙과 방향 정립을 위한 고찰. **한국가족복지학**, 14, 263-293.

윤홍식(2004a). 건강가정기본법 제정경과, 제정 한계에 대한 검토. **2004 한국사회복지학회 춘계학술 대회 자료집**, pp. 99-123.

윤홍식(2007). 한국 가족정책의 기본법으로 건강가정기본법의 주요 쟁점과 가족복지정책의 과제. pp. 197-216. 가족복지의 정책과 실천. 양옥경 외 12인. 공동체.

이근홍(1998; 이종복 외, 2008). **케이스 매니지먼트**. 대학출판사,

이기영·조희금·정민자·송혜림·이승미·성미애·이현아(2004). **가정의 건강성 증진을 위한 정책개발연구**. 국회 보건복지위원회.

이종복 외(2008). **사례관리의 이론과 실천**. 서울: 창지사.

이원숙(2012). **사회복지실천론**. 서울: 학지사.

이효선 외(2017). **사회복지실천을 위한 사례관리**. 서울: 학지사.

조희금·김경신·정민자·송혜림·이승미·성미애·이현아(2005). **건강가정론**. 서울: 신정.

중앙건강가정지원센터(2008). **건강가정지원센터 운영 가이드북**. 중앙건강가정지원센터.

조희금 외(2013). **건강가정론**(3판). 서울: 신정.

조홍식 외(2017). **가족복지학**(제5판). 서울: 학지사.

정현숙(2007). **가족생활교육**. 서울: 신정.

최경석·김양희·김성천·김진희·박정윤·윤정향(2001). **한국가족복지의 이해**. 서울: 인간과복지.

최규련(2008). **가족상담 및 치료**. 경기: 공동체.

통계청(2008). 2007년 이혼통계 결과. 보도자료.

현외성 외(2012). **사회복지 사례관리론**. 경기: 공동체.

Aldous, J. & Dumon, W.(1980). Family policy in the 1980's : Controversy and consensus. *Journal of Marriage and the Family, 52*, 1136-1151.

Amato(2000). The Consequences of divorce for adults and children. *Journal of Marriage and the Family, 62*(4), 1269-1287.

Anderson, S., & Sabatelli, B.(1999). *Family interaction: A multi-generational developmental perspectives*. Boston: Allyn and Bacon.

Bogenschneider, K.(1995). Roles for professionals in building family policy: A case study of state family impact seminars. *Family Relations, 44*(1), 5-12.

Bogenschneider, K.(2000). Has family policy come of age? A decade review of the state of U.S. family policy in the 1990s. *Journal of Marriage and the Family, 62*(4), 1136-1159.

Cohen, E. and Ooms, T.(1993). *Data integration and evaluation: Essential components of family centered systems reform*. Washington DC: The Family Impact Seminar.

Goffiman, E.(1978). The presentation of self to others In J. G. Manis & B. N. Meltzer(Eds.), *Symbolic interaction: A reader in social psychology*(3rd ed., pp. 171-178) Boston, Ma: Allyn and Vacon(Original work published 1959).

Kamerman, S. B. & Kahn, A. J.(1978). Families and the idea of family policy. In S. B. Kamerman and A. Kahn(Eds.), *Family policy: Government and families in fourteen countries*(pp. 1-16). New York: Columbia University Press.

Kamerman, S. B. & Kahn, A. J.(1995). Families Overview. *Encyclopedia of Social Work* (19th eds., pp. 927-935). National Association of Social Workers Press.

Klein, D., & White, J. 저, 김종천 외 역(2000). 가족이론. 서울: 대학출판사.

Maccoby. E. E., & Martin. J.A. (1988). Socialization in the Context of the Family: Parent-Child Interaction. In P. H. Mussen. & E. M. Hetherington (Eds.), *Handbook of Child Psychology: Vol. 4. Socialization, Personality, and Social Development*(pp. 1-101). New York: Wiley.

Moen, P. & Schorr, A. L.(1987). *Families and social policy*(pp. 795-813). In M. B. Sussman & S. K. Steinmetz(Eds.), Handbook of marriage and the family. New York: Plenum.

Moen, P.(2005). Families, theories, and social policy. In V. L. Bengtson, A. C. Acock, K. R. Allen, P. Diworth-Anderson, & D. M. Klein(Eds.), *Sourcebook of Family Theory and Research*(pp. 543-556). Thousand Oaks, CA: Sage Publications.

Monroe, P. A.(1995). Family policy adovocacy: Putting knowledge to work. *Family Relations, 44*(4), 425-437.

Nye, F. I. and McDonald, G. W.(1979). Family policy research: Emergent models and some theoretical issues. *Journal of Marriage and the Family, 41*, 473-485.

Olson, D. H. & Defrain, J.(2003). *Marriage and Families-Intimacy, Diversity, and Strengths*. McGrawhill Company.

Ooms, T.(1990). Families and government: Implementing a family perspective in public policy. *Social Thought, 16*, 61-78.

Ooms, T.(1995, October). Taking families seriously: Family impact analysis as an essential policy tool. Paper presented at Expert Meeting in Leuven, Belgium.

Otto, H. A.(1962). "What is a Strong Family?". *Marriage and Family Living, 24*, 77-81.

Rodgers, R. H., & White, J.M.(1993). Family development theory. In P. G. Boss, W. J. Doherty, R. LaRossa, W. R. Schumm, & S. K. Steinmets(Eds.), *Sourcebook of family theories and methods : A Contextual approach*(pp. 225-254). NY: Plenum Press.

Skocpol, T.(1995). *Social policy in the United States: Future possibilities in historical perspective*. Princeton, NJ: Princeton University Press.

Skocpol, T.(1996). The missing middle: Working papers in U.S. democracy and social policy. Paper presented at the annual meeting of the National Council on Family Relations, Kansas City, MO.

Skocpol, T.(1997). A partnership with American families. In S. B. Greenberg & T. Skocpol(Eds.), *The new majority: Toward a popular progressive politics*(pp. 104-129). New Haven, CT. Yale University Press.

Stinnett, N.(1979). "In Search of Strong Families." pp. 23-30 in N. Stinnett, B. Chesser, & J. DeFrain (Eds.), Building Family Strengths. Lincoln, NE: University of Nebraska.

Zimmerman, S. L.(1995). *Understanding family policy: Theories and applications*(2nd ed.), Thousands Oaks: Sage Publications, Inc.

Zimmerman, S. L.(2000). A family policy agenda to enhance families' transactional interdependencies over the life span. *Families in Society, 81*(6),

557-566.

Zimmerman, S. L.(2001). *Family policy: Constructed solutions to family problems.* Thousand Oaks: Sage Publications, Inc..

Walsh, F. 저, 양옥경·김미옥·최명민 역(2002). 가족과 레질리언스. 서울: 나남출판.

[인터넷 사이트]

건강가정지원센터 http://www.familynet.or.kr

아이돌봄서비스 http://www.idolbom.go.kr/home.go

여성가족부 http://www.mogef.go.kr

양주시건강가정·다문화가족지원센터 https://yjfsc.familynet.or.kr

한국건강가정진흥원 http://www.kihf.or.kr

[법령]

「건강가정기본법」

「다문화가족기본법」

「다문화가족지원법」

「한부모가족지원법」

Appendix

부록

- 건강가정기본법
- 다문화가족지원법
- 한부모가족지원법

건강가정기본법

[시행 2020.5.19.] [법률 제17280호, 2020.5.19., 일부 개정]

여성가족부(가족정책과)

제1장 총칙

제1조(목적) 이 법은 건강한 가정생활의 영위와 가족의 유지 및 발전을 위한 국민의 권리·의무와 국가 및 지방자치단체 등의 책임을 명백히 하고, 가정문제의 적절한 해결방안을 강구하며 가족구성원의 복지증진에 이바지할 수 있는 지원정책을 강화함으로써 건강가정 구현에 기여하는 것을 목적으로 한다.

제2조(기본이념) 가정은 개인의 기본적인 욕구를 충족시키고 사회통합을 위하여 기능할 수 있도록 유지·발전되어야 한다.

제3조(정의) 이 법에서 사용하는 용어의 정의는 다음과 같다. 〈개정 2018.1.16.〉

1. "가족"이라 함은 혼인·혈연·입양으로 이루어진 사회의 기본단위를 말한다.
2. "가정"이라 함은 가족구성원이 생계 또는 주거를 함께 하는 생활공동체로서 구성원의 일상적인 부양·양육·보호·교육 등이 이루어지는 생활단위를 말한다.

2의2. "1인가구"라 함은 1명이 단독으로 생계를 유지하고 있는 생활단위를 말한다.

3. "건강가정"이라 함은 가족구성원의 욕구가 충족되고 인간다운 삶이 보장되는 가정을 말한다.
4. "건강가정사업"이라 함은 건강가정을 저해하는 문제(이하 "가정문제"라 한다)의 발생을 예방하고 해결하기 위한 여러 가지 조치와 가족의 부양·양육·보호·교육 등의 가정기능을 강화하기 위한 사업을 말한다.

제4조(국민의 권리와 의무) ① 모든 국민은 가정의 구성원으로서 안정되고 인간다운 삶을 유지할 수 있는 가정생활을 영위할 권리를 가진다.

② 모든 국민은 가정의 중요성을 인식하고 그 복지의 향상을 위하여 노력하여야 한다.

제5조(국가 및 지방자치단체의 책임) ① 국가 및 지방자치단체는 건강가정을 위하여 필요한 제도와 여건을 조성하고 이를 위한 시책을 강구하여 추진하여야 한다.

② 국가 및 지방자치단체는 제1항의 시책을 강구함에 있어 가족구성원의 특성과 가정유형을 고려하여야 한다.

③ 국가 및 지방자치단체는 민주적인 가정형성, 가정친화적 환경조성, 양성평등한 가족가치 실현 및 가사노동의 정당한 가치평가를 위하여 노력하여야 한다.

제6조(다른 법률과의 관계) 국가는 건강가정사업과 관련되는 다른 법률을 제정 또는 개정하는 경우에는 이 법에 부합되도록 하여야 한다.

제7조(가족가치) 가족구성원은 부양·자녀양육·가사노동 등 가정생활의 운영에 함께 참여하여야 하고 서로 존중하며 신뢰하여야 한다.

제8조(혼인과 출산) ① 모든 국민은 혼인과 출산의 사회적 중요성을 인식하여야 한다.

② 국가 및 지방자치단체는 출산과 육아에 대한 사회적 책임을 인식하고 모·부성권 보호 및 태아의 건강보장 등 적절한 출산·육아환경을 조성하기 위하여 적극적으로 지원하여야 한다. 〈개정 2016.5.29.〉

제9조(가족해체 예방) ① 가족구성원 모두는 가족해체를 예방하기 위하여 노력하여야 한다.

② 국가 및 지방자치단체는 가족해체를 예방하기 위하여 필요한 제도와 시책을 강구하여야 한다.

제10조(지역사회자원의 개발·활용) 국가 및 지방자치단체는 건강한 가정구현에 기여할 수 있도록 지역사회자원을 최대한 개발하고 활용하여야 한다.

제11조(정보제공) 국가 및 지방자치단체는 자녀양육, 가족교육·상담 등 가족구성원에게 건강한 가정생활을 영위하는 데 도움이 되는 정보를 최대한 제공하고 가정생활에 관한 정보관리체계를 확립하여야 한다. 〈개정 2020.5.19.〉

제12조(가정의 날) 가정의 중요성을 고취하고 건강가정을 위한 개인·가정·사회의 적극적인 참여분위기를 조성하기 위하여 매년 5월을 가정의 달로 하고, 5월 15일을 가정의 날로 한다.

제2장 건강가정정책

제13조 삭제 〈2011.9.15.〉

제14조 삭제 〈2011.9.15.〉

제15조(건강가정기본계획의 수립) ① 여성가족부장관은 관계 중앙행정기관의 장과 협의하여 건강가정기본계획(이하 "기본계획"이라 한다)을 5년마다 수립하여야 한다. 〈개정 2005.3.24., 2008.2.29., 2010.1.18., 2011.9.15.〉

② 기본계획에는 다음 각호의 사항이 포함되어야 한다. 〈개정 2018.1.16.〉

1. 가족기능의 강화 및 가정의 잠재력 개발을 통한 가정의 자립 증진 대책
2. 사회통합과 문화계승을 위한 가족공동체문화의 조성
3. 다양한 가족의 욕구충족을 통한 건강가정 구현
4. 민주적인 가족관계와 양성평등적인 역할분담
5. 가정친화적인 사회환경의 조성
6. 가족의 양육·부양 등의 부담완화와 가족해체 예방을 통한 사회비용 절감
7. 위기가족에 대한 긴급 지원책
8. 가족의 건강증진을 통한 건강사회 구현
9. 가족지원정책의 추진과 관련한 재정조달 방안
10. 1인가구의 복지 증진을 위한 대책

③ 기본계획은 국무회의의 심의를 거쳐 확정한다.

④ 여성가족부장관은 확정된 기본계획을 지체없이 국회 소관 상임위원회에 보고하고, 관계 중앙행정기관의 장 및 지방자치단체의 장에게 통보하여야 한다. 〈개정 2005.3.24., 2008.2.29., 2010.1.18., 2011.9.15., 2020.5.19.〉

제16조(연도별 시행계획의 수립·시행 등) ① 여성가족부장관, 관계중앙행정기관의 장 및 지방자치단체의 장은 매년 기본계획에 따라 건강가정시행계획(이하 "시행계획"이라 한다)을 수립·시행 및 평가하여야 한다. 이 경우 관계중앙행정기관의 장 및 지방자치단체의 장은 그 시행계획 및 추진실적을 매년 여성가족부장관에게 제출하여야 한다. 〈개정 2005.3.24., 2008.2.29., 2010.1.18., 2011.9.15.〉

② 시행계획의 수립·추진 및 평가에 관하여 필요한 사항은 대통령령으로 정한다.

제17조(시·도별 시행계획의 조정 등) ① 여성가족부장관은 기본계획에 기초하여 지방자치단체별 시행계획을 조정하고 그 이행상황을 점검하여야 한다. 〈개정 2005.3.24., 2008.2.29., 2010.1.18., 2011.9.15.〉

② 여성가족부장관은 지방자치단체별 시행계획이 기본계획 및 중앙행정기관의 시행계획에 위배되는 경우에는 해당 지방자치단체의 장에게 이를 변경하도록 요구할 수 있다. 〈개정 2005.3.24., 2008.2.29., 2010.1.18., 2011.9.15., 2016.12.20.〉

제18조(계획수립의 협조) ① 여성가족부장관, 관계중앙행정기관의 장 및 지방자치단체의 장은 기본계획 또는 시행계획의 수립·시행을 위하여 필요한 때에는 관계 공공기관·사회단체 그 밖의 민간기업체의 장에게 협조를 요청할 수 있다. 〈개정 2005.3.24., 2008.2.29., 2010.1.18., 2011.9.15.〉

② 제1항의 규정에 의하여 협조요청을 받은 자는 특별한 사유가 없는 한 이에 응하여야 한다.

제19조(교육 · 연구의 진흥) ① 국가 및 지방자치단체는 건강가정과 관련된 연구를 진흥하고 전문가를 양성하여야 한다.

② 국가 및 지방자치단체는 건강가정을 위한 교육프로그램을 지속적으로 개발 · 제공하여야 한다.

제20조(가족실태조사) ① 국가 및 지방자치단체는 개인과 가족의 생활실태를 파악하고, 건강가정 구현 및 가정문제 예방 등을 위한 서비스의 욕구와 수요를 파악하기 위하여 3년마다 가족실태조사를 실시하고 그 결과를 발표하여야 한다. 〈개정 2020.5.19.〉

② 제1항에 따른 가족실태조사에는 1인가구의 연령별 · 성별 · 지역별 현황과 정책 수요 등에 관한 사항이 포함되어야 한다. 〈신설 2018.1.16.〉

③ 제1항의 규정에 의한 가족실태조사를 위하여 필요한 사항은 여성가족부령으로 정한다. 〈개정 2005.3.24., 2008.2.29., 2010.1.18., 2018.1.16.〉

제3장 건강가정사업

제21조(가정에 대한 지원) ①국가 및 지방자치단체는 가정이 원활한 기능을 수행하도록 지원하여야 한다.

② 제1항의 규정에 의하여 지원하여야 할 사항은 다음 각호와 같다.

1. 가족구성원의 정신적 · 신체적 건강지원
2. 소득보장 등 경제생활의 안정
3. 안정된 주거생활
4. 태아검진 및 출산 · 양육의 지원
5. 직장과 가정의 양립
6. 음란물 · 유흥가 · 폭력 등 위해환경으로부터의 보호
7. 가정폭력으로부터의 보호
8. 가정친화적 사회분위기의 조성
9. 그 밖에 건강한 가정의 기능을 강화 · 지원할 수 있는 관련 사항

③ 국가 및 지방자치단체는 임신 · 출산 · 수유 및 육아와 관련된 모 · 부성권 보장을 위한 육아휴직 및 유급휴가시책이 확산되도록 노력하여야 한다. 〈개정 2016.5.29.〉

④ 국가 및 지방자치단체는 한부모가족, 노인단독가정, 장애인가정, 미혼모가정, 공동생활

가정, 자활공동체 등 사회적 보호를 필요로 하는 가정에 대하여 적극적으로 지원하여야 한다. 〈개정 2007.10.17.〉

⑤ 제2항 및 제4항의 규정에 의한 국가 및 지방자치단체의 지원에 관한 세부적 사항은 관계법률이 정하는 바에 의한다.

제21조의2(위기가족긴급지원) ① 국가와 지방자치단체는 「재난 및 안전관리 기본법」 제3조 제1호에 따른 재난 중 대통령령으로 정하는 재난에 의하여 가족의 부양·양육·보호·교육 등 가족기능이 현저하게 저하된 경우 원활한 가족기능을 수행하는 데에 긴급하게 필요한 범위에서 지원(이하 "위기가족긴급지원"이라 한다)을 하여야 한다.

② 위기가족긴급지원의 종류 및 내용은 다음 각 호와 같다.

1. 아이돌봄지원, 가사돌봄지원 등 가족돌봄
2. 가족상담, 집단프로그램, 자조모임 운영 등 가족의 심리·정서지원
3. 법률구조, 의료지원, 복지서비스 등 연계
4. 그 밖에 여성가족부장관이 필요하다고 인정하는 지원

③ 제2항의 지원기간은 1년 이내로 한다. 다만, 제2항 제2호의 심리·정서지원의 지원기간은 3년 이내로 하되, 필요한 경우 1년의 범위에서 한 번 연장할 수 있다.

④ 위기가족긴급지원의 절차 및 방법 등에 필요한 사항은 대통령령으로 정한다.

⑤ 「긴급복지지원법」 등 다른 법률에 따른 이 법의 지원내용과 동일한 내용의 지원을 받고 있는 경우에는 이 법에 따른 지원을 하지 아니한다.

[본조신설 2016.5.29.]

제21조의3(위기가족긴급지원에 관한 정보의 이용) 여성가족부장관 또는 지방자치단체의 장은 위기가족긴급지원을 위하여 필요한 경우 국가 및 지방자치단체, 공공기관에서 확보하고 있는 위기가족긴급지원 관련 성명, 주소, 연락처 등의 정보를 요청할 수 있으며, 수집된 정보를 가공 또는 이용할 수 있다.

[본조신설 2016.5.29.]

제21조의4(위기가족긴급지원에 대한 비용의 지원) 국가와 지방자치단체는 위기가족긴급지원에 필요한 비용의 전부 또는 일부를 지원할 수 있다.

[본조신설 2016.5.29.]

제22조(자녀양육지원의 강화) ①국가 및 지방자치단체는 자녀를 양육하는 가정에 대하여 자녀양육으로 인한 부담을 완화하고 아동의 행복추구권을 보장하기 위하여 보육, 방과후 서비스, 양성이 평등한 육아휴직제 등의 정책을 적극적으로 확대 시행하여야 한다.

〈개정 2011.9.15.〉

② 국가 및 지방자치단체는 다양한 가족형태를 고려하여 아동양육지원사업 시책(아이돌보미 서비스를 포함한다. 이하 같다)을 수립·시행하여야 한다. 〈신설 2011.9.15.〉

③ 국가 및 지방자치단체는 아동양육지원사업을 예산의 범위에서 지원할 수 있다. 〈신설 2011.9.15.〉

④ 국가 및 지방자치단체는 가사노동의 가치에 대한 사회적 인식을 제고하고 이를 관련법·제도 및 가족정책에 반영하도록 노력하여야 한다. 〈개정 2011.9.15.〉

제23조(가족단위 복지증진) ① 국가 및 지방자치단체는 사회보험·공공부조 등 사회보장제도의 운용과 관련하여 보험료의 산정·부과, 급여 등을 운용함에 있어서 가족을 지지하는 시책을 개발·추진하여야 한다.

② 국가 및 지방자치단체는 경제·사회, 교육·문화, 체육, 지역사회개발 등 각 분야의 제도·정책 및 사업을 수립·추진함에 있어 가족을 우대하는 방안을 강구하여야 한다.

제24조(가족의 건강증진) 국가 및 지방자치단체는 영·유아, 아동, 청소년, 중·장년, 노인 등 생애주기에 따르는 가족구성원의 종합적인 건강증진대책을 마련하여야 한다. 〈개정 2011.9.15.〉

제25조(가족부양의 지원) ① 국가 및 지방자치단체는 영·유아 혹은 노인 등 부양지원을 요하는 가족구성원이 있는 가정에 대하여 부양부담을 완화하기 위한 시책을 적극적으로 강구 하여야 한다.

② 국가 및 지방자치단체는 질환이나 장애로 가족 내 수발을 요하는 가족구성원이 있는 가정을 적극 지원하며, 보호시설을 이용할 수 있도록 전문보호시설을 확대하여야 한다.

③ 국가 및 지방자치단체는 가족구성원 중 장기요양을 필요로 하는 질병이나 사고로 간병을 요할 경우 가족간호를 위한 휴가 등의 시책을 마련하여야 한다.

제26조(민주적이고 양성평등한 가족관계의 증진) ① 국가 및 지방자치단체는 부부 및 세대 간에 가족갈등이 있는 경우 이를 예방·상담하고, 민주적이고 양성평등한 가족관계를 증진 시킬 수 있도록 가족지원서비스를 확대하고, 다양한 가족생활교육·부모교육·가족상담·평등가족홍보 등을 추진하여야 한다.

② 국가 및 지방자치단체는 가정폭력이 있는 가정의 경우 가정폭력피해자와 피해자 가족에 대한 개입에 있어 전문가의 체계적인 개입과 서비스가 이루어지도록 노력하여야 한다.

제27조(가족단위의 시민적 역할증진) ①국가 및 지방자치단체는 가족의 결속력과 가족구성원의 발전을 위하여 가족이 시민으로서의 역할을 증진할 수 있는 기회와 서비스를

제공하여야 한다.

② 국가 및 지방자치단체는 가족단위의 자원봉사참여가 확대되도록 노력하여야 한다.

제28조(가정생활문화의 발전) ① 국가 및 지방자치단체는 건강가정의 생활문화를 고취하고 그에 대한 지원정책을 수립하여야 한다.

② 국가 및 지방자치단체가 지원하여야 하는 건강가정의 생활문화는 다음 각호의 사항을 포함한다.

1. 가족여가문화
2. 양성평등한 가족문화
3. 가족단위 자원봉사활동
4. 건강한 의식주 생활문화
5. 합리적인 소비문화
6. 지역사회 공동체문화
7. 그 밖에 건강가정의 생활문화와 관련된 사항

제29조(가정의례) ① 개인과 가정은 건전한 가정의례를 확립하도록 노력하여야 한다.

② 국가 및 지방자치단체는 건전한 가정의례를 확립하기 위한 지원정책을 수립하여야 한다.

제30조(가정봉사원) ①국가 및 지방자치단체는 건강한 가정을 유지하기 위하여 필요한 경우에는 가정을 방문하여 가사·육아·산후조리·간병 등을 돕는 가정봉사원(이하 "가정봉사원"이라 한다)을 지원할 수 있다.

② 가정봉사원은 여성가족부령이 정하는 바에 따라 교육을 받아야 한다. 〈개정 2005.3.24., 2008.2.29., 2010.1.18.〉

③ 국가 및 지방자치단체는 가정봉사원에게 예산의 범위 안에서 일정 금액을 지급할 수 있다.

④ 가정봉사원의 지원에 관하여 필요한 사항은 여성가족부령으로 정한다. 〈개정 2005.3.24., 2008.2.29., 2010.1.18.〉

제31조(이혼예방 및 이혼가정지원) ① 국가 및 지방자치단체는 이혼하고자 하는 부부가 이혼 전 상담을 받을 수 있게 하는 등 이혼조정을 내실화할 수 있도록 필요한 조치를 강구 하여야 한다.

② 국가 및 지방자치단체는 이혼의 의사가 정해진 가족에 대하여 이들 가족이 자녀양육·재산·정서 등의 제반문제를 준비할 수 있도록 도움을 주는 지원서비스를 제공하도록 하여야 한다.

③ 국가 및 지방자치단체는 이혼한 가족에 대하여 양육비에 대한 집행력의 실효성을 강화하고 그 적용대상을 확대하도록 하여야 한다.

제32조(건강가정교육) ① 국가 및 지방자치단체는 건강가정교육을 실시하여야 한다.

② 제1항의 규정에 의한 교육내용에는 다음 각호의 사항이 포함되어야 한다.

1. 결혼준비교육　　　　　　　　2. 부모교육
3. 가족윤리교육　　　　　　　　4. 가족가치실현 및 가정생활관련 교육 등

③ 제1항의 규정에 의한 건강가정교육에 관하여 필요한 사항은 여성가족부령으로 정한다. 〈개정 2005.3.24., 2008.2.29., 2010.1.18.〉

제33조(자원봉사활동의 지원) 국가 및 지방자치단체는 건강가정과 관련되는 자원봉사활동사 업을 육성하고 장려하여야 한다.

제4장 건강가정전담조직 등

제34조(건강가정사업의 전담수행) 여성가족부 및 지방자치단체는 건강가정사업에 관한 업무를 전담하여 수행할 수 있도록 하여야 한다. 〈개정 2005.3.24., 2008.2.29., 2010.1.18., 2011.9.15.〉

제34조의2(한국건강가정진흥원의 설립 등) ① 다양한 가족의 삶의 질 제고 및 가족역량 강화를 위한 가족정책을 효율적이고 체계적으로 지원하기 위하여 한국건강가정진흥원(이하 "진흥원"이라 한다)을 설립한다.

② 진흥원은 법인으로 한다.

③ 진흥원은 그 주된 사무소의 소재지에서 설립등기를 함으로써 성립한다.

④ 진흥원의 정관에는 다음 각 호의 사항이 포함되어야 한다. 〈신설 2020.5.19.〉

1. 목적　　　　　　2. 명칭　　　　　　3. 주된 사무소가 있는 곳
4. 자산에 관한 사항　　5. 임원 및 직원에 관한 사항
6. 이사회의 운영　　7. 사업범위 및 내용과 그 집행
8. 회계　　　　　　9. 공고의 방법　　　10. 정관의 변경
11. 그 밖에 진흥원의 운영에 관한 중요 사항

⑤ 진흥원이 정관의 기재사항을 변경하려는 경우에는 여성가족부장관의 인가를 받아야 한다. 〈신설 2020.5.19.〉

⑥ 진흥원에는 정관으로 정하는 바에 따라 임원과 필요한 직원을 둔다. 〈개정 2020.5.19.〉

⑦ 진흥원은 다음 각 호의 사업을 한다. 〈개정 2020.5.19.〉

1. 가족상담 및 가족교육 사업
2. 가족친화 사회환경 조성사업

3. 아이돌봄 및 자녀 양육지원 사업
4. 「양육비 이행확보 및 지원에 관한 법률」에 따른 양육비 이행 전담기관 운영
5. 다문화가족, 한부모가족, 조손가족 등 취약가족의 역량강화지원사업
6. 다문화가족의 사회통합지원 사업
7. 제35조의 건강가정지원센터, 「다문화가족지원법」 제12조의 다문화가족지원센터 및 「가족친화 사회환경의 조성 촉진에 관한 법률」 제19조의 가족친화지원센터의 사업 관리 및 종사자 교육훈련
8. 가족사업 관련 대내외 교류 및 협력 사업
9. 가족정책 및 사업개발을 위한 조사, 연구
10. 제1호부터 제9호까지의 사업에 부수되는 사업 또는 이와 관련하여 국가기관 등으로부터 위탁받은 사업
11. 그 밖에 진흥원의 목적달성을 위하여 정관으로 정하는 사항

⑧ 정부는 예산의 범위에서 진흥원의 사업과 운영에 필요한 경비를 출연할 수 있다. 〈개정 2020.5.19.〉

⑨ 진흥원은 「기부금품의 모집 및 사용에 관한 법률」에도 불구하고 자발적으로 기탁되는 금품을 사업목적에 부합하는 범위에서 접수할 수 있으며 접수 절차 등에 관한 사항은 진흥원의 장이 별도로 정한다. 〈신설 2016.3.2., 2020.5.19.〉

⑩ 진흥원에 관하여는 이 법에서 규정한 것을 제외하고는 「민법」 중 재단법인에 관한 규정을 준용한다. 〈개정 2016.3.2., 2020.5.19.〉

[본조신설 2014.3.24.]

제35조(건강가정지원센터의 설치) ① 국가 및 지방자치단체는 가정문제의 예방·상담 및 치료, 건강가정의 유지를 위한 프로그램의 개발, 가족문화운동의 전개, 가정 관련 정보 및 자료제공 등을 위하여 건강가정지원센터(이하 "센터"라 한다)를 설치·운영하여야 한다. 〈개정 2011.9.15.〉

② 센터에는 건강가정사업을 수행하기 위하여 관련 분야에 대한 학식과 경험을 가진 전문가(이하 "건강가정사"라 한다)를 두어야 한다.

③ 건강가정사는 다음 각 호의 요건을 모두 갖춘 사람이어야 한다. 〈개정 2018.1.16.〉

1. 대학 또는 이와 동등 이상의 학교를 졸업할 것(법령에 따라 이와 같은 수준 이상의 학력이 있다고 인정되는 경우를 포함한다)
2. 제1호에 따른 학력 취득과정이나 그 밖에 여성가족부장관이 인정하는 방법으로 사회복

지학 · 가정학 · 여성학 등 여성가족부령으로 정하는 관련 교과목을 이수할 것

④ 센터의 조직 · 운영 및 건강가정사의 자격 · 직무에 관하여 필요한 사항은 대통령령으로 정한다.

⑤ 센터의 운영은 여성가족부령이 정하는 바에 의하여 민간에 위탁할 수 있다. 〈개정 2005.3.24., 2008.2.29., 2010.1.18.〉

⑥ 국가 및 지방자치단체는 센터의 설치 · 운영에 필요한 비용의 전부 또는 일부를 지원할 수 있다. 〈신설 2020.5.19.〉

제35조의2(유사명칭의 사용금지) 이 법에 따른 센터가 아닌 자는 건강가정지원센터 또는 이와 유사한 명칭을 사용하지 못한다.

[본조신설 2011.9.15.]

제5장 보칙

제36조(민간단체 등의 지원) 국가 및 지방자치단체는 건강가정사업을 수행하는 단체 또는 개인에 대하여 필요한 비용의 전부 또는 일부를 보조하거나 그 업무수행에 필요한 지원을 할 수 있다.

제37조(과태료) ① 제35조의2를 위반한 자에게는 300만 원 이하의 과태료를 부과한다.

② 제1항에 따른 과태료는 대통령령으로 정하는 바에 따라 여성가족부장관 또는 지방자치단체의 장이 부과 · 징수한다.

[본조신설 2011.9.15.]

부칙 〈법률 제17280호, 2020.5.19.〉

이 법은 공포한 날부터 시행한다.

다문화가족지원법(약칭: 다문화가족법)

[시행 2020.5.19.] [법률 제17281호, 2020.5.19., 일부 개정]

여성가족부(다문화가족과)

제1조(목적) 이 법은 다문화가족 구성원이 안정적인 가족생활을 영위하고 사회구성원으로서의 역할과 책임을 다할 수 있도록 함으로써 이들의 삶의 질 향상과 사회통합에 이바지함을 목적으로 한다. 〈개정 2015.12.22.〉

제2조(정의) 이 법에서 사용하는 용어의 뜻은 다음과 같다. 〈개정 2011.4.4., 2015.12.1.〉

1. "다문화가족"이란 다음 각 목의 어느 하나에 해당하는 가족을 말한다.
   가. 「재한외국인 처우 기본법」 제2조 제3호의 결혼이민자와 「국적법」 제2조부터 제4조까지의 규정에 따라 대한민국 국적을 취득한 자로 이루어진 가족
   나. 「국적법」 제3조 및 제4조에 따라 대한민국 국적을 취득한 자와 같은 법 제2조부터 제4조까지의 규정에 따라 대한민국 국적을 취득한 자로 이루어진 가족
2. "결혼이민자 등"이란 다문화가족의 구성원으로서 다음 각 목의 어느 하나에 해당하는 자를 말한다.
   가. 「재한외국인 처우 기본법」 제2조 제3호의 결혼이민자
   나. 「국적법」 제4조에 따라 귀화허가를 받은 자
3. "아동ㆍ청소년"이란 24세 이하인 사람을 말한다.

제3조(국가와 지방자치단체의 책무) ① 국가와 지방자치단체는 다문화가족 구성원이 안정적인 가족생활을 영위하고 경제ㆍ사회ㆍ문화 등 각 분야에서 사회구성원으로서의 역할과 책임을 다할 수 있도록 필요한 제도와 여건을 조성하고 이를 위한 시책을 수립ㆍ시행하여야 한다. 〈개정 2015.12.22.〉

② 특별시ㆍ광역시ㆍ특별자치시ㆍ도ㆍ특별자치도 및 시ㆍ군ㆍ구(자치구를 말한다. 이하 같다)에는 다문화가족 지원을 담당할 기구와 공무원을 두어야 한다. 〈신설 2012.2.1., 2015.12.1.〉

③ 국가와 지방자치단체는 이 법에 따른 시책 중 외국인정책 관련 사항에 대하여는 「재한외국인 처우 기본법」 제5조부터 제9조까지의 규정에 따른다. 〈개정 2012.2.1.〉

제3조의2(다문화가족 지원을 위한 기본계획의 수립) ① 여성가족부장관은 다문화가족 지원을 위하여 5년마다 다문화가족정책에 관한 기본계획(이하 "기본계획"이라 한다)을 수립하여야 한다.

② 기본계획에는 다음 각 호의 사항을 포함하여야 한다. 〈개정 2015.12.22.〉

1. 다문화가족 지원 정책의 기본 방향
2. 다문화가족 지원을 위한 분야별 발전시책과 평가에 관한 사항
3. 다문화가족 지원을 위한 제도 개선에 관한 사항

3의2. 다문화가족 구성원의 경제·사회·문화 등 각 분야에서 활동 증진에 관한 사항

4. 다문화가족 지원을 위한 재원 확보 및 배분에 관한 사항
5. 그 밖에 다문화가족 지원을 위하여 필요한 사항

③ 여성가족부장관은 기본계획을 수립할 때에는 미리 관계 중앙행정기관의 장과 협의하여야 한다.

④ 기본계획은 제3조의4에 따른 다문화가족정책위원회의 심의를 거쳐 확정한다. 이 경우 여성가족부장관은 확정된 기본계획을 지체 없이 국회 소관 상임위원회에 보고하고, 관계 중앙행정기관의 장과 특별시장·광역시장·특별자치시장·도지사·특별자치도지사(이하 "시·도지사"라 한다)에게 알려야 한다. 〈개정 2015.12.1., 2020.5.19.〉

⑤ 여성가족부장관은 기본계획을 수립하기 위하여 필요하다고 인정하는 경우 관계 기관의 장에게 기본계획의 수립에 필요한 자료의 제출을 요구할 수 있다.

⑥ 제5항에 따라 자료의 제출을 요구받은 관계 기관의 장은 정당한 사유가 없으면 이에 따라야 한다.

[본조신설 2011.4.4.]

제3조의3(연도별 시행계획의 수립·시행) ① 여성가족부장관, 관계 중앙행정기관의 장과 시·도지사는 매년 기본계획에 따라 다문화가족정책에 관한 시행계획(이하 "시행계획"이라 한다)을 수립·시행하여야 한다.

② 관계 중앙행정기관의 장과 시·도지사는 전년도의 시행계획에 따른 추진실적 및 다음 연도의 시행계획을 대통령령으로 정하는 바에 따라 매년 여성가족부장관에게 제출하여야 한다.

③ 시행계획의 수립·시행 및 추진실적의 평가 등에 필요한 사항은 대통령령으로 정한다.

[본조신설 2011.4.4.]

제3조의4(다문화가족정책위원회의 설치) ① 다문화가족의 삶의 질 향상과 사회통합에

관한 중요 사항을 심의·조정하기 위하여 국무총리 소속으로 다문화가족정책위원회(이하 "정책위원회"라 한다)를 둔다.

② 정책위원회는 다음 각 호의 사항을 심의·조정한다.

1. 제3조의2에 따른 다문화가족정책에 관한 기본계획의 수립 및 추진에 관한 사항
2. 제3조의3에 따른 다문화가족정책의 시행계획의 수립, 추진실적 점검 및 평가에 관한 사항
3. 다문화가족과 관련된 각종 조사, 연구 및 정책의 분석·평가에 관한 사항
4. 각종 다문화가족 지원 관련 사업의 조정 및 협력에 관한 사항
5. 다문화가족정책과 관련된 국가 간 협력에 관한 사항
6. 그 밖에 다문화가족의 사회통합에 관한 중요 사항으로 위원장이 필요하다고 인정하는 사항

③ 정책위원회는 위원장 1명을 포함한 20명 이내의 위원으로 구성하고, 위원장은 국무총리가 되며, 위원은 다음 각 호의 사람이 된다.

1. 대통령령으로 정하는 중앙행정기관의 장
2. 다문화가족정책에 관하여 학식과 경험이 풍부한 사람 중에서 위원장이 위촉하는 사람

④ 정책위원회에서 심의·조정할 사항을 미리 검토하고 대통령령에 따라 위임된 사항을 다루기 위하여 정책위원회에 실무위원회를 둔다.

⑤ 그 밖에 정책위원회 및 실무위원회의 구성 및 운영 등에 필요한 사항은 대통령령으로 정한다.

[본조신설 2011.4.4.]

제4조(실태조사 등) ① 여성가족부장관은 다문화가족의 현황 및 실태를 파악하고 다문화가족지원을 위한 정책수립에 활용하기 위하여 3년마다 다문화가족에 대한 실태조사를 실시하고 그 결과를 공표하여야 한다. 〈개정 2010.1.18.〉

② 여성가족부장관은 제1항에 따른 실태조사를 위하여 관계 공공기관 또는 관련 법인·단체에 대하여 필요한 자료의 제출 등 협조를 요청할 수 있다. 이 경우 자료의 제출 등 협조를 요청받은 관계 공공기관 또는 관련 법인·단체 등은 특별한 사유가 없는 한 이에 협조하여야 한다. 〈개정 2010.1.18.〉

③ 여성가족부장관은 제1항에 따른 실태조사를 실시함에 있어서 외국인정책 관련 사항에 대하여는 법무부장관과, 다문화가족 구성원인 아동·청소년의 교육현황 및 아동·청소년의 다문화가족에 대한 인식 등에 관한 사항에 대하여는 교육부장관과 협의를 거쳐

실시한다. 〈개정 2010.1.18., 2011.4.4., 2013.3.23., 2015.12.1., 2017.3.21.〉

④ 제1항에 따른 실태조사의 대상 및 방법 등에 필요한 사항은 여성가족부령으로 정한다. 〈개정 2010.1.18.〉

제5조(다문화가족에 대한 이해증진) ①국가와 지방자치단체는 다문화가족에 대한 사회적 차별 및 편견을 예방하고 사회구성원이 문화적 다양성을 인정하고 존중할 수 있도록 다문화 이해교육을 실시하고 홍보 등 필요한 조치를 하여야 한다. 〈개정 2011.4.4., 2013.3.22.〉

② 여성가족부장관은 제1항에 따른 조치를 함에 있어 홍보영상을 제작하여 「방송법」 제2조 제3호에 따른 방송사업자에게 배포하여야 한다. 〈신설 2015.12.1.〉

③ 여성가족부장관은 「방송법」 제2조 제3호에 따른 방송사업자(이하 이 조에서 "방송사업자"라 한다)에게 같은 법 제73조 제4항에 따라 대통령령으로 정하는 비상업적 공익광고 편성비율의 범위에서 제2항의 홍보영상을 채널별로 송출하도록 요청할 수 있다. 〈신설 2015.12.1., 2020.5.19.〉

④ 방송사업자는 제2항의 홍보영상 외에 독자적으로 홍보영상을 제작하여 송출할 수 있다. 이 경우 여성가족부장관에게 필요한 협조 및 지원을 요청할 수 있다. 〈신설 2015.12.1., 2020.5.19.〉

⑤ 교육부장관과 특별시·광역시·특별자치시·도·특별자치도의 교육감은 「유아교육법」 제2조, 「초·중등교육법」 제2조 또는「고등교육법」 제2조에 따른 학교에서 다문화가족에 대한 이해를 돕는 교육을 실시하기 위한 시책을 수립·시행하여야 한다. 이 경우 제4조에 따른 실태조사의 결과 중 다문화가족 구성원인 아동·청소년의 교육현황 및 아동·청소년의 다문화가족에 대한 인식 등에 관한 사항을 반영하여야 한다. 〈신설 2011.4.4., 2013.3.23., 2015.12.1., 2017.3.21.〉

⑥ 교육부장관과 특별시·광역시·특별자치시·도·특별자치도의 교육감은 「유아교육법」 제2조 및 「초·중등교육법」 제2조에 따른 학교의 교원에 대하여 대통령령으로 정하는 바에 따라 다문화 이해교육 관련 연수를 실시하여야 한다. 〈신설 2017.12.12.〉

제6조(생활정보 제공 및 교육 지원) ① 국가와 지방자치단체는 결혼이민자 등이 대한민국에서 생활하는 데 필요한 기본적 정보(아동·청소년에 대한 학습 및 생활지도 관련 정보를 포함한다)를 제공하고, 사회적응교육과 직업교육·훈련 및 언어소통 능력 향상을 위한 한국어교육 등을 받을 수 있도록 필요한 지원을 할 수 있다. 〈개정 2011.4.4., 2016.3.2.〉

② 국가와 지방자치단체는 결혼이민자 등의 배우자 및 가족구성원이 결혼이민자 등의 출신 국가 및 문화 등을 이해하는 데 필요한 기본적 정보를 제공하고 관련 교육을 지원할 수 있다. 〈신설 2017.12.12.〉

③ 국가와 지방자치단체는 제1항 및 제2항에 따른 교육을 실시함에 있어 거주지 및 가정환경 등으로 인하여 서비스에서 소외되는 결혼이민자 등과 배우자 및 그 가족구성원이 없도록 방문교육이나 원격교육 등 다양한 방법으로 교육을 지원하고, 교재와 강사 등의 전문성을 강화하기 위한 시책을 수립·시행하여야 한다. 〈신설 2011.4.4., 2017.12.12.〉

④ 국가와 지방자치단체는 제3항의 방문교육의 비용을 결혼이민자 등의 가구 소득수준, 교육의 종류 등 여성가족부장관이 정하여 고시하는 기준에 따라 차등지원할 수 있다. 〈신설 2015.12.1., 2017.12.12.〉

⑤ 국가와 지방자치단체가 제4항에 따른 비용을 지원함에 있어 비용 지원의 신청, 금융정보 등의 제공, 조사·질문 등은 「아이돌봄 지원법」 제22조부터 제25조까지의 규정을 준용한다. 〈신설 2015.12.1., 2017.12.12.〉

⑥ 결혼이민자 등의 배우자 등 다문화가족 구성원은 결혼이민자 등이 한국어교육 등 사회적응에 필요한 다양한 교육을 받을 수 있도록 노력하여야 한다. 〈신설 2015.12.1., 2017.12.12.〉

⑦ 그 밖에 제1항 및 제2항에 따른 정보제공 및 교육에 필요한 사항은 대통령령으로 정한다. 〈개정 2011.4.4., 2015.12.1., 2017.12.12.〉

제7조(평등한 가족관계의 유지를 위한 조치) 국가와 지방자치단체는 다문화가족이 민주적이고 양성평등한 가족관계를 누릴 수 있도록 가족상담, 부부교육, 부모교육, 가족생활교육 등을 추진하여야 한다. 이 경우 문화의 차이 등을 고려한 전문적인 서비스가 제공될 수 있도록 노력하여야 한다.

제8조(가정폭력 피해자에 대한 보호·지원) ① 국가와 지방자치단체는 「가정폭력방지 및 피해자보호 등에 관한 법률」에 따라 다문화가족 내 가정폭력을 예방하기 위하여 노력하여야 한다. 〈개정 2011.4.4.〉

② 국가와 지방자치단체는 가정폭력으로 피해를 입은 결혼이민자 등을 보호·지원할 수 있다. 〈신설 2011.4.4.〉

③ 국가와 지방자치단체는 가정폭력의 피해를 입은 결혼이민자 등에 대한 보호 및 지원을 위하여 외국어 통역 서비스를 갖춘 가정폭력 상담소 및 보호시설의 설치를 확대하

도록 노력하여야 한다. 〈개정 2011.4.4.〉

④ 국가와 지방자치단체는 결혼이민자 등이 가정폭력으로 혼인관계를 종료하는 경우 의사소통의 어려움과 법률체계 등에 관한 정보의 부족 등으로 불리한 입장에 놓이지 아니하도록 의견진술 및 사실확인 등에 있어서 언어통역, 법률상담 및 행정지원 등 필요한 서비스를 제공할 수 있다. 〈개정 2011.4.4.〉

제9조(의료 및 건강관리를 위한 지원) ①국가와 지방자치단체는 결혼이민자 등이 건강하게 생활할 수 있도록 영양·건강에 대한 교육, 산전·산후 도우미 파견, 건강검진 등의 의료서비스를 지원할 수 있다. 〈개정 2011.4.4.〉

② 국가와 지방자치단체는 결혼이민자 등이 제1항에 따른 의료서비스를 제공받을 경우 외국어 통역 서비스를 제공할 수 있다. 〈신설 2011.4.4.〉

[제목개정 2011.4.4.]

제10조(아동·청소년 보육·교육) ① 국가와 지방자치단체는 아동·청소년 보육·교육을 실시함에 있어서 다문화가족 구성원인 아동·청소년을 차별하여서는 아니 된다. 〈개정 2015.12.1.〉

② 국가와 지방자치단체는 다문화가족 구성원인 아동·청소년이 학교생활에 신속히 적응할 수 있도록 교육지원대책을 마련하여야 하고, 특별시·광역시·특별자치시·도·특별자치도의 교육감은 다문화가족 구성원인 아동·청소년에 대하여 학과 외 또는 방과 후 교육 프로그램 등을 지원할 수 있다. 〈개정 2015.12.1.〉

③ 국가와 지방자치단체는 다문화가족 구성원인 18세 미만인 사람의 초등학교 취학 전 보육 및 교육 지원을 위하여 노력하고, 그 구성원의 언어발달을 위하여 한국어 및 결혼이민자 등인 부 또는 모의 모국어 교육을 위한 교재지원 및 학습지원 등 언어능력 제고를 위하여 필요한 지원을 할 수 있다. 〈개정 2013.3.22., 2015.12.1.〉

④ 「영유아보육법」 제10조에 따른 어린이집의 원장, 「유아교육법」 제7조에 따른 유치원의 장, 「초·중등교육법」 제2조에 따른 각급 학교의 장, 그 밖에 대통령령으로 정하는 기관의 장은 아동·청소년 보육·교육을 실시함에 있어 다문화가족 구성원인 아동·청소년이 차별을 받지 아니하도록 필요한 조치를 하여야 한다. 〈신설 2015.12.1.〉

[제목개정 2015.12.1.]

제11조(다국어에 의한 서비스 제공) 국가와 지방자치단체는 제5조부터 제10조까지의 규정에 따른 지원정책을 추진함에 있어서 결혼이민자 등 의사소통의 어려움을 해소하고 서비스 접근성을 제고하기 위하여 다국어에 의한 서비스 제공이 이루어지도록 노력하

여야 한다.

제11조의2(다문화가족 종합정보 전화센터의 설치 · 운영 등) ① 여성가족부장관은 다국어에 의한 상담 · 통역 서비스 등을 결혼이민자 등에게 제공하기 위하여 다문화가족 종합정보 전화센터(이하 "전화센터"라 한다)를 설치 · 운영할 수 있다. 이 경우 「가정폭력방지 및 피해자보호 등에 관한 법률」 제4조의6 제1항 후단에 따른 외국어 서비스를 제공하는 긴급전화센터와 통합하여 운영할 수 있다.

② 여성가족부장관은 전화센터의 설치 · 운영을 대통령령으로 정하는 기관 또는 단체에 위탁할 수 있다.

③ 여성가족부장관은 전화센터의 설치 · 운영을 위탁할 경우 예산의 범위에서 그에 필요한 비용의 전부 또는 일부를 지원할 수 있다.

④ 전화센터의 설치 · 운영에 필요한 사항은 여성가족부령으로 정한다.

[본조신설 2013.8.13.]

제12조(다문화가족지원센터의 설치 · 운영 등) ① 국가와 지방자치단체는 다문화가족지원센터(이하 "지원센터"라 한다)를 설치 · 운영할 수 있다.

② 국가 또는 지방자치단체는 지원센터의 설치 · 운영을 대통령령으로 정하는 법인이나 단체에 위탁할 수 있다.

③ 국가 또는 지방자치단체 아닌 자가 지원센터를 설치 · 운영하고자 할 때에는 미리 시 · 도지사 또는 시장 · 군수 · 구청장(자치구의 구청장을 말한다. 이하 같다)의 지정을 받아야 한다.

④ 지원센터는 다음 각 호의 업무를 수행한다. 〈개정 2020.5.19.〉

1. 다문화가족을 위한 교육 · 상담 등 지원사업의 실시
2. 결혼이민자 등에 대한 한국어교육
3. 다문화가족 지원서비스 정보제공 및 홍보
4. 다문화가족 지원 관련 기관 · 단체와의 서비스 연계
5. 일자리에 관한 정보제공 및 일자리의 알선
6. 다문화가족을 위한 통역 · 번역 지원사업
7. 다문화가족 내 가정폭력 방지 및 피해자 연계 지원
8. 그 밖에 다문화가족 지원을 위하여 필요한 사업

⑤ 지원센터에는 다문화가족에 대한 교육 · 상담 등의 업무를 수행하기 위하여 관련 분야에 대한 학식과 경험을 가진 전문인력을 두어야 한다.

⑥ 국가와 지방자치단체는 제3항에 따라 지정한 지원센터에 대하여 예산의 범위에서 제4항 각 호의 업무를 수행하는 데에 필요한 비용 및 지원센터의 운영에 드는 비용의 전부 또는 일부를 보조할 수 있다. 〈개정 2016.3.2.〉

⑦ 제1항, 제2항 및 제3항에 따른 지원센터의 설치·운영 기준, 위탁·지정 기간 및 절차 등에 필요한 사항은 대통령령으로 정하고, 제5항에 따른 전문인력의 기준 등에 필요한 사항은 여성가족부령으로 정한다.

[전문개정 2012.2.1.]

제12조의2(보수교육의 실시) ① 여성가족부장관 또는 시·도지사는 지원센터에 두는 전문인력의 자질 능력을 향상시키기 위하여 보수교육을 실시하여야 한다.

② 제1항에 따른 보수교육의 내용·기간 및 방법 등은 여성가족부령으로 정한다.

[본조신설 2012.2.1.]

제12조의3(유사명칭 사용 금지) 이 법에 따른 지원센터가 아니면 다문화가족지원센터 또는 이와 유사한 명칭을 사용하지 못한다.

[본조신설 2013.8.13.]

제13조(다문화가족 지원업무 관련 공무원의 교육) 국가와 지방자치단체는 다문화가족 지원 관련 업무에 종사하는 공무원의 다문화가족에 대한 이해증진과 전문성 향상을 위하여 교육을 실시할 수 있다.

제13조의2(다문화가족지원사업 전문인력 양성) ① 국가 또는 지방자치단체는 다문화가족지원 및 다문화 이해교육 등의 사업 추진에 필요한 전문인력을 양성하는 데 노력하여야 한다.

② 여성가족부장관은 제1항에 따른 전문인력을 양성하기 위하여 대통령령으로 정하는 바에 따라 대학이나 연구소 등 적절한 인력과 시설 등을 갖춘 기관이나 단체를 전문인력 양성기관으로 지정하여 관리할 수 있다.

③ 국가 또는 지방자치단체는 제2항에 따라 지정된 전문인력 양성기관에 대하여 예산의 범위에서 필요한 경비의 전부 또는 일부를 지원할 수 있다.

④ 제2항에 따른 전문인력 양성기관의 지정 기준 및 절차 등은 대통령령으로 정한다.

[본조신설 2012.2.1.]

제14조(사실혼 배우자 및 자녀의 처우) 제5조부터 제12조까지의 규정은 대한민국 국민과 사실혼 관계에서 출생한 자녀를 양육하고 있는 다문화가족 구성원에 대하여 준용한다.

제14조의2(다문화가족 자녀에 대한 적용 특례) 다문화가족이 이혼 등의 사유로 해체된 경우에도 그 구성원이었던 자녀에 대하여는 이 법을 적용한다.

[본조신설 2013.8.13.]

제15조(권한의 위임과 위탁) ① 여성가족부장관은 이 법에 따른 권한의 일부를 대통령령으로 정하는 바에 따라 시·도지사 또는 시장·군수·구청장에게 위임할 수 있다. 〈개정 2010.1.18., 2011.4.4., 2012.2.1.〉

② 국가와 지방자치단체는 이 법에 따른 업무의 일부를 대통령령으로 정하는 바에 따라 비영리법인이나 단체에 위탁할 수 있다.

제15조의2(정보 제공의 요청) ① 여성가족부장관 또는 지방자치단체의 장은 이 법의 시행을 위하여 필요한 경우에는 법무부장관에게 다음 각 호의 정보 중 결혼이민자 등의 현황 파악을 위한 정보로서 대통령령으로 정하는 정보의 제공을 요청할 수 있다. 이 경우 지방자치단체의 장은 해당 관할구역의 결혼이민자 등에 관한 정보에 한정하여 요청할 수 있다.

1. 「재한외국인 처우 기본법」 제2조 제3호에 따른 결혼이민자의 외국인 등록 정보
2. 「국적법」 제6조 제2항에 따라 귀화허가를 받은 사람의 귀화허가 신청 정보

② 제1항에 따라 정보의 제공을 요청받은 법무부장관은 정당한 사유가 없으면 이에 따라야 한다.

③ 제1항에 따라 정보를 제공받은 여성가족부장관 또는 지방자치단체의 장은 제공받은 정보를 제12조 제1항·제3항에 따른 지원센터에 제공할 수 있다.

[본조신설 2012.2.1.]

제16조(민간단체 등의 지원) ① 국가와 지방자치단체는 다문화가족 지원사업을 수행하는 단체나 개인에 대하여 필요한 비용의 전부 또는 일부를 보조하거나 그 업무수행에 필요한 행정적 지원을 할 수 있다.

② 국가와 지방자치단체는 결혼이민자 등이 상부상조하기 위한 단체의 구성·운영 등을 지원할 수 있다.

제17조(과태료) ① 제12조의3을 위반한 자에게는 300만 원 이하의 과태료를 부과한다.

② 제1항에 따른 과태료는 대통령령으로 정하는 바에 따라 여성가족부장관 또는 지방자치단체의 장이 부과·징수한다.

[본조신설 2013.8.13.]

부칙 〈법률 제17281호, 2020.5.19.〉

제1조(시행일) 이 법은 공포한 날부터 시행한다.

제2조(다문화가족정책에 관한 기본계획에 관한 적용례) 제3조의2 제4항의 개정규정은 이 법 시행 후 최초로 여성가족부장관이 수립하는 기본계획부터 적용한다.

한부모가족지원법(약칭: 한부모가족법)

[시행 2023.10.12.] [법률 제19340호, 2023.4.11., 일부 개정]

여성가족부(가족지원과)

제1장 총칙 〈개정 2007.10.17.〉

제1조(목적) 이 법은 한부모가족이 안정적인 가족 기능을 유지하고 자립할 수 있도록 지원함으로써 한부모가족의 생활 안정과 복지 증진에 이바지함을 목적으로 한다. 〈개정 2018.1.16.〉 [전문개정 2007.10.17.]

제2조(국가 등의 책임) ① 국가와 지방자치단체는 한부모가족의 복지를 증진할 책임을 진다.

② 국가와 지방자치단체는 한부모가족의 권익과 자립을 지원하기 위한 여건을 조성하고 이를 위한 시책을 수립·시행하여야 한다. 〈신설 2011.4.12., 2014.1.21., 2018.1.16.〉

③ 국가와 지방자치단체는 한부모가족에 대한 사회적 편견과 차별을 예방하고, 사회구성원이 한부모가족을 이해하고 존중할 수 있도록 교육 및 홍보 등 필요한 조치를 하여야 한다. 〈신설 2013.3.22., 2016.12.20.〉

④ 교육부장관과 특별시·광역시·특별자치시·도·특별자치도의 교육감은 「유아교육법」 제2조 제2호의 유치원, 「초·중등교육법」 제2조 및 「고등교육법」 제2조의 학교에서 한부모가족에 대한 이해를 돕는 교육을 실시하기 위한 시책을 수립·시행하여야 한다. 〈신설 2016.12.20.〉

⑤ 국가와 지방자치단체는 청소년 한부모가족의 자립을 위하여 노력하여야 한다. 〈신설 2014.1.21., 2016.12.20.〉

⑥ 모든 국민은 한부모가족의 복지 증진에 협력하여야 한다. 〈개정 2011.4.12., 2013.3.22., 2014.1.21., 2016.12.20.〉

[전문개정 2007.10.17.]

제3조(한부모가족의 권리와 책임) ① 한부모가족의 모(母) 또는 부(父)는 임신과 출산 및 양육을 사유로 합리적인 이유 없이 교육·고용 등에서 차별을 받지 아니한다. 〈신설 2011.4.12.〉

② 한부모가족의 모 또는 부와 아동은 한부모가족 관련 정책결정과정에 참여할 권리가 있다. 〈신설 2018.1.16.〉

③ 한부모가족의 모 또는 부와 아동은 그가 가지고 있는 자산과 노동능력 등을 최대한으로 활용하여 자립과 생활 향상을 위하여 노력하여야 한다. 〈개정 2011.4.12., 2018.1.16.〉

[전문개정 2007.10.17.]

[제목개정 2011.4.12.]

제4조(정의) 이 법에서 사용하는 용어의 뜻은 다음과 같다. 〈개정 2008.2.29., 2010.1.18., 2011.4.12., 2012.2.1., 2014.1.21.〉

1. "모" 또는 "부"란 다음 각 목의 어느 하나에 해당하는 자로서 아동인 자녀를 양육하는 자를 말한다.

가. 배우자와 사별 또는 이혼하거나 배우자로부터 유기(遺棄)된 자

나. 정신이나 신체의 장애로 장기간 노동능력을 상실한 배우자를 가진 자

다. 교정시설 · 치료감호시설에 입소한 배우자 또는 병역복무 중인 배우자를 가진 사람

라. 미혼자(사실혼(事實婚) 관계에 있는 자는 제외한다)

마. 가목부터 라목까지에 규정된 자에 준하는 자로서 여성가족부령으로 정하는 자

1의2. "청소년 한부모"란 24세 이하의 모 또는 부를 말한다.

2. "한부모가족"이란 모자가족 또는 부자가족을 말한다.

3. "모자가족"이란 모가 세대주(세대주가 아니더라도 세대원(世代員)을 사실상 부양하는 자를 포함한다)인 가족을 말한다.

4. "부자가족"이란 부가 세대주(세대주가 아니더라도 세대원을 사실상 부양하는 자를 포함한다)인 가족을 말한다.

5. "아동"이란 18세 미만(취학 중인 경우에는 22세 미만을 말하되, 「병역법」에 따른 병역의무를 이행하고 취학 중인 경우에는 병역의무를 이행한 기간을 가산한 연령 미만을 말한다)의 자를 말한다.

6. "지원기관"이란 이 법에 따른 지원을 행하는 국가나 지방자치단체를 말한다.

7. "한부모가족복지단체"란 한부모가족의 복지 증진을 목적으로 설립된 기관이나 단체를 말한다.

[전문개정 2007.10.17.]

제5조(지원대상자의 범위) ① 이 법에 따른 지원대상자는 제4조 제1호·제1호의2 및 제2호부터 제5호까지의 규정에 해당하는 자로서 여성가족부령으로 정하는 자로 한다. 〈개정 2008.2.29., 2010.1.18., 2011.4.12., 2014.1.21.〉

② 제1항에 따른 지원대상자 중 아동의 연령을 초과하는 자녀가 있는 한부모가족의 경우 그 자녀를 제외한 나머지 가족구성원을 지원대상자로 한다. 〈신설 2011.4.12., 2014.1.21.〉

[전문개정 2007.10.17.]

[제목개정 2014.1.21.]

제5조의2(지원대상자의 범위에 대한 특례) ① 혼인 관계에 있지 아니한 자로서 출산 전 임신부와 출산 후 해당 아동을 양육하지 아니하는 모는 제5조에도 불구하고 제19조 제1항 제1호의 출산지원시설을 이용할 때에는 이 법에 따른 지원대상자가 된다. 〈개정 2011.4.12., 2014.1.21., 2018.1.16., 2023.4.11.〉

② 다음 각 호의 어느 하나에 해당하는 아동과 그 아동을 양육하는 조부 또는 조모로서 여성가족부령으로 정하는 자는 제5조에도 불구하고 이 법에 따른 지원대상자가 된다. 〈개정 2008.2.29., 2010.1.18., 2011.4.12., 2014.1.21.〉

1. 부모가 사망하거나 생사가 분명하지 아니한 아동
2. 부모가 정신 또는 신체의 장애·질병으로 장기간 노동능력을 상실한 아동
3. 부모의 장기복역 등으로 부양을 받을 수 없는 아동
4. 부모가 이혼하거나 유기하여 부양을 받을 수 없는 아동
5. 제1호부터 제4호까지에 규정된 자에 준하는 자로서 여성가족부령으로 정하는 아동

③ 국내에 체류하고 있는 외국인 중 대한민국 국적의 아동을 양육하고 있는 모 또는 부로서 대통령령으로 정하는 사람이 제5조에 해당하면 이 법에 따른 지원대상자가 된다. 〈개정 2014.1.21., 2020.10.20.〉

[전문개정 2007.10.17.]

[제목개정 2014.1.21.]

제5조의3(자료 또는 정보의 제공과 홍보) 국가와 지방자치단체는 이 법에 따른 지원대상자를 발굴하기 위하여 필요한 자료 또는 정보의 제공과 홍보에 노력하여야 한다.

[본조신설 2018.1.16.]

제5조의4(한부모가족의 날) ① 한부모가족에 대한 국민의 이해와 관심을 제고하기 위하여 매년 5월 10일을 한부모가족의 날로 한다.

② 국가와 지방자치단체는 한부모가족의 날의 취지에 맞는 행사 등 사업을 실시할 수 있다.

[본조신설 2018.1.16.]

제5조의5(한부모가족 정책에 관한 기본계획의 수립) ① 여성가족부장관은 한부모가족 지원을 위하여 한부모가족 정책에 관한 기본계획(이하 "기본계획"이라 한다)을 5년마다 수립하여야 한다.

② 기본계획에는 다음 각 호의 사항이 포함되어야 한다.

1. 한부모가족 지원 정책의 기본방향
2. 한부모가족 지원을 위한 분야별 발전시책과 평가에 관한 사항
3. 한부모가족 지원을 위한 제도 개선에 관한 사항
4. 한부모가족 구성원의 경제·사회·문화 등 각 분야에서의 활동 증진에 관한 사항
5. 한부모가족 지원을 위한 재원 확보 및 배분에 관한 사항
6. 그 밖에 한부모가족 지원을 위하여 필요한 사항

③ 여성가족부장관은 기본계획을 수립하려는 경우에는 특별시장·광역시장·특별자치시장·도지사·특별자치도지사(이하 "시·도지사"라 한다)의 의견을 들은 후 관계 중앙행정기관의 장과 협의하여야 한다.

④ 여성가족부장관은 제1항에 따라 기본계획을 수립한 때에는 지체없이 국회 소관 상임위원회에 보고하고, 관계 중앙행정기관의 장과 시·도지사에게 알려야 한다.

⑤ 여성가족부장관은 기본계획을 수립하기 위하여 필요하다고 인정하는 경우 관계 기관의 장에게 기본계획의 수립에 필요한 자료의 제출을 요구할 수 있다. 이 경우 자료의 제출을 요구받은 관계 기관의 장은 정당한 사유가 없으면 이에 따라야 한다.

[본조신설 2020.10.20.]

제5조의6(연도별 시행계획의 수립·시행 등) ① 여성가족부장관, 관계 중앙행정기관의 장과 시·도지사는 매년 기본계획에 따라 한부모가족정책에 관한 시행계획(이하 "시행계획"이라 한다)을 수립·시행하여야 한다.

② 관계 중앙행정기관의 장과 시·도지사는 전년도의 시행계획에 따른 추진실적 및 다음 연도의 시행계획을 대통령령으로 정하는 바에 따라 매년 여성가족부장관에게 제출하여야 한다.

③ 시행계획의 수립·시행 및 추진실적의 평가 등에 필요한 사항은 대통령령으로 정한다.

[본조신설 2020.10.20.]

제6조(실태조사 등) ① 여성가족부장관은 한부모가족 지원을 위한 정책수립에 활용하기 위하여 3년마다 한부모가족에 대한 실태조사를 실시하고 그 결과를 공표하여야 한다. 또한, 여성가족부장관은 필요한 경우 여성가족부령으로 정하는 바에 따라 청소년 한부모 등에 대한 실태를 조사·연구할 수 있다. 〈개정 2017.12.12.〉

② 여성가족부장관은 제1항에 따른 실태조사를 위하여 관계 공공기관 또는 관련 법인·단체에 대하여 필요한 자료의 제출 등 협조를 요청할 수 있으며, 요청받은 관계 공공기관 또는 관련 법인·단체는 특별한 사유가 없으면 이에 협조하여야 한다.

③ 제1항에 따른 실태조사의 대상 및 방법, 그 밖에 필요한 사항은 여성가족부령으로 정한다.

[본조신설 2011.4.12.]

제6조의2(한부모가족 지원업무 관련 공무원의 교육) 국가와 지방자치단체는 한부모가족 지원 관련 업무에 종사하는 공무원의 한부모가족에 대한 이해 증진과 전문성 향상을 위하여 교육을 실시할 수 있다.

[본조신설 2016.12.20.]

제7조 삭제 〈2011.4.12.〉

제8조 삭제 〈2011.4.12.〉

제9조(한부모가족복지단체에 대한 지원 등) ① 국가와 지방자치단체는 한부모가족복지단체에 대하여 필요한 비용의 전부 또는 일부를 보조하거나 그 업무수행에 필요한 행정적 지원을 할 수 있다.

② 국가와 지방자치단체는 한부모가족 간의 정보 공유와 상부상조 등을 위한 자조모임 단체의 사업 등을 지원할 수 있다.

[전문개정 2018.1.16.]

제2장 복지의 내용과 실시 〈개정 2007.10.17.〉

제10조(지원대상자의 조사 등) ① 특별자치시장·특별자치도지사·시장·군수·구청장(자치구의 구청장을 말한다. 이하 같다)은 매년 1회 이상 관할구역 지원대상자의 가족상황, 생활실태 등을 조사하여야 한다. 〈개정 2010.5.17., 2011.4.12., 2014.1.21.〉

② 특별자치시장·특별자치도지사·시장·군수·구청장은 제1항에 따른 조사 결과를 대장(臺帳)으로 작성·비치하여야 한다. 다만, 「사회복지사업법」 제6조의2 제2항에 따른 정

보시스템을 활용할 때에는 전자적으로 작성하여 관리할 수 있다. 〈개정 2011.4.12., 2014.1.21.〉

③ 제1항 및 제2항에 따른 조사 및 대장의 작성·관리에 필요한 사항은 여성가족부령으로 정한다. 〈개정 2011.4.12.〉

④ 삭제 〈2011.4.12.〉

⑤ 삭제 〈2011.4.12.〉

[전문개정 2007.10.17.]

[제목개정 2011.4.12., 2014.1.21.]

제11조(복지 급여의 신청) ① 지원대상자 또는 그 친족이나 그 밖의 이해관계인은 제12조에 따른 복지 급여를 관할 특별자치시장·특별자치도지사·시장·군수·구청장에게 신청할 수 있다. 〈개정 2010.5.17., 2014.1.21.〉

② 제1항에 따라 복지 급여 신청을 할 때에는 다음 각 호에 따른 자료 또는 정보의 제공에 대한 지원대상자의 동의 서면을 제출하여야 한다. 〈개정 2012.2.1., 2014.1.21.〉

1. 「금융실명거래 및 비밀보장에 관한 법률」 제2조 제2호 및 제3호에 따른 금융자산 및 금융거래의 내용에 대한 자료 또는 정보 중 예금의 평균잔액과 그 밖에 대통령령으로 정하는 자료 또는 정보(이하 "금융정보"라 한다)
2. 「신용정보의 이용 및 보호에 관한 법률」 제2조 제1호에 따른 신용정보 중 채무액과 그 밖에 대통령령으로 정하는 자료 또는 정보(이하 "신용정보"라 한다)
3. 「보험업법」 제4조 제1항 각 호에 따른 보험에 가입하여 납부한 보험료와 그 밖에 대통령령으로 정하는 자료 또는 정보(이하 "보험정보"라 한다)

③ 제1항에 따른 급여의 신청 방법·절차와 제2항에 따른 동의의 방법·절차 등 필요한 사항은 대통령령으로 정한다. 〈신설 2012.2.1.〉

[전문개정 2007.10.17.]

제12조(복지 급여의 내용) ① 국가나 지방자치단체는 제11조에 따른 복지 급여의 신청이 있으면 다음 각 호의 복지 급여를 실시하여야 한다. 〈개정 2011.4.12., 2014.1.21., 2020.10.20.〉

1. 생계비
2. 아동교육지원비
3. 삭제 〈2011.4.12.〉
4. 아동양육비

5. 그 밖에 대통령령으로 정하는 비용

② 이 법에 따른 지원대상자가 「국민기초생활 보장법」 등 다른 법령에 따라 지원을 받고 있는 경우에는 그 범위에서 이 법에 따른 급여를 하지 아니한다. 다만, 제1항 제4호의 아동양육비는 지급할 수 있다. 〈신설 2020.10.20.〉

③ 제1항 제4호의 아동양육비를 지급할 때에 다음 각 호의 어느 하나에 해당하는 경우에는 예산의 범위에서 추가적인 복지 급여를 실시하여야 한다. 이 경우 모 또는 부의 직계존속이 5세 이하의 아동을 양육하는 경우에도 또한 같다. 〈개정 2011.4.12., 2020.10.20.〉

1. 미혼모나 미혼부가 5세 이하의 아동을 양육하는 경우
2. 34세 이하의 모 또는 부가 아동을 양육하는 경우

④ 국가나 지방자치단체는 이 법에 따른 지원대상자의 신청이 있는 경우에는 예산의 범위에서 직업훈련비와 훈련기간 중 생계비를 추가적으로 지급할 수 있다. 〈신설 2011.4.12., 2014.1.21., 2020.10.20.〉

⑤ 제1항부터 제4항까지의 규정에 따른 복지 급여의 기준 및 절차, 그 밖에 필요한 사항은 여성가족부령으로 정한다. 〈개정 2011.4.12., 2020.10.20.〉

[전문개정 2007.10.17.]

제12조의2(복지 급여 사유의 확인 등) ① 여성가족부장관 또는 특별자치시장·특별자치도지사·시장·군수·구청장은 제11조에 따라 복지 급여를 신청한 지원대상자 또는 제12조에 따른 복지 급여를 받고 있는 지원대상자에 대하여 급여 사유의 발생·변경 또는 상실을 확인하기 위하여 필요한 소득·재산 등에 관한 자료의 제출을 요구할 수 있으며, 소속 공무원으로 하여금 지원대상자의 주거 등에 출입하여 생활환경 및 소득자료 등을 조사하게 하거나 지원대상자의 고용주 등 관계인에게 필요한 질문을 하게 할 수 있다. 〈개정 2014.1.21.〉

② 여성가족부장관 또는 특별자치시장·특별자치도지사·시장·군수·구청장은 제1항에 따른 확인을 위하여 필요한 국세·지방세, 토지·건물, 건강보험·고용보험·국민연금, 출국·입국, 교정시설·치료감호시설의 입소·출소, 병무, 주민등록·가족관계등록 등에 관한 자료의 제공을 관계 기관의 장에게 요청할 수 있다. 이 경우 자료의 제공을 요청받은 관계기관의 장은 정당한 사유가 없으면 이에 응하여야 한다. 〈개정 2014.1.21.〉

③ 제1항에 따라 출입·조사·질문을 하는 공무원은 그 권한을 표시하는 증표를 지니고

이를 관계인에게 보여주어야 한다.

④ 제1항 또는 제2항에 따른 업무에 종사하거나 종사하였던 사람은 업무를 수행하면서 받은 자료와 그 밖에 알게 된 사실을 이 법에서 정한 목적과 다르게 사용하거나 누설하여서는 아니 된다.

[본조신설 2012.2.1.]

제12조의3(금융정보 등의 제공) ① 여성가족부장관은 제11조에 따라 복지 급여를 신청한 지원 대상자의 급여 사유의 발생을 확인하기 위하여 필요하다고 인정하는 경우 「금융실명거래 및 비밀보장에 관한 법률」 제4조 제1항과 「신용정보의 이용 및 보호에 관한 법률」 제32조 제2항에도 불구하고 지원대상자가 제11조 제2항에 따라 제출한 동의 서면을 전자적 형태로 바꾼 문서에 의하여 금융기관 등(「금융실명거래 및 비밀보장에 관한 법률」 제2조 제1호에 따른 금융회사 등 및 「신용정보의 이용 및 보호에 관한 법률」 제2조 제6호에 따른 신용정보집중기관을 말한다. 이하 같다)의 장에게 금융정보, 신용정보 또는 보험정보(이하 "금융정보 등"이라 한다)의 제공을 요청할 수 있다. 〈개정 2014.1.21.〉

② 여성가족부장관은 제12조에 따라 복지 급여를 받고 있는 지원대상자의 급여 사유의 변경·상실을 확인하기 위하여 필요하다고 인정하는 경우 「금융실명거래 및 비밀보장에 관한 법률」 제4조 제1항과 「신용정보의 이용 및 보호에 관한 법률」 제32조 제2항에도 불구하고 대통령령으로 정하는 기준에 따라 인적사항을 적은 문서 또는 정보통신망으로 금융기관 등의 장에게 금융정보 등을 제공하도록 요청할 수 있다. 〈개정 2014.1.21.〉

③ 제1항 및 제2항에 따라 금융정보 등의 제공을 요청받은 금융기관 등의 장은 「금융실명거래 및 비밀보장에 관한 법률」 제4조 제1항과 「신용정보의 이용 및 보호에 관한 법률」 제32조에도 불구하고 명의인의 금융정보 등을 제공하여야 한다.

④ 제3항에 따라 금융정보 등을 제공한 금융기관 등의 장은 금융정보 등의 제공사실을 명의인에게 통보하여야 한다. 다만, 명의인의 동의가 있는 경우에는 「금융실명거래 및 비밀보장에 관한 법률」 제4조의2 제1항과 「신용정보의 이용 및 보호에 관한 법률」 제32조 제7항에도 불구하고 통보하지 아니할 수 있다. 〈개정 2015.3.11.〉

⑤ 제1항부터 제3항까지의 규정에 따른 금융정보 등의 제공 요청과 제공은 「정보통신망 이용촉진 및 정보보호 등에 관한 법률」 제2조 제1항 제1호에 따른 정보통신망을 이용하여야 한다. 다만, 정보통신망의 손상 등 불가피한 경우에는 그러하지 아니하다.

⑥ 제1항부터 제3항까지의 규정에 따른 업무에 종사하거나 종사하였던 사람은 업무를 수행하면서 취득한 금융정보 등을 이 법에서 정한 목적 외의 다른 용도로 사용하거나 다른 사람 또는 기관에 제공하거나 누설하여서는 아니 된다.

⑦ 제1항부터 제3항까지의 규정 및 제5항에 따른 금융정보 등의 제공 요청과 제공 등 필요한 사항은 대통령령으로 정한다.

[본조신설 2012.2.1.]

제12조의4(복지 급여의 거절 · 변경 등) ① 여성가족부장관 또는 특별자치시장 · 특별자치도지사 · 시장 · 군수 · 구청장은 제11조에 따라 복지 급여를 신청한 지원대상자가 제12조의2 제1항에 따른 자료의 제출을 거부하거나 조사 · 질문을 거부 · 방해 또는 기피하는 경우에는 복지 급여의 지급을 거절할 수 있다. 〈개정 2014.1.21.〉

② 여성가족부장관 또는 특별자치시장 · 특별자치도지사 · 시장 · 군수 · 구청장은 제12조에 따른 복지 급여를 받고 있는 지원대상자에 대하여 다음 각 호의 구분에 따른 조치를 할 수 있다. 〈개정 2014.1.21.〉

1. 지원대상자가 제12조의2 제1항에 따른 자료의 제출을 거부하거나 조사 · 질문을 거부 · 방해 또는 기피하는 경우: 복지 급여 지급의 정지
2. 지원대상자의 복지 급여 사유가 변경되거나 상실된 경우: 복지 급여의 변경 또는 지급 중지

[본조신설 2012.2.1.]

제12조의5(복지급여수급계좌) ① 국가나 지방자치단체는 제12조에 따른 복지 급여를 받는 지원대상자의 신청이 있는 경우에는 복지 급여를 지원대상자 명의의 지정된 계좌(이하 "복지급여수급계좌"라 한다)로 입금하여야 한다. 다만, 정보통신장애나 그 밖에 대통령령으로 정하는 불가피한 사유로 복지급여수급계좌로 이체할 수 없을 때에는 현금 지급 등 대통령령으로 정하는 바에 따라 복지 급여를 지급할 수 있다.

② 복지급여수급계좌의 해당 금융기관은 이 법에 따른 복지 급여만이 복지급여수급계좌에 입금되도록 관리하여야 한다.

③ 제1항에 따른 신청 방법 · 절차와 제2항에 따른 복지급여수급계좌의 관리에 필요한 사항은 대통령령으로 정한다.

[본조신설 2014.1.21.]

제13조(복지 자금의 대여) ① 국가나 지방자치단체는 한부모가족의 생활안정과 자립을 촉진하기 위하여 다음 각 호의 어느 하나의 자금을 대여할 수 있다.

1. 사업에 필요한 자금
2. 아동교육비
3. 의료비
4. 주택자금
5. 그 밖에 대통령령으로 정하는 한부모가족의 복지를 위하여 필요한 자금

② 제1항에 따른 대여 자금의 한도, 대여 방법 및 절차, 그 밖에 필요한 사항은 대통령령으로 정한다.

[전문개정 2007.10.17.]

제14조(고용의 촉진) ① 국가 또는 지방자치단체는 한부모가족의 모 또는 부와 아동의 직업능력을 개발하기 위하여 능력 및 적성 등을 고려한 직업능력개발훈련을 실시하여야 한다.

② 국가 또는 지방자치단체는 한부모가족의 모 또는 부와 아동의 고용을 촉진하기 위하여 적합한 직업을 알선하고 각종 사업장에 모 또는 부와 아동이 우선 고용되도록 노력하여야 한다.

[전문개정 2007.10.17.]

제14조의2(고용지원 연계) ① 국가 및 지방자치단체는 한부모가족의 모 또는 부와 아동의 취업기회를 확대하기 위하여 한부모가족 관련 시설 및 기관과 「직업안정법」 제2조의2 제1호에 따른 직업안정기관간 효율적인 연계를 도모하여야 한다. 〈개정 2009.10.9.〉

② 고용노동부장관은 한부모가족의 모 또는 부와 아동을 위한 취업지원사업 등이 효율적으로 추진될 수 있도록 여성가족부장관과 긴밀히 협조하여야 한다. 〈개정 2008.2.29., 2010.1.18., 2010.6.4.〉

[본조신설 2007.10.17.]

제15조(공공시설에 매점 및 시설 설치) 국가나 지방자치단체가 운영하는 공공시설의 장은 그 공공시설에 각종 매점 및 시설의 설치를 허가하는 경우 이를 한부모가족 또는 한부모가족복지단체에 우선적으로 허가할 수 있다.

[전문개정 2007.10.17.]

제16조(시설 우선이용) 국가나 지방자치단체는 한부모가족의 아동이 공공의 아동 편의시설과 그 밖의 공공시설을 우선적으로 이용할 수 있도록 노력하여야 한다.

[전문개정 2007.10.17.]

제17조(가족지원서비스) 국가나 지방자치단체는 한부모가족에게 다음 각 호의 가족지원서비스를 제공하도록 노력하여야 한다. 〈개정 2011.4.12.〉

1. 아동의 양육 및 교육 서비스

2. 장애인, 노인, 만성질환자 등의 부양 서비스
3. 취사, 청소, 세탁 등 가사 서비스
4. 교육·상담 등 가족 관계 증진 서비스
5. 인지청구 및 자녀양육비 청구 등을 위한 법률상담, 소송대리 등 법률구조서비스
6. 그 밖에 대통령령으로 정하는 한부모가족에 대한 가족지원서비스

[전문개정 2007.10.17.]

제17조의2(청소년 한부모에 대한 교육 지원) ① 국가나 지방자치단체는 청소년 한부모가 학업을 할 수 있도록 청소년 한부모의 선택에 따라 다음 각 호의 어느 하나에 해당하는 지원을 할 수 있다.

1. 「초·중등교육법」 제2조에 따른 학교에서의 학적 유지를 위한 지원 및 교육비 지원 또는 검정고시 지원
2. 「평생교육법」 제31조 제2항에 따른 학력 인정 평생교육시설에 대한 교육비 지원
3. 「초·중등교육법」 제28조에 따른 교육 지원
4. 그 밖에 청소년 한부모의 교육 지원을 위하여 여성가족부령으로 정하는 사항

② 제1항 제3호에 따른 교육 지원을 위하여 특별시·광역시·특별자치시·도·특별자치도의 교육감은 제19조에 따른 한부모가족복지시설에 순회교육 실시를 위한 지원을 할 수 있다. 〈개정 2014.1.21.〉

③ 국가와 지방자치단체는 청소년 한부모의 학업과 양육의 병행을 위하여 그 자녀가 청소년 한부모가 속한 「고등교육법」 제2조에 따른 학교에 설치된 직장어린이집을 이용할 수 있도록 지원할 수 있다. 〈신설 2018.1.16.〉

④ 여성가족부장관은 청소년 한부모가 학업을 계속할 수 있도록 교육부장관에게 협조를 요청하여야 한다. 〈개정 2013.3.23., 2018.1.16.〉

[본조신설 2011.4.12.]

제17조의3(자녀양육비 이행지원) 여성가족부장관은 자녀양육비 산정을 위한 자녀양육비 가이드라인을 마련하여 법원이 이혼 판결 시 적극 활용할 수 있도록 노력하여야 한다.

[본조신설 2012.2.1.]

제17조의4(청소년 한부모의 자립지원) ① 국가나 지방자치단체는 청소년 한부모가 주거 마련 등 자립에 필요한 자산을 형성할 수 있도록 재정적인 지원을 할 수 있다.

② 제1항에 따른 지원으로 형성된 자산은 청소년 한부모가 이 법에 따른 지원대상자에 해당하는지 여부를 조사·확인할 때 이를 포함하지 아니한다.

③ 제1항에 따른 자립 지원의 대상과 기준은 대통령령으로 정하고, 자립 지원의 신청, 방법 및 지원금의 반환절차 등에 필요한 사항은 여성가족부령으로 정한다.

[본조신설 2014.1.21.]

제17조의5(청소년 한부모의 건강진단) ① 국가와 지방자치단체는 청소년 한부모의 건강증진을 위하여 건강진단을 실시할 수 있다.

② 국가와 지방자치단체는 제1항에 따른 건강진단의 결과를 청소년 한부모 본인에게 알려주어야 한다.

③ 국가와 지방자치단체는 제1항과 제2항에 따른 건강진단의 실시와 그 결과 통보를 전문기관 또는 단체에 위탁할 수 있다.

④ 제1항에 따른 건강진단의 대상과 기준은 대통령령으로 정하고, 건강진단의 신청, 방법 및 제2항에 따른 결과의 통보 등에 필요한 사항은 여성가족부령으로 정한다.

[본조신설 2017.12.12.]

[종전 제17조의5는 제17조의6으로 이동 〈2017.12.12.〉]

제17조의6(미혼모 등의 건강관리 등 지원) ① 국가와 지방자치단체는 미혼모 또는 미혼부와 그 자녀가 건강하게 생활할 수 있도록 산전(産前)·분만·산후(産後)관리, 질병의 예방·상담·치료, 영양·건강에 관한 교육 등 건강관리를 위한 지원을 할 수 있다.

② 국가와 지방자치단체는 제19조 제1항 제1호의 출산지원시설에 입소한 미혼모 등의 신청이 있는 경우에는 미혼모 등 본인 및 함께 생활하는 자녀에 대한 의료비를 추가적으로 지원할 수 있다. 〈개정 2023.4.11.〉

③ 제1항에 따른 건강관리와 제2항에 따른 의료비 지원의 기준 및 절차, 그 밖에 필요한 사항은 대통령령 또는 조례로 정한다.

[본조신설 2018.12.18.]

[종전 제17조의6은 제17조의7로 이동 〈2018.12.18.〉]

제17조의7(아동·청소년 보육·교육) 국가와 지방자치단체는 아동·청소년 보육·교육을 실시함에 있어서 한부모가족 구성원인 아동·청소년을 차별하여서는 아니 된다.

[본조신설 2016.12.20.]

[제17조의6에서 이동 〈2018.12.18.〉]

제18조(국민주택의 분양 및 임대) 국가나 지방자치단체는 「주택법」에서 정하는 바에 따라 국민주택을 분양하거나 임대할 때에는 한부모가족에게 일정 비율이 우선 분양될 수 있도록 노력하여야 한다.

[전문개정 2007.10.17.]

제18조의2(한부모가족 상담전화의 설치) ① 여성가족부장관은 한부모가족 지원에 관한 종합정보의 제공과 지원기관 및 시설의 연계 등에 관한 전문적이고 체계적인 상담서비스를 제공하기 위하여 한부모가족 상담전화를 설치·운영할 수 있다.

② 제1항에 따른 한부모가족 상담전화의 설치·운영에 필요한 사항은 여성가족부령으로 정한다.

[본조신설 2018.1.16.]

제3장 한부모가족복지시설 〈개정 2007.10.17.〉

제19조(한부모가족복지시설) ① 한부모가족복지시설은 다음 각 호의 시설로 한다. 〈개정 2018.1.16., 2023.4.11.〉

1. 출산지원시설: 다음 각 목의 어느 하나에 해당하는 자의 임신·출산 및 그 출산 아동(3세 미만에 한정한다)의 양육을 위하여 주거 등을 지원하는 시설
   가. 제4조 제1호의 모
   나. 혼인 관계에 있지 아니한 자로서 출산 전 임신부
   다. 혼인 관계에 있지 아니한 자로서 출산 후 해당 아동을 양육하지 아니하는 모
2. 양육지원시설: 6세 미만 자녀를 동반한 한부모가족에게 자녀를 양육할 수 있도록 주거 등을 지원하는 시설
3. 생활지원시설: 18세 미만(취학 중인 경우에는 22세 미만을 말하되, 「병역법」에 따른 병역의무를 이행하고 취학 중인 경우에는 병역의무를 이행한 기간을 가산한 연령 미만을 말한다) 자녀를 동반한 한부모가족에게 자립을 준비할 수 있도록 주거 등을 지원하는 시설
4. 일시지원시설: 배우자(사실혼 관계에 있는 사람을 포함한다)가 있으나 배우자의 물리적·정신적 학대로 아동의 건전한 양육이나 모 또는 부의 건강에 지장을 초래할 우려가 있을 경우 일시적 또는 일정 기간 동안 모와 아동, 부와 아동, 모 또는 부에게 주거 등을 지원하는 시설
5. 한부모가족복지상담소: 한부모가족에 대한 위기·자립 상담 또는 문제해결 지원 등을 목적으로 하는 시설

② 제1항 제1호부터 제4호까지의 규정에 따른 시설의 입소기간 및 그 기간의 연장 등에

필요한 사항은 여성가족부령으로 정한다. 〈개정 2014.1.21., 2023.4.11.〉

[전문개정 2011.4.12.]

제20조(한부모가족복지시설의 설치) ① 국가나 지방자치단체는 한부모가족복지시설을 설치할 수 있다.

② 제19조에 따른 한부모가족복지시설의 장은 청소년 한부모가 입소를 요청하는 경우에는 우선 입소를 위한 조치를 취하여야 한다. 〈신설 2011.4.12.〉

③ 국가나 지방자치단체 외의 자가 한부모가족복지시설을 설치·운영하려면 특별자치시장·특별자치도지사·시장·군수·구청장에게 신고하여야 한다. 신고한 사항 중 여성가족부령으로 정하는 중요 사항을 변경하려는 경우에도 또한 같다. 〈개정 2010.5.17., 2011.4.12., 2014.1.21.〉

④ 특별자치시장·특별자치도지사·시장·군수·구청장은 제3항에 따른 설치·운영 신고 또는 변경 신고를 받은 날부터 여성가족부령으로 정하는 기간 내에 신고수리 여부를 신고인에게 통지하여야 한다. 〈신설 2020.10.20.〉

⑤ 「입양특례법」 제20조에 따른 입양기관을 운영하는 자는 제19조 제1항 제1호에 해당하는 출산지원시설을 설치·운영할 수 없다. 〈신설 2011.4.12., 2018.12.18., 2020.10.20., 2023.4.11.〉

⑥ 한부모가족복지시설의 시설 설치·운영 기준, 시설 종사자의 직종(職種)과 수(數) 및 자격기준, 그 밖에 설치신고에 필요한 사항은 여성가족부령으로 정한다. 〈개정 2011.4.12., 2020.10.20.〉

[전문개정 2007.10.17.]

제20조(한부모가족복지시설의 설치) ① 국가나 지방자치단체는 한부모가족복지시설을 설치할 수 있다.

② 제19조에 따른 한부모가족복지시설의 장은 청소년 한부모가 입소를 요청하는 경우에는 우선 입소를 위한 조치를 취하여야 한다. 〈신설 2011.4.12.〉

③ 국가나 지방자치단체 외의 자가 한부모가족복지시설을 설치·운영하려면 특별자치시장·특별자치도지사·시장·군수·구청장에게 신고하여야 한다. 신고한 사항 중 여성가족부령으로 정하는 중요 사항을 변경하려는 경우에도 또한 같다. 〈개정 2010.5.17., 2011.4.12., 2014.1.21.〉

④ 특별자치시장·특별자치도지사·시장·군수·구청장은 제3항에 따른 설치·운영 신고 또는 변경 신고를 받은 날부터 여성가족부령으로 정하는 기간 내에 신고수리 여부를

신고인에게 통지하여야 한다. 〈신설 2020.10.20.〉

⑤ 「국내입양에 관한 특별법」 제37조 제1항 및 「국제입양에 관한 법률」 제32조 제1항에 따라 업무를 위탁받은 사회복지법인 및 단체를 운영하는 자는 제19조 제1항 제1호에 해당하는 출산지원시설을 설치·운영할 수 없다. 〈신설 2011.4.12., 2018.12.18., 2020.10.20., 2023.4.11., 2023.7.18.〉

⑥ 한부모가족복지시설의 시설 설치·운영 기준, 시설 종사자의 직종(職種)과 수(數) 및 자격기준, 그 밖에 설치신고에 필요한 사항은 여성가족부령으로 정한다. 〈개정 2011.4.12., 2020.10.20.〉

[전문개정 2007.10.17.]

[시행일: 2025.7.19.] 제20조

제21조(폐지 또는 휴지) ① 제20조 제3항에 따라 한부모가족복지시설의 설치 신고를 한 자가 그 시설의 폐지, 일시적 운영중단 또는 운영재개를 하려면 여성가족부령으로 정하는 바에 따라 미리 특별자치시장·특별자치도지사·시장·군수·구청장에게 신고하여야 한다. 〈개정 2008.2.29., 2010.1.18., 2010.5.17., 2011.4.12., 2014.1.21., 2016.3.2., 2020.10.20.〉

② 한부모가족복지시설의 장은 한부모가족복지시설을 폐지하거나 그 시설의 운영을 일시적으로 중단하는 경우에는 여성가족부령으로 정하는 바에 따라 그 시설에 입소하고 있는 사람이 다른 한부모가족복지시설로 옮길 수 있도록 하는 등 입소자의 권익을 보호하기 위한 조치를 하여야 한다. 〈신설 2016.3.2.〉

③ 특별자치시장·특별자치도지사·시장·군수·구청장은 제1항에 따른 신고를 받은 경우 그 신고받은 내용을 검토하여 이 법에 적합하면 신고를 수리하여야 한다. 이 경우 시설의 폐지 또는 일시적 운영중단 신고를 받은 경우에는 한부모가족복지시설의 장이 제2항에 따른 입소자의 권익을 보호하기 위한 조치를 하였는지 여부를 확인하는 등 여성가족부령으로 정하는 조치를 한 후 수리하여야 한다. 〈신설 2016.3.2., 2020.10.20.〉

[전문개정 2007.10.17.]

제22조(수탁 의무) 한부모가족복지시설을 설치·운영하는 자는 시·도지사 또는 시장·군수·구청장으로부터 한부모가족복지시설에 한부모가족을 입소하도록 위탁받으면 정당한 사유 없이 이를 거부하지 못한다. 〈개정 2014.1.21., 2020.10.20.〉

[전문개정 2007.10.17.]

제23조(감독) ① 여성가족부장관, 시·도지사 또는 시장·군수·구청장은 한부모가족복지시설을 설치·운영하는 자에게 그 시설에 관하여 필요한 보고를 하게 하거나, 관계 공무원에게 시설의 운영 상황을 조사하게 하거나 장부 등 그 밖의 서류를 검사하게 할 수 있다. 〈개정 2008.2.29., 2010.1.18.〉

② 제1항에 따라 그 직무를 수행하는 관계 공무원은 그 권한을 표시하는 증표를 지니고 이를 관계인에게 내보여야 한다.

[전문개정 2007.10.17.]

제24조(시설 폐쇄 등) ① 특별자치시장·특별자치도지사·시장·군수·구청장은 한부모가족복지시설이 다음 각 호의 어느 하나에 해당하면 그 사업의 정지나 폐지를 명하거나 시설을 폐쇄할 수 있다. 〈개정 2010.5.17., 2011.4.12., 2014.1.21., 2016.3.2., 2020.10.20.〉

1. 제20조 제6항의 시설 기준에 미달하게 된 경우
2. 제22조를 위반한 경우
3. 정당한 이유 없이 제23조 제1항에 따른 보고를 하지 아니하거나 거짓으로 한 경우 또는 조사·검사를 거부하거나 기피한 경우

② 특별자치시장·특별자치도지사·시장·군수·구청장은 한부모가족복지시설이 제1항에 따라 그 사업이 정지 또는 폐지되거나 시설이 폐쇄되는 경우에는 해당 시설에 입소하고 있는 사람이 다른 한부모가족복지시설로 옮길 수 있도록 하는 등 여성가족부령으로 정하는 바에 따라 입소자의 권익을 보호하기 위하여 필요한 조치를 하여야 한다. 〈신설 2016.3.2.〉

[전문개정 2007.10.17.]

제24조의2(청문) 특별자치시장·특별자치도지사·시장·군수·구청장은 제24조 제1항에 따라 사업의 폐지를 명하거나 시설을 폐쇄하려면 청문을 하여야 한다. 〈개정 2010.5.17., 2014.1.21., 2016.3.2.〉

[전문개정 2007.10.17.]

제4장 비용 〈개정 2007.10.17.〉

제25조(비용의 보조) 국가나 지방자치단체는 대통령령으로 정하는 바에 따라 한부모가족복지사업에 드는 비용을 보조할 수 있다.

[전문개정 2007.10.17.]

제25조의2(부정수급자에 대한 비용의 징수) ① 거짓이나 그 밖의 부정한 방법으로 복지 급여를 받거나 타인으로 하여금 복지 급여를 받게 한 경우 복지 급여를 지급한 지원기관은 그 비용의 전부 또는 일부를 그 복지 급여를 받은 자 또는 복지 급여를 받게 한 자(이하 "부정수급자"라 한다)로부터 징수할 수 있다. 〈개정 2014.1.21.〉

② 제1항에 따라 징수할 금액은 부정수급자에게 통지하여 징수하고, 부정수급자가 이에 응하지 아니하는 경우 국세 또는 지방세 체납처분의 예에 따라 징수한다.

[본조신설 2007.10.17.]

제26조(보조금 등의 반환명령) ① 국가나 지방자치단체는 한부모가족복지시설의 장이나 한부모가족복지단체의 장이 다음 각 호의 어느 하나에 해당하면 이미 내준 보조금의 전부 또는 일부의 반환을 명할 수 있다.

1. 보조금의 교부 조건을 위반한 경우
2. 거짓이나 그 밖의 부정한 방법으로 보조금을 받은 경우
3. 한부모가족복지시설을 경영하면서 개인의 영리를 도모하는 행위를 한 경우
4. 이 법 또는 이 법에 따른 명령을 위반한 경우

② 지원기관은 복지 급여의 변경 또는 복지 급여의 정지·중지에 따라 지원대상자에게 이미 지급한 복지 급여 중 과잉지급분이 발생한 경우에는 즉시 지원대상자에 대하여 그 전부 또는 일부의 반환을 명하여야 한다. 다만, 이를 소비하였거나 그 밖에 지원대상자에게 부득이한 사유가 있는 경우에는 그 반환을 면제할 수 있다. 〈개정 2014.1.21.〉

[전문개정 2007.10.17.]

제5장 보칙 〈개정 2007.10.17.〉

제27조(양도·담보 및 압류 금지) ① 이 법에 따라 지급된 복지급여와 이를 받을 권리는 다른 사람에게 양도하거나 담보로 제공할 수 없으며, 다른 사람은 이를 압류할 수 없다. 〈개정 2014.1.21.〉

② 제12조의5 제1항에 따라 지정된 복지급여수급계좌의 예금에 관한 채권은 압류할 수 없다. 〈신설 2014.1.21.〉

[전문개정 2011.4.12.]

제28조(심사 청구) ① 지원대상자 또는 그 친족이나 그 밖의 이해관계인은 이 법에 따른 복지 급여 등에 대하여 이의가 있으면 그 결정을 통지받은 날부터 90일 이내에 서면으로 해당 복지실시기관에 심사를 청구할 수 있다. 〈개정 2014.1.21.〉

② 복지실시기관은 제1항의 심사 청구를 받으면 30일 이내에 이를 심사·결정하여 청구인에게 통보하여야 한다.

[전문개정 2007.10.17.]

제29조(벌칙) ① 제12조의3 제6항을 위반하여 금융정보 등을 사용 또는 누설한 사람은 5년 이하의 징역 또는 5천만 원 이하의 벌금에 처한다. 〈신설 2012.2.1., 2014.1.21.〉

② 제12조의2 제4항을 위반하여 자료 등을 사용 또는 누설한 사람은 3년 이하의 징역 또는 3천만 원 이하의 벌금에 처한다. 〈신설 2012.2.1., 2014.1.21.〉

③ 다음 각 호의 어느 하나에 해당하는 자는 1년 이하의 징역 또는 1천만 원 이하의 벌금에 처한다. 〈개정 2011.4.12., 2012.2.1., 2014.1.21., 2016.3.2.〉

1. 제20조 제3항에 따른 신고를 하지 아니하고 한부모가족복지시설을 설치한 자
2. 제24조 제1항에 따라 시설의 폐쇄, 사업의 정지 또는 폐지의 명령을 받고 사업을 계속한 자

④ 거짓이나 그 밖의 부정한 방법으로 복지 급여를 받거나 타인으로 하여금 복지 급여를 받게 한 자는 1년 이하의 징역, 1천만 원 이하의 벌금, 구류 또는 과료에 처한다. 〈개정 2012.2.1., 2014.1.21.〉

[전문개정 2007.10.17.]

제30조(양벌규정) 법인의 대표자나 법인 또는 개인의 대리인, 사용인, 그 밖의 종업원이 그 법인 또는 개인의 업무에 관하여 제29조의 위반행위를 하면 그 행위자를 벌하는 외에 그 법인 또는 개인에게도 해당 조문의 벌금 또는 과료의 형을 과(科)한다. 다만, 법인 또는 개인이 그 위반행위를 방지하기 위하여 해당 업무에 관하여 상당한 주의와 감독을 게을리하지 아니한 경우에는 그러하지 아니하다.

[전문개정 2010.5.17.]

제30조의2(과태료) ① 다음 각 호의 어느 하나에 해당하는 자에게는 300만 원 이하의 과태료를 부과할 수 있다. 〈개정 2011.4.12.〉

1. 제22조를 위반하여 정당한 사유 없이 수탁을 거부한 자
2. 정당한 이유 없이 제23조 제1항에 따른 보고를 하지 아니하거나 거짓으로 한 자 또는 조사·검사를 거부하거나 기피한 자

② 제1항에 따른 과태료는 대통령령으로 정하는 바에 따라 여성가족부장관이 부과·징수 한다.

[본조신설 2010.5.17.]

제31조(권한의 위임) 여성가족부장관이나 시·도지사는 대통령령으로 정하는 바에 따라 이 법에 따른 권한의 일부를 시장·군수·구청장에게 위임할 수 있다. 〈개정 2008.2.29., 2010.1.18.〉

[전문개정 2007.10.17.]

부칙 〈법률 제19340호, 2023.4.11.〉

제1조(시행일) 이 법은 공포 후 6개월이 경과한 날부터 시행한다.

제2조(한부모가족복지시설에 관한 경과조치) 이 법 시행 당시 종전의 제19조 제1항 제1호부터 제3호까지에 따른 한부모가족복지시설은 제19조 제1항 제1호부터 제3호까지의 개정규정에 따른 한부모가족복지시설로 본다. 다만, 이 법 시행일부터 2년 이내에 제19조의 개정규정에 따른 설치·운영 기준 등을 갖추어야 한다.

제3조(다른 법률의 개정) 보호시설에 있는 미성년자의 후견 직무에 관한 법률 일부를 다음과 같이 개정한다.

제2조 제1호 라목 중 "「한부모가족지원법」 제19조 제1항 제3호의 미혼모자가족복지시설"을 "「한부모가족지원법」 제19조 제1항 제1호의 출산지원시설"로 한다.

제4조(다른 법령과의 관계) 이 법 시행 당시 다른 법령에서 종전의 제19조의 규정을 인용한 경우에 이 법 가운데 그에 해당하는 규정이 있는 때에는 종전의 규정을 갈음하여 이 법의 해당 규정을 인용한 것으로 본다.

저자소개

■ 김예림

현) 서정대학교 청소년상담복지과 교수

아동ㆍ청소년의 뇌발달 연구와 인성증진에 관심이 많다. 과학영재들과 일반학생들 간의 두뇌 활용의 차이를 fMRI(기능성 핵자기공명단층촬영장치) 연구로 박사학위를 받았다. 과학영재들의 학교생활만족도, fMRI 분석연구인 '도형과제 수행 때 나타나는 청소년의 지능별 대뇌 및 소뇌의 활성도 차이분석', 대뇌피질 연구인 청소년의 지능 범주별 대뇌피질 변화성 분석 연구들을 발표하였다.

건강가정론

초판 1쇄 발행 / 2024년 1월 25일
초판 2쇄 발행 / 2026년 2월 13일

●

저 자 / 김 예 림
발행인 / 이 중 수
발행처 / **동 문 사**

●

서울특별시 서대문구 홍제원 1길 12
(홍제동 137-8)
Tel: 02)736-3718(대), 736-3710, 3720
Fax: 02)736-3719
등록번호: 1974.04.27 제9-17호
가격: 23,000원

●

ISBN: 979-11-6328-563-2 (93330)
E-mail: dong736@naver.com
www.dongmunsa.com